Evaluation of Scientific Reasoning Ability of
Primary School Students

Theoretical Construction and Practice

# 小 学 生
# 科学推理能力测评

## 理 论 构 建 与 实 践

左成光 著

上海交通大学出版社
SHANGHAI JIAO TONG UNIVERSITY PRESS

## 内容提要

　　科学推理能力是科学学科核心素养的重要内容之一,也是公民在面对社会和个人生活中遇到的科学问题时做出明智决策的关键能力。国际上对中小学生科学推理能力进行了广泛的研究,而我国的相关研究相对较少,针对小学生科学推理能力的研究则更少。本书重点聚焦两个问题:一是小学生科学推理能力现状如何,二是影响小学生科学推理能力发展的因素有哪些以及这些因素之间有何关系,以期为小学生科学推理能力的培养提供有益帮助。

　　本书适合科学教育相关研究者、中小学科学教师以及教育管理机构工作者等阅读参考。

## 图书在版编目(CIP)数据

　　小学生科学推理能力测评:理论构建与实践/左成
光著.—上海:上海交通大学出版社,2024.5
　　ISBN 978-7-313-24593-9

　　Ⅰ.①小… Ⅱ.①左… Ⅲ.①小学生-逻辑推理-能
力培养-研究 Ⅳ.①B812.23

　　中国国家版本馆 CIP 数据核字(2024)第 094644 号

**小学生科学推理能力测评:理论构建与实践**
**XIAOXUESHENG KEXUE TUILI NENGLI CEPING:LILUN GOUJIAN YU SHIJIAN**

著　　者:左成光

出版发行:上海交通大学出版社　　　　　地　　址:上海市番禺路 951 号

邮政编码:200030　　　　　　　　　　　电　　话:021-64071208

印　　制:上海万卷印刷股份有限公司　　经　　销:全国新华书店

开　　本:710mm×1000mm　1/16

字　　数:250 千字

版　　次:2024 年 5 月第 1 版　　　　　　印　　次:2024 年 5 月第 1 次印刷

书　　号:ISBN 978-7-313-24593-9

定　　价:78.00 元

　　科学素质是公民素质的重要组成部分,提升公民科学素质对于增强国家自主创新能力和文化软实力具有十分重要的意义。科学推理作为科学思维的一种重要形式,是公民在社会和个人生活中面对科学问题时做出明智决策所需的关键能力,是公民科学素质的关键组成部分。因此,发展包括科学推理在内的科学思维成为国际科学教育的共识。我国 2017 年颁布的普通高中物理、化学、生物课程标准和 2022 年颁布的《义务教育科学课程标准(2022 年版)》都明确将"科学思维"列为科学课程要培养的核心素养。科学推理属于科学思维的要素之一,如何清晰界定并测评科学推理能力成为我国科学课程改革十分关注的问题。

　　来自"云之南"的成光博士是我在西南大学指导的 2015 级博士(也是我指导的 2012 级硕士)。他自 2016 年起就对科学推理能力的概念、内涵和测评等展开了研究,并于 2018 年完成了他的博士毕业论文。如今,五年过去了,这篇博士论文经过多番修改,即将出版面世,作为导师我十分欣慰。

　　在成光博士的《小学生科学推理能力测评:理论构建与实践》这本著作中,主要包含三方面的内容:其一,小学生科学推理能力的表现研究;其二,小学生科学推理能力的调查研究;其三,影响小学生科学推理能力的因素及其相互关系的研究。首先,本书通过对主要国际组织、国家及地区的核心素养框架、小学科学课程标准、教育质量监测项目中对小学生科学推理能力的要求进行分析,并经过由大学理科教学论专家、小学科学教研员、小学一线科学教师组成的专家咨询,最终得出了小学生科学推理能力的表现要求。其次,本书在参考国际教育成就评价协会 TIMSS 项目、澳大利亚 NAP-SL 测评项目中关于科学推理能力测评试题的基础上,编制了小学生科学推理能力的测验题目,并运用 Reasch 模型对编制的测试项目进行检验;在此基础上,运用编制的科学推理能力测验试题对小学生科学推理能力发展的情况进行了测评。最后,本书运用结构方程模型验证了家庭参与及投资、教师教学和同伴协作与交流三个影响因素对小学生科学推理能力具有正向的促进作用。

我认为成光博士这本著作,对相关方面的研究者和一线教师理解小学生科学推理能力及其培养具有一定的借鉴作用,特别推荐给大家参考。当然,希望成光博士在这个方面的研究进一步深入,也希望更多的青年学者投身科学教育研究,围绕科学思维继续开展深入研究,为我国科学教育发展和科学教育学科建设作出力所能及的贡献。

廖伯琴

西南大学科学教育研究中心主任

国家中学物理课程标准研制组及修订组负责人

# 目录
Contents

# 第一章
# 小学生科学推理能力研究的背景及设计

## 一、小学生科学推理能力研究的时代背景

人类社会在经过漫长的农业经济时代之后,诞生了近代科学,这把人类带入了工业经济时代。进入 21 世纪以来,人类社会由工业经济向知识经济大步迈进,科技和教育在经济和社会发展中的地位日益增强[①]。为迎接新时代社会发展对人才培养提出的挑战,各国际组织、各国家都对人才培养目标进行了重新定位,提出了发展学生核心素养的教育目标诉求。核心素养落实的主要途径是进行学科教学。科学素养是学生核心素养的重要内容之一,科学课程是发展这一素养的核心课程。通过科学课程的学习,学生在未来的生活中面对科学问题时才能做出明智的决策。与此同时,还能提高自身的科技创新能力,为提升综合国力贡献力量。故而,各国纷纷进行了科学教育课程改革,课程改革的核心目标是提高公众科学素养,培养学生的科技创新能力。本次科学课程改革的主要措施有两个方面:一方面是根据科学教育实践的最新研究成果,修订科学课程标准;另一方面是建立科学教育质量监测体系,用于监测学生在科学学习领域的成就,为改进教学提供证据和建议,其最终目的是通过提高本国科学教育质量,促进学生科学素养的发展,使学生在将来参与社会活动时能做出明智的选择。科学推理能力是科学素养的重要构成要素,是科技创新能力的核心,小学阶段是小学生正式接受科学教育的起点,

---

[①] 美国科学促进协会. 面向全体美国人的科学[M]. 中国科学技术协会,译. 北京:科学普及出版社,2001:1.

也是培养小学生科学推理能力的关键阶段。

综上所述，对小学生科学推理能力的研究既是培养科技创新人才的社会需要，也是科学教育课程改革的内生需要。

### (一) 科技创新人才培养之需

当今社会的竞争主要是科技竞争，是科技人才的竞争，而科技人才的竞争实质是科技人才创新能力的竞争，而科技人才创新能力的核心是科学思维，因此，对作为科学思维重要内容的科学推理能力进行研究尤为重要。《国家中长期人才发展规划纲要(2010—2020 年)》中指出，"人才是指具有一定的专业知识或专门技能，进行创造性劳动并对社会作出贡献的人，是人力资源中能力和素质较高的劳动者"。与此同时，还将"突出培养造就创新型科技人才"作为主要任务，并提出具体举措"探索并推行创新型教育方式方法，突出培养学生的科学精神、创造性思维和创新能力"[1]。张庆林教授指出："科技发明领域是创新能力体现得最充分、最集中的领域，其中，思维能力对创新能力的作用是其他各认知因素中最大的。"[2]这说明科学教育对培养科学创新人才的重要性。2017 年颁布的《义务教育小学科学课程标准》在科学探究维度中提出"初步了解分析、综合、比较、分类、抽象、概括、推理、类比等思维方法，发展学习能力、思维能力、实践能力和创新能力"，并没有对科学推理能力表现进行具体描述，这不利于指导小学科学教学。

小学阶段科学教育是科技创新人才培养的基础阶段，培养小学生的科学推理能力，对促进小学生科技创新思维能力的发展显得尤为重要。

### (二) 学生发展核心素养之需

当前，为了使个体适应经济全球化所带来的挑战，各国际组织、各国家在立足促进个体终身学习和提升本国教育质量的基础之上，对未来需要培养什么样的人以满足个体过完满生活这一问题进行了研究，即对学生发展核心素

① 国家中长期人才发展规划纲要(2010—2020 年)[EB/OL]. (2010 - 06 - 06)[2017 - 11 - 24]http://www.gov.cn/jrzg/2010-06/06/content_1621777.htm.
② 张庆林. 创造性研究手册[M]. 成都：四川教育出版社，2002：415 - 416.

养进行研究并取得了一定的成果。学生发展核心素养成为当前国际教育改革的核心理念。在我国,最先提出核心素养的国家文件是《教育部关于全面深化课程改革,落实立德树人根本任务的意见》。该文件指出,落实该意见的关键领域之一是"研究提出各学段学生发展核心素养体系,明确学生应具备的适应终身发展和社会发展需要的必备品格和关键能力,突出强调个人修养、社会关爱、家国情怀,更加注重自主发展、合作参与、创新实践"①。随后,核心素养研究课题组对中国学生发展核心素养进行了深入的研究,其成果是"中国学生发展核心素养框架"。该框架是以"全面发展的人"为核心,分为文化基础、自主发展、社会参与三个方面,综合表现为人文底蕴、科学精神、学会学习、健康生活、责任担当、实践创新六大素养。其中,科学精神素养是指学生在学习、理解、运用科学知识和技能等方面所形成的价值标准、思维方式和行为表现,具体包括理性思维、批判质疑、勇于探究等基本要点②。科学课程是培养科学精神这一素养的重要学习领域,我国学者对其构成要素进行了探究,目前的共识是科学核心素养包括科学观念与应用、科学思维与创新、科学探究与交流、科学态度与责任四方面③,并进一步提出科学思维是基于经验事实建构理想模型的抽象概括过程,是分析综合、推理论证等方法的内化,是基于事实证据和科学推理对不同观点和结论提出质疑、批判,进而提出创造性见解的能力与品质④。

综上所述,科学推理能力是科学核心素养的重要内容。当前的主要问题包括:小学生科学推理能力的表现应该是什么? 小学生的科学推理能力如何? 哪些因素会影响小学生科学推理能力的发展? 这些问题是学校科学教育过程中落实学生发展核心素养的关键。

### (三) 科学学科能力测评之需

进入 21 世纪以来,国际基础教育关注的焦点由扩大教育数量向提高教育

---

① 中华人民共和国教育部. 教育部关于全面深化课程改革,落实立德树人根本任务的意见 [EB/OL]. (2014 - 04 - 08)[2017 - 11 - 24]http://www.moe.gov.cn/srcsite/A26/jcj_kcjcgh/201404/t20140408_167226.html? authkey=jepkc2.
② 核心素养研究课题组. 中国学生发展核心素养[J]. 中国教育学刊,2016(10):1 - 3.
③ 胡卫平. 基于核心素养的科学学业质量测评[J]. 中国考试,2016(8):23 - 25.
④ 胡卫平. 物理学科核心素养的内涵与表现[J]. 中学物理教学参考,2017,48(15):1 - 3.

质量转变。为迎接当今社会对新一轮教育改革提出的挑战,我国颁布了《国家中长期教育改革和发展规划纲要》,将"提高教育质量作为教育发展的核心任务"作为工作方针之一,这标志着我国教育从规模扩张向内涵发展的战略转型①。如何对教育质量进行监测,实现教育均衡发展呢? 各国际组织和各国纷纷展开了教育质量监测项目,如国际教育成就评价协会(International Association for the Evaluation of Education Achievement,IEA)的国际数学与科学学习趋势项目(the Trends in International Mathematics and Science Study,TIMSS)、经济合作与发展组织(Organization for Economic Co-operation and Development,OECD)的国际学生评估项目(Programme for International Student Assessment,PISA)、美国国家教育进步评价项目(National Assessment of Educational Progress,NAEP)、新西兰国家教育监测项目(National Education Monitoring Project,NEMP)、英国国家基础教学质量测评、日本的全国学力调查等。我国于 2007 年成立了教育部基础教育质量监测中心,该中心是在教育部直接领导下,依托北京师范大学建立的专业机构,目的是对基础教育阶段学生的学习质量和身心健康状况以及影响学生能力发展的相关因素进行监测,及时向国家反映基础教育质量现状,为教育决策提供信息、依据和建议,并通过监测数据和结果的发布,引导家长、学校和社会树立正确的教育质量观,促进青少年的健康成长。该中心于 2017 年 5 月 25 日对我国基础教育科学科目进行了监测。科学教育质量监测项目组核心成员胡卫平教授提出:"基于核心素养的科学学业质量测评,主要包括科学观念与应用、科学思维与创新、科学探究与交流、科学态度与责任等方面,其中,科学推理是"科学思维与创新"维度的测评要点。"②教育质量监测中的一个重要环节是开发高质量的监测工具,即监测项目。在开发监测项目之前,弄清楚所监测内容的内涵以及表现是关键。然而,从目前已有的研究来看,国内外对科学推理能力的内涵及其表现的研究还有待完善。

本研究希望通过对科学推理能力的内涵及其表现的研究,促进小学生科学推理能力的发展,从而提升小学生科学创造性思维的发展。

---

① 袁振国,苏红.教育质量国家标准及其制定[J].教育研究,2013(6):4-16.
② 胡卫平.基于核心素养的科学学业质量测评[J].中国考试,2016(8):23-25.

## 二、科学推理的概念辨析

### (一) 科学推理概念的词源分析

科学推理(scientific reasoning)一词是由"科学"和"推理"这两个词组合而成,欲对其含义有深入的理解,首先应该分别对"科学"和"推理"这两个词进行词源分析。

"reasoning"的基本意思是"推论,推理",由"reason"一词变形而成。作为名词用时,在逻辑学中,该词的意思是"理由,前提";在哲学中,该词的词义是"理性"。作为动词时,有"推论,推理,推断"之意。该词词源的先后变形是OFr *reisun*→L *rati ō*→*r ěr ī*①。早期的拉丁语"*rati ō*"有"推测""(船舶或飞机等)航迹推算"等意思,演变到现今的拉丁语"*r ěr ī*",具有"仔细思考""再三思考"之意。

在古代汉语中很少使用"科学"一词,即使使用,其原意是指"科举之学"。现代汉语中所使用的"科学"一词源于日本对英文"science"的翻译,用于指代自然科学。

"scientific"含有"科学的,符合科学定律的,用于科学的"等意思,该词是由"science"派生出来的,含有"科学、自然科学、(科学的)学科、(可用科学方法研究或应用科学方法的)科学事物等"之意,特指分科化的、职业的、实验的并具有潜在技术应用前景的科学,现在优先指现代科学②。该词的词源是 L *scientia*→*scire*③。拉丁语"*scientia*"是对希腊文"episteme"的直接翻译,具有"知识"之意,是指那种系统的、具有确定性和可靠性的知识,这种"知识"不包括日常经验知识。

通过以上对词源的分析,可以将科学推理理解为对自然界中事物运行规律的理性认识,即采用理性的方式认识事物背后的运行规律,同时,能用所认识到的规律预测事物的发展变化。

---

① 陆谷孙. 英汉大词典[M]. 上海:上海译文出版社,1989:2802.
② 吴国盛. 什么是科学[M]. 广州:广东人民出版社,2016:24-25.
③ 陆谷孙. 英汉大词典[M]. 上海:上海译文出版社,1989:3060.

### (二) 工具书中的推理概念分析

本研究中的"科学"是指狭义的自然科学,意思已经很明确,在此不做分析。

《美国心理学会心理学词典》中将推理(reasoning)解释为两个方面:①在归纳或演绎逻辑过程中的思维,这种思维被用来从事实或前提中得出结论;②用于建立这样一个结论的论点或证据的序列①。该词典将科学推理(scientific reasoning)解释为"一种涉及假设生成和系统地测验这些假设的推理"②。

阿瑟·S. 雷伯主编的《心理学词典》对"reasoning"的解释包括两个方面:①一般指其过程是合乎逻辑的和连贯的思维;②较专门的指问题解决,对合理形成的假设进行系统检验,并逻辑地推断出解决方法。注意,使用这个术语时涉及的是认知过程,而不是是否获得正确结果。如果一个人的最初假设是错误的,那么完全的逻辑推理可能容易导致错误的解决③。

林崇德教授主编的《心理学大辞典》指出:推理(inference)是思维形式的一种,包括演绎、归纳、类比等形式。逻辑学主要研究推理的形式和规则,心理学则着重研究推理规则在人脑中的表征和运用④。

洛林·W. 安德森等人编著的《布卢姆教育目标分类学:分类学视野下的学与教及其测评》中,将"推理(inference)"作为一项认知目标,对"推理"的解释如下:推理涉及在一组例子或事件中发现模式,这要求学生能够对每个例子的相关特征进行编码,更重要的是,发现例子之间的相互关系,从而抽象出能够解释这组例子的观念或原理。与推理相关的另一个认知观察是利用这一变化模式去生成一个新的例子,这是应用类别中的"执行"认知过程,因此,推理和执行往往一起作用于认知任务⑤。

---

① Vandenbos G R. APA Dictionary of psychology [M]. 2nd. American Psychological Association, Washington, 2015:886.

② Vandenbos G R. APA Dictionary of psychology [M]. 2nd. American Psychological Association, Washington, 2015:941.

③ 阿瑟·S. 雷伯. 心理学词典[M]. 上海:上海译文出版社,1996:701.

④ 林崇德. 心理学大辞典[M]. 上海:上海教育出版社,2003:1270.

⑤ 洛林·W. 安德森. 布卢姆教育目标分类学:分类学视野下的学与教及其测评[M]. 蒋小平、张琴美、罗晶晶,译. 罗星凯,审校. 北京:外语教学与研究出版社,2009:56-57.

《现代汉语词典》中对"推理"的解释:推理是逻辑学中思维的基本形式之一,是由一个或几个已知的判断(前提)推出新判断(结论)的过程,有直接推理、间接推理等①。

《辞海》中对推理的解释如下:推理,亦称推论,是由一个或几个已知判断(前提)推出另一个未知判断(结论)的思维形式;推理是客观事物的一定联系在人们意识中的表现;由推理得到的知识是间接的、推出的知识;要使推理的结论真实,必须遵守两个条件:一是前提真实;二是推理的形式正确;推理有演绎推理、归纳推理、类比推理等形式②。

尼古拉斯·布宁和余纪元主编的《西方哲学英汉对照辞典》中对"reasoning"的解释是"推理,为支持或反对一个结论或行为而作出论证或提供理由的认知过程,与推断(inferring)相近",并引用了皮尔士《文集》第二卷第773页相关定义"推理是一个过程,在这个过程中,推理者意识到,一个判断,即结论,是被另一个或一些判断,即前提,根据普遍的思维习惯所确定的。对于这个思维习惯,他可能无法精确地阐述,但他认为它对真知识具有决定意义"③。

冯契主编的《哲学大词典》中对"推理"的界定如下:推理(inference)是由一个或一组命题(前提)推出另一个命题(结论)的思维形式;推理总是由命题组成的,它体现为命题之间的联系和推出关系;在推理中,作为推理依据的命题是前提,由前提推出的命题是结论,前提和结论之间的联系方式是推理的形式;任何推理都是由一定的前提、通过一定的推理形式、按照某种逻辑规则而得出结论的过程④。论证和推理有密切的联系。论证必须运用推理,而推理是为论证服务的。论证的论题相当于推理的结论,论据相当于推理的前提,论证的方式相当于推理的形式。然而,推理和论证又有区别。推理是由若干命题(前提)得出另一个判断(结论);而论证则是根据若干命题(论据)的真实性,进而断定另一个命题(论题)的真实性。一个论证必然是一个或一系

---

① 中国社会科学院语言研究所词典编辑室. 现代汉语词典[M]. 第5版. 北京:商务印书馆,2005:1385.
② 辞海编辑委员会. 辞海[M]. 上海:上海辞书出版社,1999:1987.
③ 尼古拉斯·布宁,余纪元. 西方哲学英汉对照辞典[M]. 北京:人民出版社,2001:859.
④ 冯契. 哲学大词典[M]. 修订本. 上海:上海辞书出版社,2001:1470.

列的推理，但是一个推理未必是一个论证①。

由彭漪涟和马钦荣两位教授联袂主编的《逻辑学大辞典》中对"推理"的解释是：由一个或一组命题（前提）推出另一个命题（结论）的思维形式……推理总是由命题组成的，它体现为命题之间的联系和推出关系……任何推理都是由一定的前提、通过一定的推理形式而推出结论的过程……推理的过程，实质上是人们在头脑中通过命题之间的联结、转化而把某一事物情况从其存在条件中再现出来的过程，它体现着人们的思维活动及过程，是一个积极的、能动的反映现实的过程……根据前提与结论所涉及知识范围的不同，推理可分为演绎推理、归纳推理和类比推理②。

从以上工具书中关于"推理"的解释可以看出，无论是国外工具书还是汉语工具书中对"推理"的解释，主要都源自逻辑学中关于"推理"的描述，只是在心理学中更加关注推理规则在人脑中的表征和运用。

### （三）已有研究中科学推理概念素描

#### 1. 国内学者对科学推理的理解

中山大学科学哲学教授李平指出：科学推理指的是科学家根据观察和实验发现新的自然事实和自然规律，提出新概念和新术语，发明新理论和新假说，并且对理论假说进行检验、评价、修正、选择等认识活动的方法和思维模式，因而不能简单地归结为科学家们在认识活动中运用到的演绎、归纳或类比等逻辑推理③。他还认为科学推理在多数情况下，除了服从形式逻辑规则之外，还要服从科学的基本预设和基本观念，科学逻辑是科学推理实践内部自发产生的、与科学内容相联系的逻辑学。

周建武在其编著的《科学推理：逻辑与科学思维方法》中指出：科学推理，也叫科学思维或科学逻辑，是在实验基础上经过概括、抽象、推理得出规律这样一种研究问题的方法……从科学假说的提出到科学发现、科学理论的形成是逻辑方法与逻辑能力的综合运用和发挥，这就是科学推理的过程④。

---

① 冯契. 哲学大词典[M]. 修订本. 上海：上海辞书出版社，2001：915.
② 彭漪涟，马钦荣. 逻辑学大辞典[M]. 上海：上海辞书出版社，2010：317.
③ 李平. 科学推理的自然化[J]. 哲学研究，1998(4)：71-79.
④ 周建武. 科学推理：逻辑与科学思维方法[M]. 北京：化学工业出版社，2017：1.

任唯、刘东方等人在对国内外文献中关于科学推理概念分析的基础上,提出科学推理是对科学理论进行归纳和演绎的过程,经由发现问题、提出假设、设计实验、证据评估、解释推断等一系列活动,最终使问题得以解决的思维过程①。

胡卫平教授指出:"科学推理是根据一个判断得出另一个判断的思维形式,科学教育研究和实践中所提出的科学推理,不仅包括逻辑上的归纳推理、演绎推理和类比推理,而且包括分析与综合、抽象与概括、比较与分类等思维方式,还包括控制变量、组合推理、概率推理、相关推理、因果推理等推理形式。小学生应该具备分类、排序、守恒和可逆性等科学推理能力,中学生应该具备理论推理、组合推理、比例推理、控制变量、概率推理、关系推理等能力。"②③同时,他在总结中外研究者对科学推理概念界定的基础上,得出当前对科学推理定义的共识:科学推理是个体思维能力发展到一定水平之后具有的推理类型;在个体进行科学推理时,一般采用的推理类型是归纳推理和演绎推理;个体应用科学推理进行假设检验或问题解决④。

### 2. 国外学者对科学推理的理解

较早对科学推理进行研究的是著名心理学家皮亚杰(Piaget J)。在他的实验研究中,科学推理是指变量分离⑤,在此基础之上提出了"形式运算"的概念。之后,有一部分学者在此基础上,又对科学推理进行了研究。戴维(David I L)认为:"将分离变量的能力或者是使用'所有的事情都是公平的'概念的能力称为科学推理。"⑥劳森(Lawson A E)在继承皮亚杰的研究基础之上,指出形式运算包括这样一些推理过程:"引导(指导)搜索和评价证据来支持或拒绝假设的因果命题,这些运算是用于:控制和分离变量、可能的因果因素的组

① 任唯,刘东方.科学推理能力的构成及其考查研究[J].化学教学,2015(3):63-66.

② 胡卫平.物理学科核心素养的建构[J].中学物理教学参考,2017(13):1-3.

③ 胡卫平.物理学科核心素养的内涵与表现[J].中学物理教学参考,2017(8):1-3.

④ 胡卫平.科学教育的研究趋势与展望[J].华东师范大学学报(教育科学版),2007(4):44-51.

⑤ Inhelder B, Piaget J. The growth of logical thinking: from childhood to adolescence [M]. Parsons, A, Milgram S, trans. New York: Basic Books, Inc., 1958.

⑥ David I L, Linn M C. Scientific reasoning ability in adolescence: theoretical viewpoints and educational implications [J]. Journal of Research in Science Teaching, 1977(4): 371-384.

合分析(组合推理)、确认和否认案例的权衡(相关推理)、现象性质的概率认识(概率推理)、变量之间函数关系的最终建立(比例推理)。"[1]这些运算就是科学推理的基本方法。

库恩(Kuhn D)将科学推理定义为有目的的知识探寻和理论与证据的协调,他认为科学推理不仅仅是控制变量和归纳因果的策略,虽然这些在推理研究中占主导地位。科学思维或推理是一种自觉的、有目的的寻求知识的过程,这个过程是社会性的。更具体地说,它是任何有目的的思维,这种思维将提高搜寻者知识的客观性。因此,这是一个人们修正他们的想法并建立新的理解的过程。这个推理过程的核心是理论和证据的协调,这不仅意味着要根据证据修正理论,而且要区分两者并同时考虑两者。成功的"理论-证据"协调需要质疑现有的理论,寻找矛盾的证据,排除其他解释,这是一个累积的循环过程[2]。此外,他还指出这些知识获取和转变过程中需要的能力包括概括、检验以及修订理论和假设,并反思这些过程[3]。

齐默尔曼(Zimmerman C)将科学推理定义为应用科学探究的方法或原则进行推理或问题解决,这涉及提出、测验和修订理论,并反馈知识获取和改变的过程。参与者获得科学探究的一些或全部要素,例如设计实验、评价证据,以及在调查之上形成和/或修正关于现象的理论[4]。同时,他还认为科学推理同时涉及概念理解和探究能力。

金德(Kind P M)认为科学推理定义的提出,依赖于对科学和推理的不同理解,因此要借鉴科学研究与学习科学的发展。他在分析20世纪60年代以来对科学推理研究争议的基础之上,得出科学推理的研究应关注科学家处理不同问题时的科学实践。首先,他们发展科学理论;其次,他们收集用来检验理论的经验数据;最后,他们批判性地协调和评估证据。这些实践可能以不同的顺序发

① Lawson A E. The development and validation of a classroom test of formal reasoning [J]. Journal of Research in Science Teaching, 1978(1):11-24.
② Kuhn D. What is scientific thinking and how does it develop? [M]//The Wiley-Blackwell Handbook of Childhood Cognitive Development, Second edition, 2010:371-393.
③ Kuhn D, Franklin S. The second decade: what develops (and how) [M]//Handbook of Child Psychology. John Wiley & Sons, Inc., 2007:953-993.
④ Zimmerman C. The development of scientific thinking skills in elementary and middle school [J]. Developmental Review, 2007(2):172-223.

生,但却是互补的,因为一个实践结果可作为下一个实践的起点。他认为这三个实践研究领域共同作为科学推理的理论基础,每一个属于不同阶段的探究过程①。

菲利普(Philip A)和沙波(Csapó B)认为,诸如进行实证研究、设计和实施实验,并从观察中获得结果、构建理论等科学活动,被视为是科学推理需要的、最系统的形式。此外,他们还指出与一般推理思维相比,在科学推理中最主要的三方面思维是:通过分析部分/整体和相似/差异来构建模式(pattern-making)、作出预测和证明结论,作出关于因果的推理②。

萨米尔在其著作《科学哲学》中认为,科学家们获得关于世界事实的结果是通过推理的过程来确信的③。

罗纳德·N.吉尔等人在他们的著作《理解科学推理》中指出:"学习理解科学推理就是学习如何理解和评价我们在大众杂志、国家报纸、新闻杂志以及一些普通的专业出版物中见到的科学发现。"④这就说明科学推理是理解和评价科学发现,这不仅包括科学发现的过程(实验设计及实施),还包括科学发现的理论假设、结果与理论的协调。

德拉蒙德(Drummond C)和菲施霍夫(Fischhoff B)借鉴公众理解科学、认知发展心理学和行为决策的相关研究,将科学推理定义为评估科学发现所需的技能,其评估是根据决定科学发现质量的因素进行的⑤。他认为:科学哲学和方法论为我们提供了对评估科学证据所需技能的规范分析;对公众理解科学的研究使我们能够对现有的科学素养测试所需掌握的知识和技能进行描述性分析;认知发展心理学告诉我们个人如何发展像科学家一样思考的能力。据此,他还开发了一个科学推理量表,并指出该量表主要测评一个人像科学家一样思考来评估科学研究的能力的程度。

---

① Kind P M. Establishing assessment scales using a novel disciplinary rationale for scientific reasoning [J]. Journal of Research in Science Teaching, 2013(5):530 - 560.

② Philip A, Csapó B. Developing and assessing scientific reasoning [M]//Framework for diagnostic assessment of science, 2012:17 - 53.

③ Samir Okasha,韩广忠.科学哲学[M].南京:译林出版社,2009:17 - 37.

④ 罗纳德·N.吉尔,约翰·比克尔,罗伯特·F.莫尔丁.理解科学推理[M].邱惠丽,张成岗,译.北京:科学出版社,2010:6.

⑤ Drummond C, Fischhoff B. Development and validation of the scientific reasoning scale [J]. Journal of Behavioral Decision Making, 2017(1):26 - 38.

安德森(Andersen C)和加西亚(Garcia M M)认为："科学推理是个人修正和重构他们关于世界的理论的探究过程,这就是说推理能力涉及实验、证据评估和解决科学理解的推理。这对了解学生是如何根据他们使用的发现、评估、修改和交流知识的程序(过程)来获取科学知识的过程是很重要的。"[①]正是在这个意义上,认知心理学家与科学教育工作者应该协同工作。

与科学推理相关的特殊推理领域是数学推理。数学推理是指人们在数学观念系统作用下,由若干数学条件,结合一定的数学知识、方法,对数学对象形成某种判断的思维操作过程。它有其自身的特点:首先,数学推理的对象既不是生活中的常识,也不是社会现象,而是表示数量关系和空间形式的数学符号;其次,在某一个思考过程中,数学推理较之一般推理更是环环相扣,连贯进行;最后,推理的依据主要来自问题所在数学系统[②]。

### (四) 科学推理概念:来自专家的调查

通过以上的文献梳理可以看出,人们对科学推理概念的理解各不相同,为了得出一个让大家比较认同的概念,本研究将以上关于科学推理概念的各种理解设计成问卷(见附录一:关于科学推理概念的专家咨询意见),征求有经验的一线科学教师(教研员)和大学理科课程与教学论专家的意见。本问卷采用李克特五级量表,调查专家们对科学推理概念的认同度,这些专家的构成情况如表1-1所示:

表1-1  科学推理概念调查的专家构成情况

| 专 家 类 型 | 人数(人) |
| --- | --- |
| 科学学科教研员 | 56 |
| 理科学科教学专家 | 24 |

将这些问卷涉及的题目进行分析,计算得到各题的平均分和标准差,结果如下表1-2所示:

---

① Andersen C, Garcia M M. Scientific reasoning during inquiry [M]//Science Education. Sense Publishers, 2017:106.

② 徐斌艳. 数学学科核心能力研究[J]. 全球教育展望,2013(6):67 - 74.

表 1-2 科学推理概念认同度的专家调查结果

| 关于"科学推理"概念的描述 | 平均分 | 标准误差 |
|---|---|---|
| ● 科学推理是有目的地探寻知识和协调理论与证据的思维过程 | 4.43 | 0.11 |
| ● 科学推理既需要关照形式逻辑,同时也需要心理活动的参与 | 4.43 | 0.12 |
| ● 科学推理是通过分析部分/整体和相似/差异来构建模式(pattern-making),作出预测,证明结论,以及得出因果关系的推理 | 4.39 | 0.12 |
| ● 科学推理除了服从形式逻辑规则,还受到科学基本观念的约束 | 4.35 | 0.15 |
| ● 科学推理能力涉及实验设计、证据评估和得出科学知识的推理能力 | 4.30 | 0.16 |
| ● 科学推理可以理解为应用科学探究的方法或原则进行推理或问题解决,这涉及提出、检验和修订理论,并反馈科学知识获得和转变的过程 | 4.22 | 0.17 |
| ● 具体的形式逻辑推理(形式逻辑推理方法包括归纳、演绎和类比,以及由此衍生出的具体用于科学认识活动的推理方法:守恒、控制变量、组合推理、比例推理、相关推理和概率推理)贯穿于科学推理的各环节中 | 4.22 | 0.13 |
| ● 科学推理能力是一种概括、检验、修订理论和假设,并反思这些过程的能力 | 4.17 | 0.18 |
| ● 科学推理不只是逻辑问题,还可能是事实问题或经验问题 | 4.17 | 0.17 |
| ● 科学推理是个人修正和重构科学理论所进行探究的思维过程 | 4.00 | 0.21 |
| ● 科学推理是知识命题和推理规则的结合 | 4.00 | 0.19 |
| ● 科学推理可以理解为一种像科学家一样理性地解决科学问题的思维活动 | 3.96 | 0.25 |
| ● 科学推理可以分为提出问题/作出假设、设计调查(实验)、协调理论-证据、证明等主要阶段 | 3.96 | 0.20 |
| ● 科学推理就是理解和评价我们在大众杂志、报纸、新闻杂志以及一些普通的专业出版物中见到的科学发现 | 2.43 | 0.25 |

从表 1-2 可以看出,专家们比较认同对科学推理不同层面的理解,但大部分专家不同意将"科学推理就是理解和评价我们在大众杂志、报纸、新闻杂志以及一些普通的专业出版物中见到的科学发现"这一内涵纳入科学推理的理解之中,分析其原因,一方面可能是问题设置欠妥,"就是"一词对专家选择产生误导;另一方面,可能是我国科学教育领域的专家长期关注学校科学教育,较少关注学生对生活中科学新闻和科学发现的推理。

根据以上几个方面的分析,本研究将科学推理理解为"科学推理是一种个体有目的的科学知识探索和使科学理论与证据协调的高级思维活动,是个体修正和重构他们关于世界认识的理论而进行探究的思维活动";科学推理主要关注科学实践中的三个过程:发展科学理论;收集用于检验科学理论的经验数据,批判性地协调和评估证据;应用科学探究的方法或原则进行推理或问题解决。因此,科学推理涉及提出、测验和修订理论,并反馈科学知识获取和改变的过程。在该定义中具有如下几个特点。第一,其本质是将科学推理理解为像科学家一样理性地解决科学问题的思维过程。第二,该定义指出科学推理主要特指自然科学问题解决过程中的推理。第三,科学推理可以分为生成假设/问题、设计实验、证据评估(解释数据或理论-证据协调)、得出结论等主要阶段。第四,该定义还指出科学推理既需要心理活动的参与,同时也要关照形式推理的逻辑。第五,具体的形式逻辑中的推理方法(如从推理的方向来看形式逻辑推理方法有归纳推理和演绎推理,在这两类形式逻辑推理之下,衍生出具体运用于科学认知活动的推理方法,如守恒、控制变量、组合推理、比例推理、相关推理、概率推理等)贯穿于科学推理的各环节中。科学发现(或科学探究)的目的是拓展人类对自然世界的认识,而在这一过程中,需要有正确的科学推理思维活动作保障,才能使最终的科学发现具有较高的可信度。

那么,科学推理和逻辑推理有什么关系呢?逻辑推理是指由一个或一组命题(前提)推出另一个命题(结论)的思维形式。因此,任何推理都是由一定的前提,通过一定的推理形式而推导出结论的过程[①]。由此可以看出,逻辑推理是由前提、推理规则和结论三个要素构成,推理规则是固定不变的,是静态的。由上述科学推理的概念可知,假设、实验测验和证据是构成科学推理的三个要素,推理的规则是证据-理论协调,是动态的。科学是逻辑的,但这并不意味着科学推理仅仅受形式逻辑规则的支配,它还受到科学的基本假设和理念的支配。换言之,科学推理不只是逻辑上的推理在科学中的应用,而是科学推理实践内部自发产生的。

科学推理和科学探究有什么联系呢?在科学教育中,科学探究既是重要的学习内容,也是主要的学习方式;科学思维是其核心,贯穿于科学探究的始终;科学推理作为科学思维的重要内容,同样也贯穿于科学探究的始终;科学推理涉及实验、证据评估,以及得出结论等科学探究的过程;科学探究能力除了需要科学思维能力的参与,同时还需要操作技能的参与,即科学推理能力是科学探究中重要的思维能力。

---

① 彭漪涟,马钦荣.逻辑学大辞典[M].修订本.上海:上海辞书出版社,2010:317.

以上对"科学推理"进行了界定,而能力是指人们成功地完成某种活动所必需的个性心理特征,故而可将"科学推理能力"理解为:人们在进行科学知识探索和使科学理论与证据协调的活动中所必需的个性心理特征。研究学生科学推理能力,应该在保证符合当前科学哲学观和形式逻辑的基础上,从发展心理学的角度揭示学生科学推理能力的发展及其影响因素,这对科学教学具有重要的指导意义。

## 三、研究设计与思路

### (一) 研究问题

本研究的问题是如何促进小学生科学推理能力发展,从而使他们能够在未来生活中面对科技问题时做出明智的决策。解答这一问题,可将其分解成三个子问题:①小学生科学推理能力表现应该是什么? ②小学生科学推理能力发展得如何? ③影响小学生科学推理能力发展的外部因素有哪些? 这些因素之间有何关系?

### (二) 研究目的

本研究的目的是在厘清适合基础教育科学课程的科学推理内涵基础之上,提出并验证小学生科学推理能力的表现,进而了解小学生科学推理能力的发展现状,探究影响小学生科学推理能力的外部因素。这将为小学生科学推理学习内容标准的修订、科学推理能力的测评与教学改进以及校内外科学教育体系构建提供参考,从而促进小学生科学推理能力的发展。

### (三) 研究意义

本研究聚焦小学生科学推理能力及其影响因素,属于微观层面的研究。通过本研究,对促进小学生科学素养的发展具有重要意义。具体而言,本研究具有以下三个方面的意义:一是通过对科学推理内涵的厘清和小学生科学推理能力表现的验证,丰富科学素养的内涵,特别是加深读者对科学思维的认识,促进小学生科学思维能力的发展,进而提升小学生的科学素养;二是通过对小学生科学推理能力的调查研究,了解小学生科学推理能力的现有水平,从而提高小学科学课堂中科学推理教学的针对性,还可以对我国今后在义务教育质量监测中开发有关科学思维内容监测的项目提供参考；三是通过对影响小学生科学推理能力的外部因素探究，厘清影响小学生科学推理能力的外部因素，为创设促进小学生科学推理能力发展的良好学习环境提供证据。

### （四）研究方法

本研究将质性研究和量化研究相结合，主要采用文献法和调查法。通过文献，梳理已发表的关于科学推理能力的相关文献，分析各国际组织和主流国家关于推理能力、科学推理能力的要求以及科学推理能力测评项目，从而为提出小学生科学推理能力表现的假设，以及科学推理能力测试项目的开发提供基础。通过调查，了解专家对修订小学生科学推理能力表现的要求，并了解小学生科学推理能力的现有水平和影响因素。

### （五）研究思路

本研究可划分为三个方面的研究内容：一是科学推理能力的表现研究，二是小学生科学推理能力的调查研究，三是影响小学生科学推理能力发展的因素研究。为此，本研究的思路是：首先，厘清科学推理能力的内涵和小学生科学推理能力的表现。针对本研究，通过文献法，梳理已发表的文献、各国际组织和国家的核心素养框架、科学课程标准，以及教育质量监测中对科学推理能力的界定及要求，界定科学推理的内涵并提出适合我国小学生的科学推理能力表现的假设。在此基础之上，采用专家调查法调查小学一线教师、科学课程专家对小学生科学推理能力表现的意见，并在分析专家意见的基础上，确定小学生科学推理能力的表现。其次，开展小学生科学推理能力调查。这一研究的前提是开发具有良好信效度、适合小学科学推理能力测评的测试卷。针对本研究，通过文献法分析国际大型测评项目和主要发达国家教育质量监测项目中小学阶段科学推理能力的测试卷，在此基础上，结合我国小学科学课程标准的要求，开发初步的测试题；通过测试，调整测试卷使其具有较高的信效度，形成测试卷终测稿，并利用其开展小学生科学推理能力的调查研究；最后是汇总分析和研究调查问卷，从教师教学、家庭参与及投资、同伴协作与交流等方面调查并分析影响小学生科学推理能力的外部因素。

本研究的总体思路如图 1-1 所示。

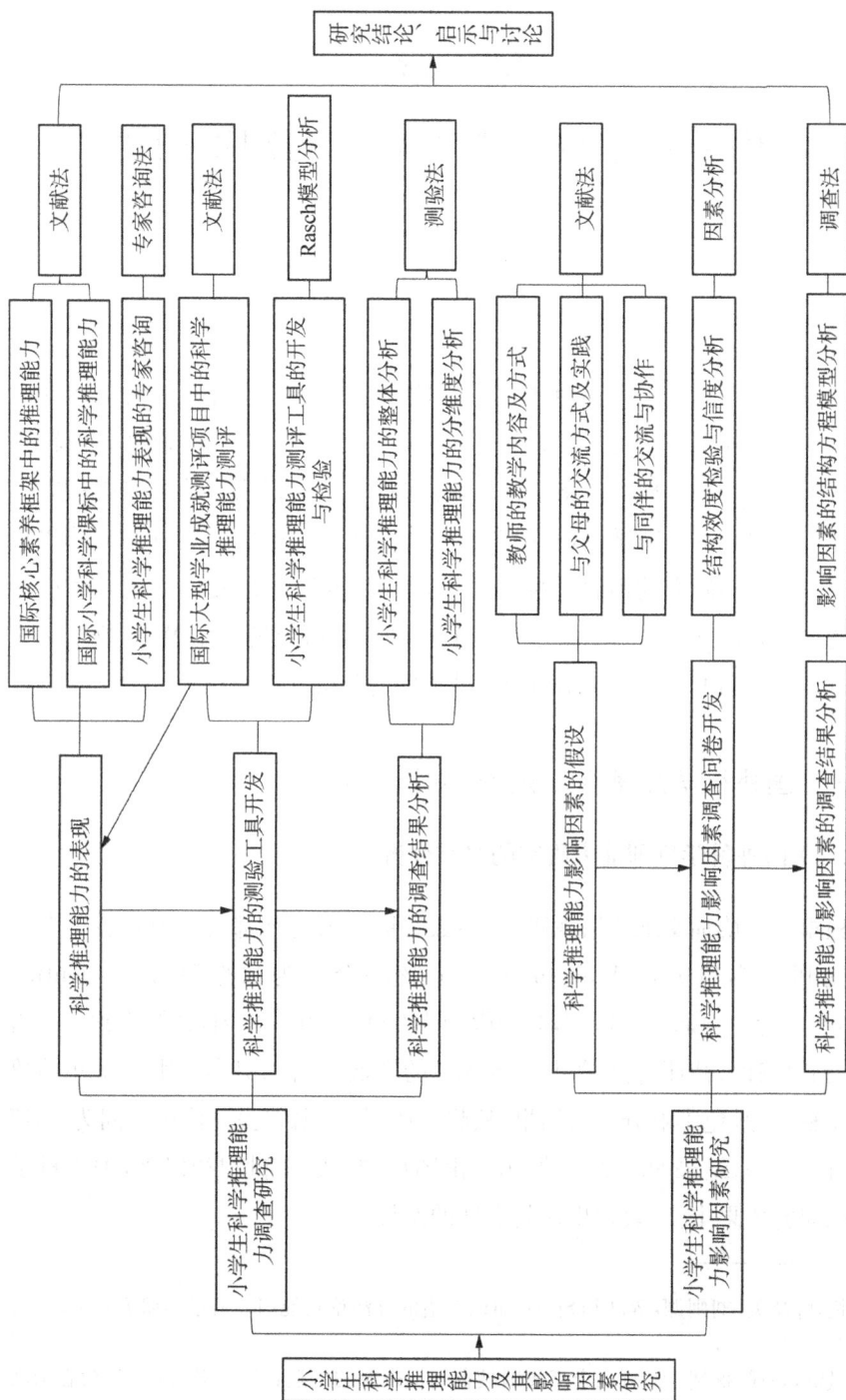

图 1-1　研究思路图

# 第二章

# 国内外科学推理能力研究的知识图谱

　　本研究采用的知识图谱可视化分析软件是由美国德雷塞尔大学计算机与情报学教授陈超美开发的 CiteSpaceⅢ(4.0.R5.SE.64 - bit)软件。该软件能对文献进行多元、分时、动态的分析,能够将一个知识领域的演进历程集中展现在一幅引文网络图谱上,并把图谱上作为知识基础的引文节点文献和共引聚类所表征的研究前沿自动标识出来,因此,该软件在文献综述方面具有独特的优点并得到了广泛的应用①。与此同时,本研究还应用 WoS 数据库中的"分析"功能和 Excel2016 作图功能进行辅助分析。

## 一、国外科学推理能力研究的知识图谱

### (一) 国外科学推理能力研究的时空分析

　　根据布拉德福文献离散规律,大多数关键文献通常都会集中发表于少数核心期刊②,本研究以 Web of Science 核心合集为数据源,以 "scientific reasoning"为主题词进行检索,时间限制为 2000—2016 年内,共检索到 516 篇文献,删除书评、社评、传记等与学术无关的文献,剩下 481 篇(因 2017 年的数据不完整,为避免影响分析的结果,故将 2017 年数据省去。检索时间为 2017 年 4 月 25 日),结果如图 2 - 1 所示。由图可知,从 21 世纪初以来,关于科学推理的研究成果丰富,表现出蓬勃发展的态势。

---

① 陈悦,陈超美,刘则渊,等. CiteSpace 知识图谱的方法论功能[J]. 科学学研究,2015(2):242 - 253.
② 张斌贤,陈瑶,祝贺,等. 近三十年我国教育知识来源的变迁:基于《教育研究》杂志论文引文的研究[J]. 教育研究,2009(4):17 - 25.

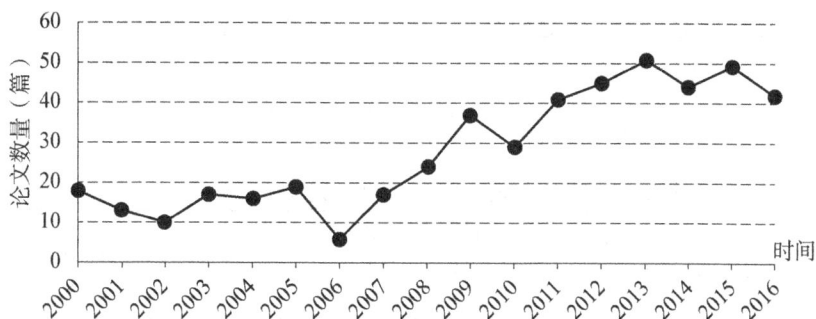

图 2-1　国际科学推理领域研究论文的时间分布

关键词揭示了文献的研究主题,是文献的核心。从知识理论的角度看,中心性和频次高的关键词代表了这一段时间内研究者共同关注的问题,即研究热点。通过运行 CiteSpace 软件,得到科学推理研究领域的高频关键词的频次和中心性,如表 2-1 所示。

表 2-1　国际科学推理研究领域的高频关键词和中心性

| 序号 | 频次 | 年度 | 中心性 | 关键词 | 序号 | 频次 | 年度 | 中心性 | 关键词 |
|---|---|---|---|---|---|---|---|---|---|
| 1 | 96 | 2002 | 0.35 | 科学推理 | 11 | 14 | 2001 | 0.12 | 科学教育 |
| 2 | 80 | 2000 | 0.32 | 知识 | 12 | 12 | 2002 | 0.04 | 策略 |
| 3 | 65 | 2000 | 0.28 | 科学 | 13 | 11 | 2004 | 0 | 学校 |
| 4 | 37 | 2000 | 0.03 | 学生 | 14 | 11 | 2002 | 0.01 | 论证 |
| 5 | 31 | 2000 | 0.12 | 教育 | 15 | 10 | 2010 | 0.02 | 推理(reasoning) |
| 6 | 31 | 2000 | 0.17 | 思维 | 16 | 10 | 2003 | 0.08 | 模型 |
| 7 | 29 | 2004 | 0.04 | 能力 | 17 | 10 | 2006 | 0.06 | 推理(inference) |
| 8 | 20 | 2010 | 0.02 | 教学 | 18 | 9 | 2007 | 0.07 | 儿童 |
| 9 | 19 | 2010 | 0.01 | 生物 | 19 | 9 | 2014 | 0.02 | 小学 |
| 10 | 18 | 2004 | 0.07 | 探究 | 20 | 8 | 2000 | 0.11 | 能力 |

综合关键词的频次和中心性,科学推理(scientific reasoning)、知识(knowledge)、科学(science)、思维(thinking)、科学教育(science education)、能力(ability)等关键词相对靠前,可以认为是国际科学推理研究领域关注的热点。

为了进一步提炼科学推理研究的热点主题,运用 CiteSpace 软件的关键词共现聚类功能得到了关键词共现聚类情况,聚类图谱的模块值 $Q=0.3612$ ($>0.3$),说明划分的模块结构是显著的;平均轮廓值 $S=0.5527$($>0.5$),说明各个聚类是有效的[1],最终将高频关键词聚类结果导出,如表 2-2 所示。

表 2-2　国际科学推理领域高频关键词共现聚类分布

| 聚类 | 大小 | 轮廓值 | 平均发表年份 | 标签词(TF*IDF)(单词频率-逆文档频率算法) | 标签词(LLR)(对数似然率算法) | 标签词(MI)(互信息算法) |
| --- | --- | --- | --- | --- | --- | --- |
| 0 | 18 | 0.589 | 2007 | 科学推理、科学思维、认知能力、认知水平、学生观念、实验 | 科学推理、科学思维、小学、科学概念、认知能力、实验能力、学科 | 概率模型、现代科学、自适应数字学习、性别差异、假设、学习进阶 |
| 1 | 12 | 0.698 | 2000 | 认知发展、解释一致性、高中科学、类比迁移、因果性归因、类比思维 | 智能、认知发展、先验知识、数学推理、论证、因果性归因 | 因果性归因、概念隐喻、类比思维、科学说明、推理能力 |
| 2 | 11 | 0.775 | 2001 | 科学教育、发展、认知心理学、科学推理能力、幼儿园教师、支架式教学 | 合作学习、科学教学、学习环境、基于问题的学习、基于计算机的学习环境、社会性科学问题 | 学习环境、基于问题的学习、基于计算机的学习、批判性能力、论证 |
| 3 | 8 | 0.553 | 2006 | 科学推理、探究性学习、概念转变、中学科学、认知水平、迷思概念 | 学生概念、概念转变、高中学生、推论、集体决策 | 内容知识、科学创造力、决策分析、贝叶斯推理 |
| 4 | 6 | 0.806 | 2007 | 项目特征、项目难度、能力评估、儿童、学龄儿童、探究性游戏 | 推论、高等教育、情景学习、探究、溯因推理、科学博物馆、概率推理 | 知识建构、概率推理、能力评估、贝叶斯、归纳、劳森科学推理、课堂测验 |
| 5 | 2 | 1 | 2003 | 系统生物学、还原论、因果关系 | 还原论、因果关系、系统理论 | 类比论证、风险评估 |

---

[1] 闫伟东.数字图书馆发展的可视化分析[J].公共图书馆,2012(1):30-34.

### (二) 国外科学推理能力研究的热点分析

通过表 2-2 的结果,以及相关文献的综合分析,可以提炼出科学推理研究的热点主题如下。

#### 1. 科学推理模型的研究

安东(Anton E L)对科学推理的基本推理进行了研究①。该研究通过对伽利略发现木星的卫星、罗斯玛丽·格兰特和彼得·格兰特(Rosemary Grant and Peter Grant)关于达尔文雀的研究以及马歇尔·尼伦伯格(Marshall Niren-berg)获诺贝尔奖(关于遗传编码的研究)这三个典型的科学史案例的分析,发现科学推理主要有溯因、演绎和归纳等。溯因首先被用于生成对令人惊讶(迷惑)的观察结果的可能解释,接着,演绎和归纳驱动 if/then/therefore 推理模型,该模型用来检验这些解释,如图 2-2 所示。

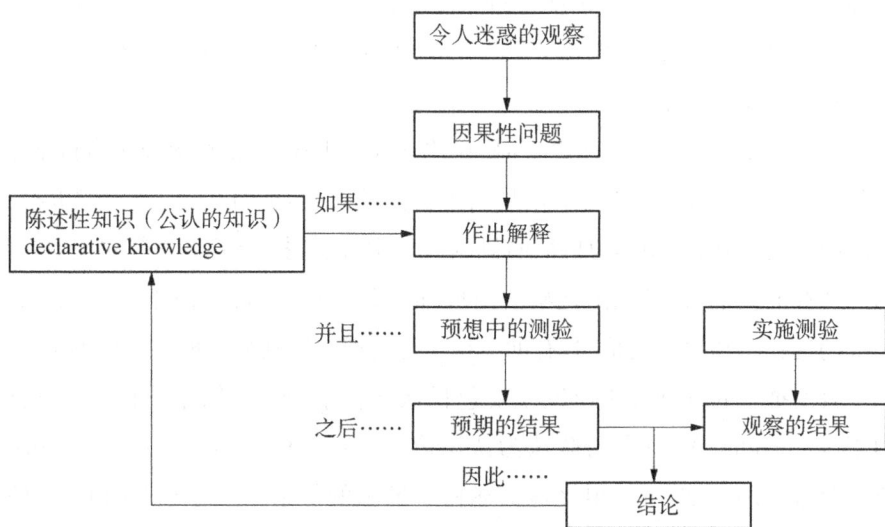

图 2-2 if/then/therefore 推理模型

奥斯本·乔纳森(Osborne Jonathan)教授提出了一种关于科学推理发生的主要领域及其主要功能的简化模型(见图 2-3),这个模型综合了当代哲学

---

① Anton E L. Basic inferences of scientific reasoning, argumentation and discovery [J]. Science Education, 2010(2):336-364.

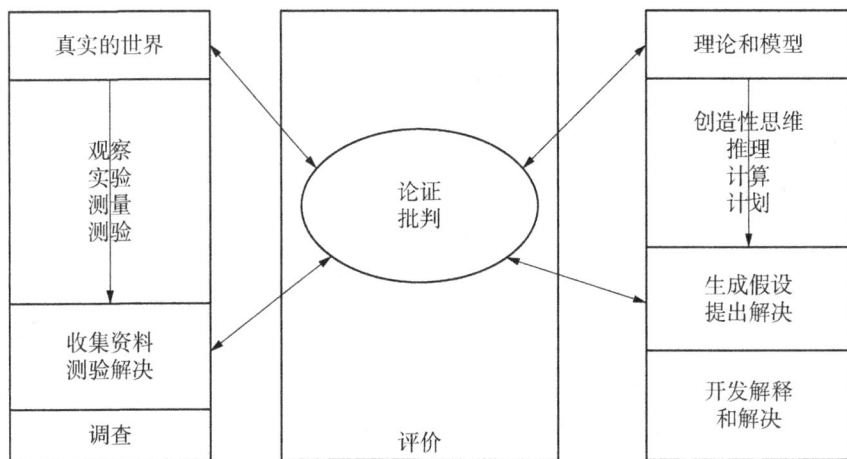

图 2-3 科学推理的简化模型

观和实证心理学关于科学家如何进行工作的研究。科学推理是一个特定领域,且它依赖于科学的知识,是一套(一系列)关于标准方法的程序性知识,是一个科学家发现科学知识的程序。

亚伯拉罕(Abrahamsen A)和柏克德(Bechtel W)主张将图表作为科学推理的工具[1]。他们主张图表不仅是用于交流的工具,而且也是支持生物学家推理的工具;在以生物学为特征的机制研究中,图表描绘了要解释的现象,显示要解释的关系,并呈现出现象的组成部分和运作的机制;使用图表或其他格式的现象图和解释关系图,有助于将视觉处理应用到相关模式的检测中。

科学推理的基础理论研究主要包括认知哲学、解释学、系统论等。如泽内丁(Zeineddin A)研究团队认为认识论承诺(epistemological commitments,ECs)是推理的基础,可以很好地描述科学推理的复杂本质,他们探讨了 ECs 与理科生科学推理之间的关系,研究结果表明 ECs 越高,推理的质量越高。

**2. 科学推理能力的评估研究**

奥斯本(Osborne J)教授指出,21 世纪对教育成果的期望是更加关注高阶思维的综合、分析和评价,然而,学校在科学教育中占支配地位的仍然是低

---

[1] Abrahamsen A, Bechtel W. Diagrams as tools for scientific reasoning [J]. Review of Philosophy & Psychology, 2014(1):117-131.

水平的认知要求。从 21 世纪的需求来看,科学教育的失败之处是缺乏好的科学推理模型和关于如何评估这种高阶认知能力的专业知识①。

　　布朗(Brown N J S)等人开发了基于证据的科学推理评估系统(evidence-based reasoning assessment system,EBRAS,见图 2 - 4)②。该系统将科学推理模型和评估模型结合在一起,用来指导书面评估项目的设计,这包括构成科学论证的多个题目的目标确立、分解、得出结论等。他们将基于证据的科学推理评估系统用于评估初中生和高中生在浮力主题上科学推理的概念的复杂性、特征(特异性)和有效性。研究结果表明,与传统的测试项目相比,使用 EBRAS 设计的题目在情景生成方面更真实,并且能更好地揭示错误概念、修辞策略和具体的逻辑错误。可以认为 EBRAS 是分析和评估学生在科学推理过程中使用证据的更有效、更可靠的方法。

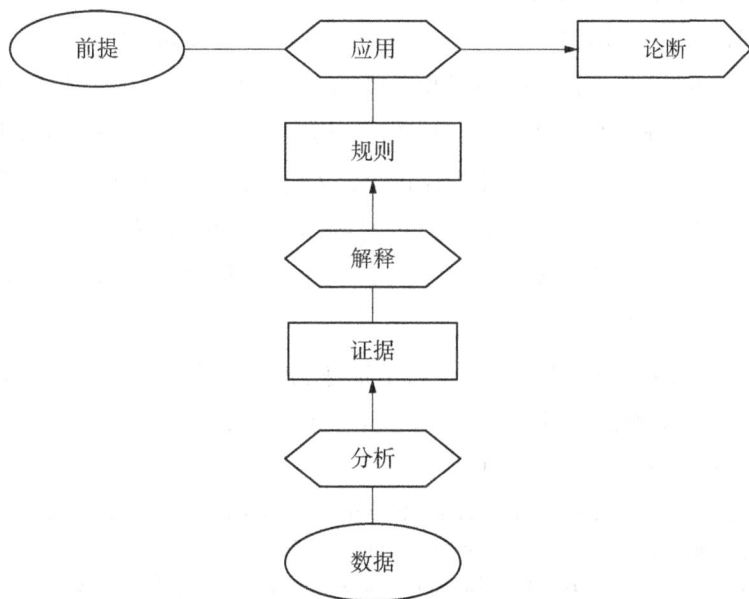

图 2 - 4　基于证据的科学推理评估系统

① Osborne J. The 21st century challenge for science education: assessing scientific reasoning [J]. Thinking Skills & Creativity, 2013(3):265 - 279.

② Brown N J S, Nagashima S O, Fu A, et al. A framework for analyzing scientific reasoning in assessments [J]. Educational Assessment, 2010(3):142 - 174.

1978年,劳森开发了第一个科学推理能力纸笔测试工具,称为劳森科学推理测量量表(Lawson's classroom test of scientific reasoning, LCTSR)[1]。该工具在STEM教育的学术界得到了广泛的应用[2]。该测试工具主要测试推理能力的常见类别包括比例推理、演绎推理和归纳推理、变量控制、概率推理、相关推理和假设评估。该测试包括12个情景,每个情景有一道推理能力的试题和一道用于测试原因的试题,总共24道题目,每答对一题计1分。美国俄亥俄州立大学的包雷教授应用该工具测试了中国大学生和美国大学生物理知识掌握水平和科学推理能力的水平,得出了中国大学生掌握物理知识的水平比美国大学生高,但是科学推理能力水平却相差无几的结论[3]。

金德(Kind P M)提出通过建构驱动来进行科学教育的评估,并且要更加关注学科的科学推理。调查评估量表的开发基于一个新的理论,将科学推理描述为三种基本的实践(假设、实验和证据评价),并构建了三种类型的知识(科学知识、程序性知识和认知知识)。量表的开发通过如下的方法来建构驱动:首先,详细介绍了相关的知识和解释的进程;其次,将可操作性的理论建构为项目和评分标准。通过一个小规模的测试研究检验了量表,结果表明该量表具有很好的一致性。该研究结果对前文提到的国际数学与科学学习趋势项目(TIMSS),以及关注特殊领域的推理但没有明确所需要的相关知识的国际学生评估项目(PISA)和美国国家教育进步评价项目(NAEP)等科学教育评估的改进具有参考价值[4]。

迈耶(Mayer D)等人对小学生科学推理能力评估进行了研究[5]。他们开发了20个纸笔测试项目,对154名学生进行了测试,这些项目代表了4种

① Lawson A E. The development and validation of a classroom test of formal reasoning [J]. Journal of Research in Science Teaching, 1978(1):11-24.
② Bao L, Cai T, Koenig K, et al. Learning and scientific reasoning [J]. Science, 2009(1): 227-237.
③ Bao L, Cai T, Koenig K, et al. Learning and scientific reasoning [J]. Science, 2009(1): 227-237.
④ Kind P M. Establishing assessment scales using a novel disciplinary rationale for scientific reasoning [J]. Journal of Research in Science Teaching, 2013,50(5):530-560.
⑤ Mayer D, Sodian B, Koerber S, et al. Scientific reasoning in elementary school children: assessment and relations with cognitive abilities [J]. Learning & Instruction, 2014,29 (3):43-55.

不同的科学推理成分(理解科学的本质、理解理论、设计实验和解释资料)。该量表共有 20 道题目,其中,理解科学本质的有 5 道,理解理论的有 3 道,设计实验的有 8 道,解释资料的有 4 道。通过 Rasch 分析证实,科学推理的项目是一个可靠的量表。此外,该研究还探讨了科学推理与假设前提条件抑制控制能力、空间能力和解决问题能力之间的关系。

丁林教授团队研究了物理情景和非物理情景中理论与证据协调的科学推理①。该研究以库恩的科学推理框架为基础,探讨大学生在物理学主题(能量)中如何协调自我生成的理论和证据,以及在非特定内容(非物理)情况下的推理能力。27 名学生完成了 5 个书面推理任务,其中 3 个任务涉及能源概念(物理情景)的处理、2 个任务关注非物理情境。重点分析:理论的完备性和正确性、证据来源、理论证据协调或非协调。如果协调时,证据是否支持或驳斥理论以及学生解释的质量。结果表明,学生倾向于协调理论和证据的非物理任务,而不是物理问题。

拉斯(Russ R S),科菲(Coffey J E),哈默(Hammer D)等人的研究指出,为了使科学课堂的评价更加能解释科学推理,应该关注机制思维(mechanistic thinking)②。该研究指出,当教师或学生在科学课中评估想法(ideas)的质量时,他们大多以教科书的正确性为基础;想法(ideas)好的程度是由他们来配合或引导作为呈现教材或课程的内容,因此,他们呼吁要关注科学学科中的价值观和实践。在该研究中,研究者呼吁关注科学推理的另一个方面:关注解释自然现象的因果机制(causal mechanisms in explaining natural phenomena)。该研究从科学史和科学哲学的例子和研究出发,阐明科学家所谓的"机制";然后,研究者摘录了一堂二年级的课。在这堂课上,一个学生给出了一个关于机制的错误解释,而老师则更注重教科书内容的正确性。随着对话的进行,学生从试图理解机制(mechanistic sensemaking)转变为引用她并不理解的专业术

---

① Ibrahim B, Ding L, Mollohan K N, et al. Scientific reasoning: theory evidence coordination in physics-based and non-physics-based tasks [J]. African Journal of Research in Mathematics Science & Technology Education, 2015, 20(2):1-13.

② Russ R S, Coffey J E, Hammer D, et al. Making classroom assessment more accountable to scientific reasoning: a case for attending to mechanistic thinking [J]. Science Education, 2009(5):875-891.

语。随着谈话的进行,学生从机制的合理性中引用了她不明白的术语。研究者认为,在课堂上关注机制,能更好地支持学生的推理,更好地体现学科认识论。

此外,刘雷和乔纳森(Steinberg J)等人对基于对话的科学推理能力测评进行了探索[①]。与此同时,诸如国际数学与科学学习趋势项目(TIMSS)、泛加拿大评估计划(Pan-Canadian Assessment Program,PCAP)等大型教育质量监测项目也对科学推理能力进行了测评,研究结果对各国科学课程改革提供了参考。

### 3. 学生科学推理能力发展的研究

关于科学推理能力发展的研究是科学推理研究的重点。从纵向发展来看,主要关注各年龄段科学推理的发展水平;从横向发展来看,主要关注各推理类型的发展情况。此外,科学推理能力发展水平的影响因素以及国际比较研究也得到了科学推理领域研究者的关注。下面简要回顾近些年国际科学推理能力发展的相关研究。

(1)各年龄段的发展。

罗斯(Rose M S)教授团队对婴儿的心理推理进行了回顾与讨论[②]。成年人通常通过推断这些行为的心理状态来了解他人的行为。在过去的20年中,研究人员在理解婴儿早期这种能力的起源方面取得了重大进展。这方面的证据表明,当婴儿在一个简单的场景中观察代理行为时,他们会推断代理人的心理状态,然后结合合理性的原则(它的有效性和一致性推断)使用这些心理状态,预测和解释代理人的后续行为,并指导他们自己面对代理人的行为。随着年龄的增长,婴儿推断和推理他人心理状态的能力也在增强,关于这种能力的大脑网络的成熟程度,以及影响个体差异的各种因素,还有许多有待发现。然而,有一个结论似乎很清楚:这个核心领域的因果推理取决于从生命的早期运作开始的内容的丰富性以及自适应性等。

格拉夫(Graaf J V D)等人对学前儿童科学推理的认知因素的作用进行

---

① Liu L, Steinberg J, Qureshi F, et al. Conversation-based assessments: an innovative approach to measure scientific reasoning [J] IEEE Technical Committee on Learning Technology, 2016(1):10-13.

② Baillargeon R, Rose M S, Bian L. Psychological reasoning in infancy [J]. Annual Review of Psychology, 2015(1):79-150.

了研究①。该研究调查了认知因素在科学推理中的实验和证据评估两个核心组成部分中的作用。在对 100 个幼儿园儿童的调查中，测量了视觉空间和言语工作记忆、抑制、认知灵活性、词汇、语法能力、空间可视化与实验和证据评价结果的相关性。通过使用中介分析发现，抑制和言语工作记忆（作为执行功能的一部分）是通过语法能力而不是通过词汇与实验和证据评价间接相关。视觉空间工作记忆与任何科学推理的成分不相关，空间可视化没有起到连接执行功能和科学推理之间的中介作用。该研究结果指出了在解释幼儿园儿童在科学推理的个体差异上言语能力的重要性。

泰勒（Tytler R）和彼得森（Peterson S）将小学低年级儿童的科学推理的表征描述为从"试一试和看一看"到"探索"策略②。该研究探讨了在开放探索情景中，小学低年级儿童科学推理的不同维度和层次的表征方法。他们着重研究儿童在三个方面的表现，包括使用证据生成和评估知识要求，许多维度被用来表征儿童探索和知识建构的方法，论证了概念知识与科学推理的相互关系。儿童在这些维度上存在显著差异，但个别儿童在处理这些任务的方法上相对一致。这项研究显示了幼儿在各种探索性的情况下，协调科学知识论点和证据的广泛能力。这项研究还表明，科学推理的能力与深层次解释的生成密切相关；关于儿童是否能够区分理论和证据之间的协调程度这一更为技术性的问题，还需要更仔细地研究这些儿童在任务和维度上所做的事情；我们如何看待这些儿童在认识论推理中的能力限制，无论它们是由于某种意义上的知识缺乏，还是由于知识缺陷所决定的，在这一证据上很难解决。同时，该研究还指出，在小学推广科学推理的计划时，要集中力量支持教师在构思和开发提高儿童的科学推理策略上。泰勒和彼得森还对低年级小学生的科学推理进行了跟踪③。他们对 14 名公立学校的小学生从一年级开始进行了

---

① Graaf J V D, Segers E, Verhoeven L. Scientific reasoning in kindergarten: cognitive factors in experimentation and evidence evaluation [J]. Learning & Individual Differences, 2016(6):190-200.

② Tytler R, Peterson S. From "Try It and See" to strategic exploration: characterizing young children's scientific reasoning [J]. Journal of Research in Science Teaching, 2004 (1):94-118.

③ Tytler R, Peterson S. Tracing young children's scientific reasoning [J]. Research in Science Education, 2003(4):433-465.

为期两年的追踪调查,这些学生都是白人且父母都有职业。这些小学生的学习内容有三个主题:力学、材料的变化以及动物的适应性。每一个序列都是由老师计划的,包括活动和探索,重点是儿童对实质性科学概念的理解,包括研究科学的内容。研究结果表明,儿童的认识论推理能力区别于他们控制变量的能力。虽然个别儿童的差异很大,但在一定的语境差异中,他们的推理能力相对稳定。研究发现,这些孩子中的许多人很好地达到了课程期望的推理水平,但研究指出,在小学科学中目前的做法需要反思。同时,这些数据被用来探索推理和知识之间的关系。研究指出,思想(idea)的产生和探索必须是小学科学活动的关键驱动力。

肯珀特(Kempert S)和哈迪(Hardy I)对双语情景中儿童的科学推理进行了研究①,探讨了增强执行功能的影响是否与在科学推理任务中的双语表现相关。在准实验设计中,比较了单语和双语小学生的测量,包括语言能力、认知能力、执行功能和修改后的库恩(Kuhn)和皮斯(Pease)推理任务。对 57 个小学的学生数据采用多元回归分析,组间比较采用多元方差分析,结果显示执行功能测量上存在组间差异。在抑制(inhibition)测量上,双语组表现优越,而注意控制的差异无显著性。回归分析表明,学生在推理任务上的表现通过认知能力和注意控制来解释是最好的。由于这些变量没有组间差异,双语在推理任务上的优势没有被发现。该研究最后强调有必要指定执行功能在推理任务中的作用,以便可靠地测试双语优势转化为学术学习情境的可能途径。

克罗克(Croker S)和布坎南(Buchanan H)对儿童在真实世界情景中的科学推理进行了研究②。该研究重点探讨了在真实的口腔健康情景中事件结果和先验信念对科学推理的影响。参与者(N=144,从 3 岁到 11 岁不等)进行假设测试任务,并要求解释他们的答案。参与者呈现的信息与他们自己的信念要么是一致的,要么是不一致的。每一项任务都包括情景,事件结果是

---

① Kempert S, Hardy I. Children's scientific reasoning in the context of bilingualism [J]. International Journal of Bilingualism, 2015(6):646 - 664.

② Croker S, Buchanan H. Scientific reasoning in a real-world context: the effect of prior belief and outcome on children's hypothesis-testing strategies [J]. British Journal of Developmental Psychology, 2011,29(3):409.

口腔健康的好与坏。当信息与信念一致时，事件结果是好的；当信息与信念不一致时，结果不好的时候，儿童更倾向于选择科学合理地测验上述的假设。在好的结果和信念不一致的情况下，以及信念一致、结果不好的情况下，基于证据的解释与科学合理的选择有关。通过考虑因果变量的合理性来解释参与者对这些任务的表现。在证据与参与者的信念和因果机制知识一致的情况下，变量控制策略被用来检验假设。相反，当证据与参与者的信念不一致时，孩子们选择操纵可能导致健康结果的行为。这些结果表明，情景和先验知识在儿童科学推理中起着重要作用。

朔伊布勒(Schauble L)研究了在自主实验背景下科学推理能力的发展[1]。在本科学推理发展的研究中，对 10 个 5～6 年级的学生(男女各 5 人)和 10 名未上过大学的成年人进行 6 个半小时的会议实验，目的是探索 2 个物理科学领域的因果结构，在执行每个任务两小时以后，观察这两个年龄组在内容的理解、获取(收集)和解释证据的策略方面表现出的变化。一般来说，成人优于儿童。研究指出，无论是有效的策略，还是正确的信念，都不能单独地保证成功。最后，研究对简化实验的复杂性提出改进建议：要么涉及一般领域的归纳，要么涉及特定领域的学习。

卡普勒斯(Karplus R)，卡普勒斯(Karplus E)等人对来自 7 个国家的 13～15 岁学生的比率推理和控制变量进行了调查研究[2]。这 7 个国家分别是丹麦(哥本哈根区，$N=399$)、瑞典(哥德堡区，$N=280$)、意大利(罗马区，$N=467$)、美国(东北部和中北部地区，$N=1020$)、奥地利(维也纳区，$N=595$)、德国(哥廷根区，$N=319$)和英国(伦敦地区，$N=376$)。该研究结果对教师的启示：第一，13～15 岁的学生中有相当一部分缺乏表达比例推理和/或控制变量的能力；第二，教学可能会对本研究所调查的年龄段学生的推理能力的发展产生一定的影响；第三，本研究所考虑的推理模式的发展应该是 13～15 岁儿童教学计划的一个重要目标，这一目标目前在所研究的任何国家学校的实践

① Schauble L. The development of scientific reasoning in knowledge-rich contexts. [J]. Developmental Psychology, 1995(1):102-119.

② Karplus R, Karplus E, Formisano M, et al. A survey of proportional reasoning and control of variables in seven countries [J]. Journal of Research in Science Teaching, 1977 (5):411-417.

中都没有得到全面的实现。

达吉埃内(Dagiene V)等人对信息学竞赛中儿童认知技能的推理进行了研究①。该研究来自对国际 IT 大赛"Bebras"跨国学生的调研。近 8 000 名 10～13 岁学生分别来自芬兰($N = 852$)、瑞典($N = 201$)和立陶宛($N = 7 022$),使用性别、任务和国家作为基本变量。研究结果表明,男孩和女孩之间没有差异。

特南鲍姆(Tenenbaum H R)、霍格(Hogh H)对高中生在进化理论的科学推理进行了研究②。其研究探讨高中生对进化理论理解的年龄差异,以及如何使用新的编码更准确地描述学生对进化论概念的理解。研究者认为,在以前的研究中采用的编码方案高估了学生对进化概念的把握。在该研究中,共有 106 名 12 岁、14 岁和 16 岁的学生参加了单独的访谈,调查他们对进化过程的理解。研究发现,使用新的编码方案,在回答关于雀的问题时,16 岁的孩子比 12 岁的孩子更认可科学概念,但是他们对自然选择的理解并没有推广到其他问题上。此外,学生在 14 岁左右能具体化相关术语(如适应、进化等),使用相关语言来建构他们的解释。学生们经常使用相关的术语,却没有对进化论有更高级的理解。此外,他们常用口语而不是科学术语。这一发现对进化论教学的改进提供了参考。

劳森(Lawson A E)和克拉克(Clark B)对大学生生物学科学推理的发展进行了研究③。本研究的主要目的是检验假设技能是否存在两个不同的发展水平。第一个假设水平的技能涉及检验可观察因果关系因素的假设;第二个假设水平的技能涉及检验不可观察实体的假设。为了检验这一假设,在生物课程开始和结束时,对一大批大学生进行了一项假设检验技能测试,并对每

① Dagiene V, Mannila L, Poranen T, et al. Reasoning on children's cognitive skills in an informatics contest: findings and discoveries from Finland, Lithuania, and Sweden [C]//International Conference on Informatics in Schools: Situation, Evolution, and Perspectives. Springer, Cham, 2014:66 - 77.

② Tenenbaum H R, Hogh H. Secondary school students' reasoning about evolution [J]. Journal of Research in Science Teaching, 2017(2):247 - 273.

③ Lawson A E, Clark B, Cramer-Meldrum E, et al. Development of scientific reasoning in college biology: do two levels of general hypothesis-testing skills exist? [J]. Journal of Research in Science Teaching, 2000(1):81 - 101.

一个水平上的一些假设进行了收集和测验。研究发现，假设检验技能水平与涉及不可观察实体假设检验的迁移问题的成绩之间存在预期的正相关性。

包雷、蔡天芳和凯尼格(Koenig K)等人对中美大学生的学习和科学推理能力进行了比较研究[①]。该研究发现，中国大学生在机械运动、电磁学领域的学习成绩优于美国大学生，但两国大学生的科学推理能力基本相当。在强调STEM 教育的今天，这项研究结果对科学教育的改进提供了反思。

幼儿园儿童、小学生、中学生和本科生在各个阶段推理能力的发展及性别差异也是科学推理能力测评的研究热点。特南鲍姆(Tenenbaum H R)等研究了高中生在进化内容中的科学推理发展。齐默尔曼(Zimmerman C)对小学生及初中生科学推理能力的发展进行了深入的研究[②]。

(2) 科学推理各维度推理能力的发展研究。

学者们对各阶段人群在控制变量、因果关系、概率推理、类比推论、证伪等科学推理能力发展方面进行了研究。例如，在控制变量的研究方面，西格斯(Segers E)等人对 4～6 岁儿童的控制变量方面的推理能力进行了测评研究[③]；拉赞德(Lazonder A W)等人从显性与隐性教学指导对儿童控制变量策略的获得与使用的影响进行了研究[④]。这些研究对我们研究科学推理能力的发展提供了有益的参考。

### 4. 促进科学推理的教学研究

佘晓清和廖亚文等人在分析双重情境学习模式(dual situated learning model, DSLM)对学生概念转变和科学推理的优劣势的基础上，提出了自适应的多媒体网络学习方法，并对这一学习方法的有效性和效果进行了实验检

① Bao L, Cai T, Koenig K, et al. Learning and scientific reasoning [J]. Science, 2009(1): 227 - 237.

② Zimmerman C. The development of scientific thinking skills in elementary and middle school [J]. Developmental Review, 2007(2):172 - 223.

③ Graaf J V D, Segers E, Verhoeven L. Scientific reasoning abilities in kindergarten: dynamic assessment of the control of variables strategy [J]. Instructional Science, 2015 (3):381 - 400.

④ Lazonder A W, Egberink A. Children's acquisition and use of the control-of-variables strategy: effects of explicit and implicit instructional guidance [J]. Instructional Science, 2014(2):291 - 304.

验。该实验的对象是 108 名八年级的中学生(男生 60 名,女生 48 名),学习的内容是原子结构的内容,为期 2 个月的教学实验研究表明,学生的科学推理对于他们的转变概念的贡献大于其对学生在学习之后所持有的概念理解的贡献。此外,学生的科学推理比在学习后立即掌握概念更有助于他们的概念转变。这表明,科学推理是概念转变的关键,促进学生在新的心理定式之间进行联结,促进现有的基于结构的层次记忆①。

莫林(Morin O)和西蒙诺(Simonneaux L)等人通过网络的跨文化交流,开发并运用科学社会性可持续发展(socio-scientific sustainability reasoning,S³R)模型分析学生关于环境社会性敏感问题(environmental socially acute questions, ESAQs)的推理交流②。该研究将可持续发展的观点统一到科学社会性推理的认识论分析中,发现 S³R 强调植根于语境和集体的需要。该研究认为,ESAQs 的复杂性需要考虑多个维度,是在 S³R 分析模型的基础上,综合考虑问题意识、互动、知识、不确定性、价值观和治理(管理、政治)。该研究调查了模型在推理上的有用性:来自法国和澳大利亚学生群体的跨国网络交流关注的是共性的和全球性的 ESAQs。研究结果表明,S³R 模型成功地获得了在科学社会性的可持续性问题方面推理的性质:通过用多种形式集体协商的知识为主要特征来提升推理水平。研究还发现,在涉及某种程度上代表不同文化和情境的群体中,建设与对抗的阶段性过程在提高启发式推理论证的质量方面作用较大。

埃林(Erin L B)和瓦莱丽(Valerie A T)对视角和信念在推理任务中对分析推理的影响进行了研究③。该研究的假设是:从自己的观点转换到他人观点可以促进分析过程的参与,反过来,也会减少信念的影响。研究结果表明,当参与者从研究者的角度评估数据时,他们认可与先前信念相一致倾向的相

① She H C, Liao Y W. Bridging scientific reasoning and conceptual change through adaptive web-based learning [J]. Journal of Research in Science Teaching, 2010(1):91-119.
② Morin O, Simonneaux L, Simonneaux J, et al. Developing and using an S³R model to analyze reasoning in web-based cross-national exchanges on sustainability [J]. Science Education, 2014(3):517-542.
③ Erin L B, Valerie V A. Effects of perspective and belief on analytic reasoning in a scientific reasoning task [J]. Thinking & Reasoning, 2012(4):1-20.

关性降低了。与此同时,该研究还应用了积极开放思维(actively open minded thinking,AOT)量表,这个测试没有预测信念对我们的任务的影响,然而该测试观察到,AOT 与不同的应答策略有相关性:AOT 分数高的人更倾向于选择模棱两可的回答选项,如"没有得出结论的依据";而分数低的人则更倾向于选择确定性更强的选项,如"这两个变量之间没有关系"。

拉赞德(Lazonder A W)等人对直接教学和任务结构这两种教学方法促进小学生科学推理的发展进行了研究①。该研究将 55 名五年级的小学生分成了三个小组,控制组儿童在没有额外的支持下调查了四个变量的探究任务;一组在直接教学条件下完成这项任务之前进行了短期的实验设计训练;而任务结构条件下的这组儿童,没有接受介绍性训练,只是给出了一个任务的版本,一次处理四个变量。该研究通过儿童行为的实验分析证实,直接教学和任务结构同样有效。由于没有指导地探究,这两种干预方法也引发了更明确的预测和有效的推理。

墨菲(Murphy P K)和费尔托(Firetto C M)等人对谈论科学质量(quality talk science,QTs)的教学模式进行了研究②,他们发现该教学模式促进了学生关系推理(relational reasoning)能力的发展,并指出关系推理能力在 STEM 学习中具有重要的作用。

凯斯(Keys C W)研究了通过协作写作的方式培养学生的科学推理能力③。在该研究中,三个班的九年级普通理科学生参加了合作报告写作干预实验,研究的目的是评估学生合作完成书面实验室报告,以证明科学推理技能的使用,以及记录推理技能随时间变化的质量变化。研究对象为 6 名九年级学生。在干预过程中,学生写的 10 个实验报告用时超过 4.5 个月。作者和

① Lazonder A W, Wiskerke-Drost S. Advancing scientific reasoning in upper elementary classrooms: direct instruction versus task structuring [J]. Journal of Science Education & Technology, 2014(1):69-77.

② Murphy P K, Firetto C M, Greene J A. Enriching students' scientific thinking through relational reasoning: seeking evidence in texts, tasks, and talk [J]. Educational Psychology Review, 2016(5):1-13.

③ Keys C W. The development of scientific reasoning skills in conjunction with collaborative writing assignments: an interpretive study of six ninth-grade students [J]. Journal of Research in Science Teaching, 1994(9):1003-1022.

任课教师设计的报告指南提示学生使用相关的科学推理技能。结果表明,学生使用推理技能评估他们当前的科学理解模型,进行观察,解释结果的含义,并根据他们的数据和相关信息生成新的模型。参与者在以下三个方面的表现最能反映推理写作能力的提高:一是教科书段落的选择和处理;二是得出结论和制定模型;三是比较/对比。此外,随着时间的推移,参与者提高了他们撰写的解释能力,这种能力代表了先验知识、活动观察和其他信息来源的综合。协作写作鼓励学生通过创造一个思考、推理和讨论的环境来建构自己对科学概念的理解。

海恩斯(Heijnes D)等人研究了基于绘图的建模方式来促进学生的科学推理①。该研究通过修改图形建模工具 Simsketch,构建了进化过程的模型,以学生对话中分析推理的复杂性作为衡量建模工具和教学的有效性。研究结果表明:激发学生的科学推理与以绘图为基础的建模工具和领域的教学指导应该是集成的;在创建模型时,必须有支架。如果没有合适的支架,学生就无法创建模型。如果支架过高,学生可能会进行错误的推理,将行为的原因错误地归咎于外部因素,而不是模型本身。

佘晓清等人研究了有/无整合科学推理的科学探究的有效性②。该研究探讨两个科学探究项目之间的有效性差异——一个强调科学推理,另外一个没有科学推理的成分——关于科学概念,科学概念依赖推理(scientific concept-dependent reasoning)和科学探究。分别于前测、1 周和 8 周,对 115 名五年级学生进行科学概念测试、科学概念依赖推理测试和科学探究测试,并对学生在课堂上的科学探究工作单进行收集和评价。结果显示,实验组的表现优于控制组,在科学概念测试、科学概念依赖推理测试和科学探究测试中的表现均如此。此外,课堂上科学探究工作单的分析结果显示:与控制组相比,实验组产生了更多数量的可检验假设、正确假设、正确的循证(基于证据)科学解释以及更高水平的科学推理。

---

① Heijnes D, Joolingen W V, Leenaars F. Stimulating scientific reasoning with drawing-based modeling [J]. Journal of Science Education &. Technology, 2018(1):45 - 56.

② She H C, Liao Y W. Bridging scientific reasoning and conceptual change through adaptive web-based learning [J]. Journal of Research in Science Teaching, 2010(1):91 - 119.

以上的研究都是基于正式科学教育中的科学推理教学的研究,还有研究者对非正式科学教育中的科学推理进行了研究。基西尔(Kisiel J)和罗威(Rowe S)等人研究了在互动的动物展中家庭参与科学推理的行为①。文章指出,虽然参与科学推理的机会已被确定为非正式科学学习的一个重要方面,但是大多数已有的一系列研究的科学学习是基于物理学的科学展品,很少有研究涉及与动物园和水族馆的活动物展览这种活动的结合。基西尔等人对41 组家庭在触摸池(touch-tank,游客可以观察动物并与活的海洋物种互动)看展览的视频进行了研究,结果表明:家庭参与了制定论断(claims)、挑战论断、确认论断以及其他与科学推理相关的行为(例如应用先验知识制作和检验预测和假设,构建论证等)。与此同时,该研究还提供了科学推理的例子,并测试了论断在促进科学推理中的作用。

## 二、国内科学推理能力研究的知识图谱

### (一) 国内科学推理能力研究的时空分析

本节研究方法与上述研究的分析方法一致。根据布拉德福文献离散规律,大多数关键文献通常都会集中发表于少数核心期刊②,本研究以中国知网(CNKI)为数据源,以"科学推理"或"科学思维"或"科学逻辑"为主题词进行检索,时间区间为 2000—2017 年,删除书评、社评、传记等与学术无关的文献,剩下 702 篇,其分布结果如图 2-5 所示。由图可知,从 21 世纪初以来,关于科学推理的研究成果丰富,表现出蓬勃发展的态势,其中,2013 年发表的文献数量最多。

本研究首先通过 CNKI 数据库的分析功能进行分析,将数据统计结果存储于 Excel2016 中;接着将收集的文献运用 CiteSpaceⅢ进行数据的预处理,以保证软件运行更流畅;最后,将预处理后的数据导入 CiteSpaceⅢ进行相应的处理。

① Kisiel J, Rowe S, Vartabedian M A, et al. Evidence for family engagement in scientific reasoning at interactive animal exhibits [J]. Science Education, 2012(6):1047-1070.
② 张斌贤,陈瑶,祝贺,等. 近三十年我国教育知识来源的变迁:基于《教育研究》杂志论文引文的研究[J]. 教育研究,2009(4):17-25.

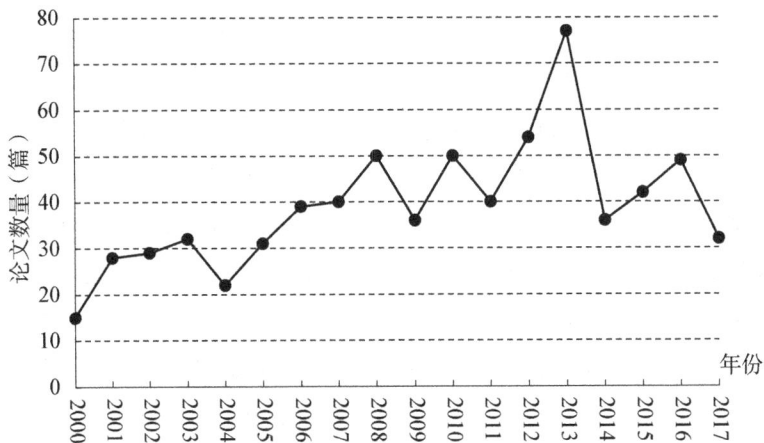

图 2-5　国内科学推理领域研究文献的时间分布图

关键词揭示了文献的研究主题,是文献的核心。从知识理论的角度看,中心性和频次高的关键词代表了这一段时间内研究者共同关注的问题,即研究热点。通过运行 CiteSpace 软件,得到科学推理研究领域的高频关键词的频次和中心性,如表 2-3 所示。

表 2-3　国内科学推理研究领域的高频关键词和中心

| 序号 | 频次 | 年度 | 中心性 | 关键词 | 序号 | 频次 | 年度 | 中心性 | 关键词 |
|---|---|---|---|---|---|---|---|---|---|
| 1 | 287 | 2000 | 0.61 | 科学思维 | 11 | 4 | 2009 | 0 | 培养 |
| 2 | 33 | 2004 | 0.14 | 科学推理 | 12 | 4 | 2001 | 0.06 | 实验教学 |
| 3 | 17 | 2003 | 0.04 | 科学逻辑 | 13 | 4 | 2008 | 0 | 科学 |
| 4 | 9 | 2009 | 0 | 科学教育 | 14 | 3 | 2002 | 0 | 物理学史 |
| 5 | 9 | 2001 | 0 | 艺术思维 | 15 | 3 | 2008 | 0.07 | 哲学 |
| 6 | 8 | 2006 | 0 | 创新能力 | 16 | 3 | 2013 | 0 | 教学改革 |
| 7 | 7 | 2010 | 0 | 科学推理能力 | 17 | 3 | 2016 | 0 | 辩证思维 |
| 8 | 7 | 2006 | 0 | 科学方法 | 18 | 3 | 2016 | 0.05 | 科学探究 |
| 9 | 4 | 2002 | 0 | 归纳问题 | 19 | 3 | 2008 | 0.05 | 证据 |
| 10 | 4 | 2016 | 0.12 | 科学素养 | 20 | 2 | 2000 | 0 | 创造性思维 |

从关键词的出现频次来看,频次较高的关键词依次是"科学思维""科学推理""科学逻辑""科学教育""艺术思维""创新能力""科学方法""科学素养"

等。从关键词的中心性来看,中心性较高的关键词依次是"科学思维""科学推理""探究能力""科学素养""哲学""实验教学""科学探究""证据""科学逻辑""科学素质""科学态度"等,综合关键词的词频和中心性,关于科学推理方面国内研究的热点可归纳如下:一是关于"科学思维""科学推理""科学素养"等方面的理论研究,二是关于"科学态度""科学方法""科学探究"等科学素养的子维度研究,三是关于这些能力发展的研究。

**(二) 国内科学推理能力研究的热点分析**

以上是从关键词的词频和中心性的角度对研究热点的分析,接下来将结合已有文献对科学推理研究以主题的形式进行定性分析。

### 1. 中小学生科学推理能力的研究

关于科学推理能力研究情况的综述研究。华南师范大学的佟秀丽、莫雷与美国加利福尼亚大学的 Zhe Chen 对国外儿童科学思维发展的研究新进展进行了探析[①]。他们在对国外儿童科学思维发展研究进行简述的基础之上,重点介绍了有关儿童科学思维发展的特殊领域知识、一般领域策略、概念和策略的整合模型,以及微观发生法;最后,文章指出当前研究的不足在于对儿童科学发展过程中的概念和策略相互作用的认知机制、条件以及儿童科学思维发展的理论建构等方面缺乏深入研究,并建议后续的研究重点:探讨如何促进儿童基本学习技巧的发展,以及丰富背景知识情境中科学推理的发展及其本质。华东师范大学的吴庆麟、袁薇薇也对科学思维的心理学研究进展进行了回顾分析[②]。他们对科学思维的研究框架和模型的变化、典型实验范式进行了梳理,从发展、个体差异、专家新手比较以及教学干预等方面对科学思维的心理学研究新成果进行了回顾,最后指出这一领域未来的研究方向是系统地研究科学思维的能力成分、认知过程、知识与策略相互作用的机制。

关于中小学学生科学推理能力发展的研究。北京师范大学的郭玉英教授领衔的团队采用罗森科学推理课堂测试量表(the Lawson classroom test of

---

[①] 佟秀丽,莫雷,Zhe Chen. 国外儿童科学思维发展的新探索[J]. 心理科学,2005(4):933 – 936.

[②] 袁薇薇,吴庆麟. 科学思维的心理学探索[J]. 心理科学,2008(4):956 – 959.

scientific reasoning，LCTSR)(2000)，对中小学生、民族地区中学生以及高校师生的科学推理能力进行了研究。研究结果表明，从小学二年级到初中一年级的样本科学推理能力没有显著发展，从初一到高三年级(13～18岁)样本的科学推理能力呈线性增长，同时认为从二年级到初一学生的科学推理能力没有显著变化的主要原因很可能是测试中科学推理能力的各个维度主要集中在"形式运算"与"后形式运算"阶段[1]；对民族地区中学的研究表明，总体而言，北京地区高一学生科学推理能力整体水平明显优于甘南地区，男女生之间的科学能力水平存在一定差异，并且女生高一阶段的科学推理能力的发展情况明显优于男生[2]；对四所师范院校理科学生进行科学推理能力的测试，得出师范院校理科教学对提高学生科学推理能力作用不明显的结论，这些学生的科学推理测试成绩普遍偏低，各推理能力维度水平发展不均衡，与院校存在显著相关性，但与专业和年级的相关性不显著[3]。

陕西师范大学的严文法博士和胡卫平教授对初中生的科学推理能力进行了研究[4]。他们在修改科学推理任务(science reasoning tasks，SRTs)的基础上，通过四个实验任务探究初中生在控制变量推理、组合推理、比例推理和关系推理方面的发展情况，并得出以下结论：初中生各类推理能力的发展呈现出随着年级升高而提高的趋势；各类推理能力的发展具有不均衡性；在各种推理类型上，男女生的差异不显著。

对大学生科学推理能力发展的研究。包雷、冯秀梅等人对中美大学生科学推理的性别差异进行了研究[5]。研究结果表明，两国学生的总体表现都存在性别差异，而美国学生性别差异尤其显著，几乎表现在所有推理维度和大

---

① 魏昕，郭玉英，徐燕. 中小学生科学推理能力发展现状研究：以北京市中小学生为样本[J]. 北京师范大学学报(自然科学版)，2011(5)：461-464.

② 李力舟，魏昕，郭玉英. 民族地区中学生科学推理能力的研究[J]. 内蒙古师范大学学报(教育科学版)，2013(12)：129-132.

③ 杨燕，郭玉英，魏昕. 高师理科教学与学生科学推理能力的培养[J]. 教育学报，2010(2)：42-47.

④ 严文法，胡卫平. 初中生科学推理能力发展研究. 第十届全国心理学学术大会论文摘要集[C]. 中国心理学会，2005：512.

⑤ 冯秀梅，包雷，余子侠. 中美大学生科学推理能力的性别差异探讨[J]. 高等教育研究，2013，34(7)：70-74.

部分的测试项目中；而中国学生的性别差异相对较小。该研究还指出，虽然中国大学生科学推理能力差别不大，但是存在着女性在科学职业中严重缺失的现象。张轶炳、白明侠、黄昭等人对西部大学生的科学推理能力进行了研究①。研究结果表明，西部地区大学生科学推理成绩普遍偏低，各维度发展不平衡，性别差异对科学推理能力基本没有影响，专业及年级差异对科学推理能力有显著性影响。

　　科学推理能力影响因素的研究。首都师范大学的邢红军教授团队对科学推理能力和问题解决能力的关系进行了研究②。该研究对大学本科生进行了 LCTSR(2000)和物理问题解决的研究，结果表明科学推理能力的各维度与问题解决能力存在极弱的相关性。华中师范大学的黄致新教授团队对高中生数理知识与科学推理能力的关系进行了研究③，该研究对华中地区的高中生进行了问卷调查，结果表明学生的知识与科学推理能力的相关性很弱。华中师范大学的冯秀梅团队对中学生科学推理能力发展平衡性进行了区域比较和分析④，研究结果表明科教发达地区的高中学生在总体科学推理能力上优于科教实力相对薄弱地区的高中学生。

　　周少娜博士与美国俄亥俄州立大学的包雷教授合作，对任务情景、数据和设计对学生控制变量的影响进行了研究⑤。该研究收集的数据来自美国和中国。学生随机接受了两个测试版本，一个有实验数据，一个没有实验数据。结果表明，这两个群体的学生：提供实验数据的表现优于不提供的；在物理环境中比在现实生活环境中有更好的表现；倾向于将不影响变量等同于不可测变量。此外，基于定量和定性数据的分析，提出了一个学生控制变量推理的可能的学习进阶，这可以用来指导未来的评估开发和教学。

① 张轶炳,白明侠,黄昭.西部地区大学生科学推理能力研究:以宁夏大学为例[J].淮阴工学院学报,2011(2):75-80.
② 艾彤.科学推理能力和物理问题解决能力的对比研究[D].北京:首都师范大学,2013.
③ 谈学婕.高中生数理知识与科学推理能力的相关性分析与研究[D].武汉:华中师范大学,2011.
④ 周思琪.中学生科学推理能力的比较和分析[D].武汉:华中师范大学,2012.
⑤ Zhou S, Han J, Koenig K, et al. Assessment of scientific reasoning: the effects of task context, data, and design on student reasoning in control of variables [J]. Thinking Skills & Creativity, 2016(19):175-187.

## 2. 科学推理的哲学研究

对科学推理实质的研究。中山大学哲学教授李平在对逻辑经验主义和历史学派关于科学推理研究的局限的基础之上,提出了科学推理的自然化理论[1]。该理论认为,科学哲学的研究一方面要从逻辑化走向自然化,另一方面要从描述走向解释,把科学推理当作一种实质推理,把科学实践当作可以在多个取向上给予研究的现象。

关于国外科学推理的研究。这包括对国外典型的科学推理模型的介绍、反思以及改进研究。首先是关于最佳解释推理的研究。最佳解释推理源于皮尔士的溯因推理,哈曼首次对其进行阐释,经过萨加德和利普顿等哲学家发扬。最佳解释推理是指:"当存在几个假说都可以解释证据时,需要选出一个正当合理的假说而拒斥其余的假说。"[2]学者袁继红和陈晓平通过对最佳解释推理、贝叶斯推理和决策推理关系的分析后指出,当把最佳解释推理进行严格的表述之后,最佳解释推理相当于贝叶斯推理或决策推理[3]。此外,他们在对范·拉森关于最佳解释推理批判反思的基础之上指出:"不管在科学辩护方面,还是科学发现方面,最佳解释推理都是相容于贝叶斯推理的。"[4]有学者对最佳解释的概率测度进行了研究,指出:"不同方法在准确性上的优劣取决于真实假说的分布以及所采用的主观先验概率;虽然很多方法可能在所有设置下都不是最优,但也没有方法在所有设置下都是最优,因此,研究者认为,如果不限定真实假说的分布和主观先验概率,当样本量不大时,讨论哪种方法能更准确地选出真实假说没有太大意义。"[5]其次是关于图尔明科学推理的研究。有学者指出图尔明对科学问题解决的贡献是提出概念组织进化[6];

---

① 李平. 科学推理的自然化[J]. 哲学研究,1998(4):71 - 79.

② Ben-Menahem Y. The inference to the best explanation [J]. Erkenntnis, 1990(3):319 - 344.

③ 袁继红,陈晓平. 最佳解释推理是一种独立的推理模式吗?:试论最佳解释推理、贝叶斯推理和决策推理之关系[J]. 自然辩证法研究,2015,31(1):22 - 26.

④ 袁继红. 论最佳解释推理与贝叶斯推理的相容性:基于对范·弗拉森的批判性分析[J]. 自然辩证法通讯,2015(4):36 - 42.

⑤ 克拉克·格利默,约瑟夫·拉姆塞,丁绰文. 原因、假说选择与最佳解释推理[J]. 自然辩证法通讯,2016(1):46 - 50.

⑥ 李为. 概念组织进化:图尔明对科学理性问题的解决[J]. 自然辩证法研究,2007(8):99 - 102.

有研究者认为图尔明倡导的后现代理性观为解决科学合理性危机开辟了一条新思路[①];还有学者对图尔明的自然秩序理想的概念进行了研究[②]。有研究者对哥德尔不完全性定理的科学推理进行了分析,认为该理论对人们从有限的步骤手段达到无限的认识和把握具有重要的方法论意义[③]。有学者对哈金的科学推理风格理论进行了研究[④]。有学者对夏皮尔的科学发展合理性进行了研究[⑤],有学者对其"信息域"理论进行了分析,对构成性的推理模式与演化性的推理模式进行了分析[⑥]。北京师范大学的李红教授对布兰顿推理主义语义学进行了研究,认为该推理理论的核心观点是推理优先于表征[⑦],并以该理论作为案例,提出当前分析哲学的"黑格尔"转向[⑧]。

关于科学推理模型的研究。山西大学科学技术哲学研究中心的魏屹东教授在分析波普尔猜想/反驳推理模式和高奇的基于假设证据以及逻辑科学推理模式存在缺陷的基础之上,整合这两种模型,构建了一种新的科学推理模式,即 $QH_S[PEL]EE_P$,其中 Q 是问题,$H_S$ 是假设集,P 是预设,E 是证据,L 是逻辑(包括归纳、演绎和假设推理),$EE_P$ 是通过实验检验排除错误[⑨]。该科学推理模型克服了波普尔猜想/反驳推理中缺乏猜想的依据,同时也克服了高奇的基于假设证据以及逻辑科学推理模式的缺乏科学验证环节的缺陷,具有五方面的特点:把问题确定为推理的起点,使问题决定假设;揭示了"假

① 郝苑,孟建伟. 回归平衡的理性:图尔明对科学合理性危机的诊治[J]. 科学技术与辩证法,2008(6):21-25.
② 李为. 图尔明"自然秩序理想"概念的意义[J]. 思想战线,2007(3):126-130.
③ 郭金彬,黄长平. 哥德尔不完全性定理的科学推理意义[J]. 自然辩证法通讯,2010,32(2):15-20.
④ 黄翔. 探索科学实践中认知规范的历史性:评哈金的科学推理风格理论[J]. 自然辩证法研究,2012,28(4):12-17.
⑤ 赵立航. 夏皮尔的科学发展合理性观点[J]. 吉首大学学报(哲学社会科学版),1989(2):73-80.
⑥ 罗慧生. 夏佩尔的"信息域"理论[J]. 自然辩证法通讯,1983(1):35-43.
⑦ 李红,黄如松. 推理优先于表征:布兰顿推理主义语义学研究[J]. 自然辩证法研究,2015,31(6):44-49.
⑧ 李红. 分析哲学中的"黑格尔转向":以布兰顿推理主义语义学为个案[J]. 哲学动态,2013(2):65-69.
⑨ 魏屹东. 一个基于 PTE 和 PEL 模式的科学推理模型[J]. 科学技术与辩证法,2008(4):26-30.

设依赖预设,预设支持假设并加强证据的思想";把预设作为科学推理的必要前提和背景信念,从而避免了科学推理的"无根"性;把语境分析引入科学推理过程,加强了推理的可靠性和确定性;把科学的预设和实在性检验相结合,使得预设成为科学推理的必要组成部分。有研究者在分析语境与认知推理的基础上,提出科学推理是基于语境的认知推理过程①。

基于模型的推理(model-based reasoning,MBR)研究。这种推理的观点主张:科学推理是创建和操作模型的语义过程,心理建模成为人类推理的基本形式。也就是说,不是在事物和术语抽象映射的逻辑意义下,而是在欲与物理系统的某些方面同构的结构之类比意义下,应用术语"模型"。有研究者对基于模型的推理的科学认识论题进行了研究,并指出 MBR 架构能够为各种科学推理活动提供基础认知机制的解释②。

程序范式下的科学推理研究。程序范式下的科学推理是以计算知识论为基础提出的,程序范式下的科学推理研究围绕科学推理问题的可解性和科学方法的逻辑可靠性展开,具有规范性、先验性和长期性的特点,这种科学推理的范式克服了局部不完全决定性问题,为发现逻辑在科学哲学中的地位提供了强有力的辩护,与此同时,程序范式还为科学推理研究提供了完整的分析框架③。

### 3. 科学推理的心理学研究

科学推理的心理学研究在我国相对较少,针对一般领域的推理研究成果则相对丰富。

对中小学生科学推理能力发展的研究。这方面的研究一部分是对国际科学推理研究进展进行回顾性介绍,如华南师范大学的莫雷教授④和华东师范大学的吴庆麟教授所做的工作⑤。在我国,胡卫平教授和严文法博士较早对中学生的科学推理能力的发展进行了实验研究,他们在修改科学推理任务

---

① 魏屹东.语境与认知推理[J].山西大学学报(哲学社会科学版),2008(6):21-26.

② 李平,李大超.基于模型推理的科学认知论题[J].哲学研究,2005(10):66-73+81+129.

③ 侯旎.科学推理研究的程序范式探析[J].自然辩证法研究,2016,32(10):16-22.

④ 佟秀丽,莫雷,Zhe Chen.国外儿童科学思维发展的新探索[J].心理科学杂志,2005(4):933-936.

⑤ 袁薇薇,吴庆麟.科学思维的心理学探索[J].心理科学杂志,2008,31(4):956-959.

(SRTs)的基础上,对初中生控制变量推理、组合推理、比例推理、关系推理等能力的发展进行了研究[①②]。

关于科学推理的心理逻辑模型研究。清华大学蔡曙山教授认为所有逻辑都是心理逻辑,其通过对自苏格拉底以来在西方哲学、逻辑学和数学证明中使用的溯因推理以及大陆漂移和板块结构理论、大爆炸宇宙论的建立和培根机器的定理证明等现代科学发现的分析,建立了包括溯因、类比、归纳三个并行通道和演绎的一个串行通道的科学发现的心理逻辑模型(见图2-6)[③]。

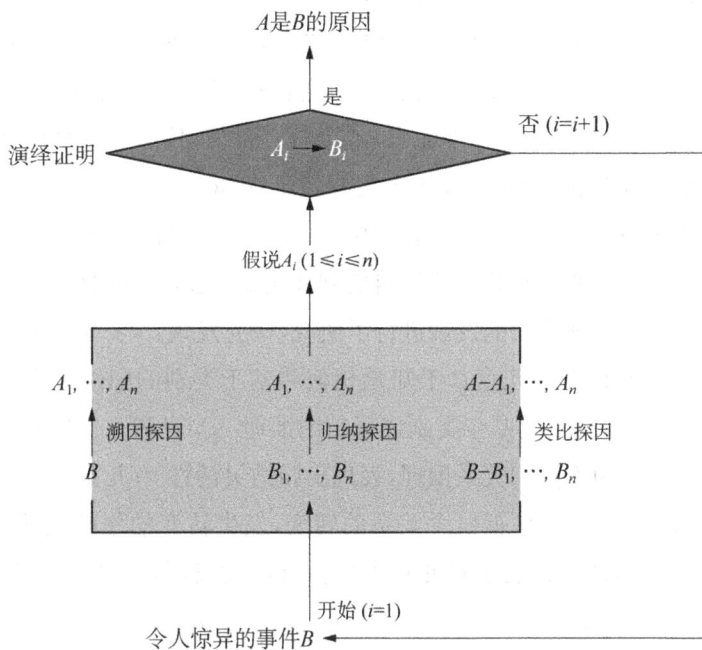

图2-6 科学发现的心理模型

心理学者李红教授对归纳推理的合理性进行了辩护。休谟对归纳推理的合理性提出质疑后,学者们对归纳推理合理性的逻辑辩护都以失败而告终,究其根源在于数学逻辑不适于描述归纳推理,归纳推理实质上是心理事

① 胡卫平,韩琴,严文法.科学课程与教学论研究[M].北京:高等教育出版社,2007:185-199.

② 严文法,李彦花.初中生控制变量能力发展研究[J].现代中小学教育,2013(9):78-81.

③ 蔡曙山.科学发现的心理逻辑模型[J].科学通报,2013,58(34):3530-3543.

件而不是数学事件,从适应性的角度来看,心理归纳的合理性得证①。

经过长期的努力,我国心理学研究者对我国儿童的物理世界的推理、社会性推理、影响因素以及神经机制进行了探索②,下面将对这些研究成果作简要的回顾。

推理能力的发展研究。首先,关于儿童传递性推理能力发展的研究。研究者对 3~7 岁儿童的三种传递性推理(真传递性推理、不确定传递性推理和否定性传递性推理)能力发展及其使用策略的研究表明:三种推理能力随着年龄的增长而增长,并在 7 岁左右初步形成;真传递性推理发展最早最快,不确定传递性推理最晚最慢;随着年龄的增长,主导策略由准策略向真策略转换③。与此同时,他们还对幼儿的长度传递性推理进行了研究,研究结果表明:仅 4 岁幼儿具备传递性推理能力,蕴含教育价值;传递性推理的认知过程经历了四个可辨别的发展序列,依次主要发生在 36~42 个月、43~48 个月、49~54 个月和 55~60 个月的幼儿当中④。其次,关于归纳推理能力的发展研究。李红教授领衔的团队分别从材料的熟悉度、主题关系以及基于概念几个方面对儿童归纳推理能力的发展进行了研究,研究发现:5 岁儿童的归纳推理主要基于知觉相似,7 岁儿童基于知觉相似和基于类别的归纳推理之间差异不显著,11 岁儿童则主要基于类别进行归纳推理⑤;5 岁和 5.5 岁儿童能够依据不同的属性使用不同的关系推理,表现出归纳灵活性⑥;儿童的归纳推理经历了从依据知觉相似到依据概念关系的转变,发生转变的年龄应该是在 4.5 岁之前⑦。最后,他们开展了对儿童类比推理能力发展的研究。研究者从知

① 王一峰,李红.归纳推理合理性的心理学辩护[J].自然辩证法通讯,2011,33(2):19-24.
② 李红.中国儿童推理能力发展的初步研究[J].心理与行为研究,2015,13(5):637-647.
③ 张婷,张仲明,李红.3~7 岁儿童不同类型的传递性推理的发展研究[J].心理科学,2012,35(2):321-327.
④ 莫秀锋,李红,张仲明.3~5 岁幼儿在视野阻隔任务中的长度传递性推理[J].心理发展与教育,2011,27(3):225-232.
⑤ 龙长权,路晓英,李红,等.不熟悉材料伴随熟悉类别标签时儿童的归纳推理[J].心理科学杂志,2010,33(1):71-73.
⑥ 马晓清,冯廷勇,李红,等.主题关系在 4~5 岁儿童不同属性归纳推理发展中的作用[J].心理学报,2009,41(3):249-258.
⑦ 龙长权,吴睿明,李红,等.3.5~5.5 岁儿童在知觉相似与概念冲突情形下的归纳推理[J].心理学报,2006(1):47-55.

觉分心任务、表面与结构相似性以及单双维类比等方面对儿童的类比推理进行了实验研究,结果表明:在具备相应知识经验的前提下,知觉分心对儿童的类比推理成绩有显著影响,儿童在无分心任务中的表现明显好于在知觉分心任务中的表现,对知觉分心的抑制控制可能是儿童类比推理能力发展的一个重要影响因素;随着年龄增长,儿童类比推理能力逐渐提高,5 岁可能是儿童能够抑制知觉分心进行类比推理的快速发展期[1];表面相似性与结构相似性相比,更有利于 3～5 岁儿童对类比问题的解决,儿童解决表面相似性与结构相似性类比问题的能力随年龄增长而发展,4 岁是儿童解决类比推理问题能力的转折点,类比映射关系提示能促进儿童解决两类类比问题,但它对不同年龄儿童的作用是非线性的[2]。单双维类比推理能力发展的研究表明,4 岁组和 5.5 岁组儿童的单维类比推理能力已接近形成,4 岁组、5.5 岁组儿童的双维类比推理能力均还处于较低的发展水平[3]。对儿童二级信念-愿望推理能力发展的研究表明:不同的二级信念-愿望任务的难度不等,由易到难的顺序依次为:二级真实信念接近愿望、二级错误信念接近愿望、二级真实信念回避愿望、二级错误信念回避愿望[4]。对 3～4 岁儿童规则因果推理能力的训练研究表明:年龄与训练的交互效应不显著,规则与训练的交互效应显著[5]。还有学者对中学生直言性质三段论推理能力发展进行了研究[6]。

　　从以上关于推理能力发展的研究来看,我国的学者主要关注学前儿童的推理能力的发展,对中学生推理能力的发展关注较少;从推理能力维度的发展来看,主要关注了归纳推理、传递性推理以及类比推理能力的发展,对其他

① 马晓清,冯廷勇,李宇,等.从知觉分心任务看儿童类比推理能力的发展[J].心理学报,2008,40(9):987-993.
② 冯廷勇,李宇,李红,等.3～5 岁儿童表面与结构相似性类比推理的实验研究[J].心理科学杂志,2006(5):1091-1096.
③ 李红,冯廷勇.4～5 岁儿童单双维类比推理能力的发展水平和特点[J].心理学报,2002(4):395-399.
④ 刘娟,李红.5～8 岁儿童二级信念-愿望推理能力的发展[J].心理发展与教育,2010,26(3):233-238.
⑤ 龚银清,李红,盛礼萍.3～4 岁儿童规则因果推理能力的训练研究[J].心理发展与教育,2006(4):12-16.
⑥ 李国榕,胡竹菁.中学生直言性质三段论推理能力发展的调查研究[J].心理科学通讯,1986(6):37-38.

类型的推理能力发展研究较少。以下将对影响推理能力的因素研究进行简要回顾。

（1）关于类别特征推理的影响因素研究。研究者们从因果关系、类别标签、情景相似性、特征相似性等因素探讨对类别特征推理的影响。有研究表明：因果关系、典型性程度以及特征相似性影响类别特征推理任务，在类别特征间存在因果关系的情况下，原因特征维度值与典型性程度间存在交互作用①；当典型性程度为高时，类别标签对类别特征推理任务的影响要高于典型性程度为低条件，在类别标签匹配条件的情况下，典型性程度对类别特征推理任务的影响高于类别标签不匹配条件②。情境中类别特征的相似性与竞争性对特征推理的影响研究表明：当匹配特征数量越多和匹配特征概率越低时，特征推理的正确率越高；当对立特征数量越多和对立特征概率越高时，特征推理的正确率就越低；不论当非靶类别中目标与关键特征维度是否结合以及是否预先归类，类别特征的相似性与竞争性影响特征推理③。

（2）因果推理的影响因素研究。有学者研究了在说明文阅读中，整体连贯和局部连贯的因果推理的产生，结果表明：在熟悉主题的说明文阅读过程中，当文本提供的前提信息被推进长时记忆后，读者无法恢复相关信息以即时进行实现文本整体因果连贯的推理，在问题焦点的引导下，读者关注前提信息，在加工相关结论信息时能够即时搜索不在工作记忆中的前提信息，实现整体连贯因果推理④。熟悉主题的说明文阅读过程中，当文本提供的前提信息与结论信息一起呈现时，无论提供明确的还是隐含的前提信息，实现文本局部因果连贯的推理能够即时产生⑤。有研究者探究了推理方向与规则维

① 刘凤英,姚志刚,李红.因果关系及典型性程度对类别特征推理的影响[J].心理学探新,2017,37(1):34-40.
② 刘凤英,姚志刚,李红.类别标签与典型性程度对类别特征推理的影响[J].心理科学,2011,34(5):1051-1055.
③ 郑海燕,莫雷.多类别情境中类别特征的相似性与竞争性对特征推理的影响[J].心理科学,2010,33(4):789-792.
④ 伍丽梅,莫雷.说明文阅读中整体连贯因果推理的产生[J].华南师范大学学报(社会科学版),2012(3):40-49.
⑤ 伍丽梅,莫雷.说明文阅读中局部连贯因果推理的产生[J].心理学报,2010,42(2):200-215.

度对儿童因果推理的影响,结果表明:儿童在不同方向的因果推理任务上由因到果推理成绩要好于由果到因推理;一维的因果推理更容易,三维合取规则的因果推理任务更难;3.5岁～4岁是儿童因果推理能力发展的快速期①。此外,有学者还研究了取样大小对不同因果推理问题强度估计的影响②。

　　(3)归纳推理的影响因素研究。国内学者关于影响归纳推理因素的研究成果较为丰富,主要集中在知觉和认知方面以及多样性效应方面,对知觉和认知方面对归纳推理影响的研究进行回顾。通过对语言标签的相似和相同对幼儿归纳推理影响的研究表明:幼儿在相似语言标签条件下表现出了更多的基于概念的归纳,表明在真实语言标签条件下也存在相似语言标签效应;此外,幼儿在相似和相同语言标签条件下的归纳没有显著差异,说明语言标签在幼儿归纳中更可能传递了概念信息③。有学者在研究了归纳推理中相似性和类别标签的作用后,提出了"归纳推理力度＝两事物相似性×归类概率"模型设想④。在知识背景对归纳推理影响的研究基础上,提出了利用贝叶斯网络解释知识背景对归纳推理影响的构想⑤。还有研究表明,特征相似性与因果解释共同影响个体的归纳推理,人们会整合两种信息进行归纳推理⑥。此外,有研究者从物体的颜色、质地、形状和大小等相似性角度对儿童归纳推理影响进行了研究,结果表明:单独变化颜色、大小和形状来构成推理任务是比较合理的⑦;颜色相似度和质地相似度在幼儿的归纳推理中具有不同程度

① 李红,郑持军,高雪梅. 推理方向与规则维度对儿童因果推理的影响[J]. 心理学报,2004(5):550－557.

② 刘雁伶,胡竹菁. 取样大小对不同因果推理问题强度估计的影响研究[J]. 心理科学,2013,36(3):716－721.

③ 龙长权,李红,邓小凤,等. 相似和相同语言标签对幼儿归纳推理的影响[J]. 心理发展与教育,2012(3):239－247.

④ 刘志雅,莫雷,胡诚,等. 归纳推理中相似性和类别标签的作用[J]. 心理科学,2011,34(5):1026－1032.

⑤ 彭文会,周鹊虹,李红. 知识背景对归纳推理的影响[J]. 重庆工商大学学报(自然科学版),2005(6):635－640.

⑥ 马晓清,冯廷勇,李红,等. 特征相似性和因果解释在归纳推理中的整合[J]. 心理科学,2010(6):1357－1360.

⑦ 陈庆飞,雷怡,李红. 颜色、形状和大小相似性与变化性对儿童归纳推理的影响[J]. 心理发展与教育,2011,27(1):17－24.

的重要性①。

(4) 归纳推理多样性效应影响的研究。学者们分别从分类活动、前提项目间差异、概念范畴、特征类别以及分段设计的条件等方面对归纳多样性效应的影响进行了研究。结果表明:人们在日常生活及现实情境中,往往是根据直觉对事物进行分类及多样性推理②;多样性效应受多样组和非多样组之间差异(前提项目间差异)大小的影响,儿童在归纳推理多样性效应任务上的归纳判断力度随前提项目间差异的增大而增强③;概念范畴和特征类别对8~9岁儿童的归纳判断力有显著影响(在概念范畴上,儿童在非生物范畴材料上的表现显著高于生物范畴;在特征类别上,儿童在隐蔽特征上的表现高于外显特征)④。

(5) 条件推理影响因素的已有研究。学者们从生活经验、工作记忆容量、命题内容以及新手与专家等方面探究了条件推理的影响因素。研究结果表明,在成本-收益结构条件推理中,在成本-收益结构的社会契约问题上,以形式逻辑作为统计标准时,专家成绩显著高于新手,当用按社会契约作为答案标准时,专家与新手间的成绩差异不显著⑤。不同指导语的主效应显著,证伪指导语更易于激活"辨别欺骗者程序"。生活经验会影响条件推理过程,工作记忆容量对条件推理没有影响,生活经验和工作记忆容量没有交互作用⑥。对同一年级而言,不同内容的条件命题的相同推理之间表现出显著的差异,对不同年级而言,相同内容的条件命题的推理之间也存在显著的差异⑦。

---

① 李富洪,李红,陈安涛,等. 物体颜色与质地相似度对幼儿归纳推理的影响[J]. 心理学报,2005(2):199-209.
② 王孝清,李红. 分类活动对归纳推理多样性效应的影响[J]. 心理科学,2011,34(1):54-57.
③ 陈庆飞,雷怡,李红. 前提项目间差异对儿童归纳推理多样性效应的影响[J]. 心理发展与教育,2010,26(5):457-464.
④ 陈庆飞,雷怡,李红. 不同概念范畴和特征类别对儿童归纳推理多样性效应的影响[J]. 心理学报,2010,42(2):241-250.
⑤ 曾晓青,陈美荣,黄仁辉,等. 专家与新手在成本-收益结构条件推理上的差异比较[J]. 江西师范大学学报(哲学社会科学版),2015,48(2):108-120.
⑥ 郝鑫,杨文静,张庆林. 生活经验与工作记忆容量对条件推理的影响[J]. 西南大学学报(自然科学版),2012(6):138-144.
⑦ 邱江,吴玉亭,张庆林. 命题内容对青少年条件推理的影响[J]. 心理发展与教育,2005(3):17-21.

（6）特征推理影响因素的已有研究。类别特征相似性与竞争性的线性变化对特征推理影响的研究表明：类别特征相似性与竞争性的线性变化对特征推理的影响是相同的[①]。有研究表明，人们的特征推理不是基于类别进行，而是基于特征之间联结的频次进行[②]。此外，研究者们还探究了归类不确定情景下特征推理的综合条件概率模型以及儿童特质推理与情绪和效价线索理解的关系[③]。

（7）类比推理影响因素的已有研究。研究者们从任务难度、反馈学习、相似性、相似性组合及元认知监控、因果模型等方面研究了它们对类比推理的影响。结果表明，儿童是否能在类比推理任务中表现出相应的能力可能取决于任务难度，反馈学习可促进一定年龄段内儿童的类比推理能力发展[④]。当结果特征未知时，人们会建构因果模型进行类比推理；当原因特征未知时，人们也会建构因果模型进行类比推理[⑤]。此外，研究者还对相似性、相似性组合及元认知监控对问题类比推理的影响进行了研究[⑥]。

以上对各种类型推理影响因素的已有研究进行了回顾，接下来对这些推理的认知神经机制及脑机制的研究成果进行回顾，其中，主要对认知神经机制进行重点回顾分析。关于认知神经机制的探究实验主要是采取电位事件技术进行研究。

归纳推理的认知神经机制研究表明，归纳推理的核心过程与前额叶和晚期事件相关电位（event-related potential，ERP）成分密切相关，归纳推理可能存在双系统[⑦]。范畴三段论推理中信念偏差效应的 ERP 研究表明：有效式

① 郑海燕,莫雷.类别特征相似性与竞争性的线性变化对特征推理的影响[J].心理科学杂志,2009,32(3):521-524.
② 莫雷,陈琳.类别不确定下的特征推理是基于类别还是基于特征联结[J].心理学报,2009,41(2):103-113.
③ 王墨耘,莫雷.归类不确定情景下特征推理的综合条件概率模型[J].心理学报,2005(4):482-490.
④ 王树芳,莫雷,金花.任务难度和反馈学习对儿童类比推理能力的影响[J].心理发展与教育,2010,26(1):24-30.
⑤ 王婷婷,莫雷.因果模型在类比推理中的作用[J].心理学报,2010,42(8):834-844.
⑥ 罗蓉,胡竹菁.相似性、相似性组合及元认知监控对问题类比推理的影响研究[J].心理与行为研究,2010(4):246-251.
⑦ 肖凤,李红,龙长权,等.归纳推理的认知神经机制[J].心理科学进展,2012,20(8):1268-1276.

下,信念抑制和信念促进诱发的 ERP 波形趋于一致;无效式下,可能反映了该推理不同的加工阶段①。传递性推理的 ERP 研究表明,对于传递性推理,被试可能是根据视觉的空间表征对信息进行加工的②。几何图形类比推理的 ERP 研究表明,图式推断阶段主要激活的是前额皮层和双侧的顶叶皮层,类比映射和调整阶段主要激活的是左半球的颞叶、额叶和中央顶③。关于条件推理的 ERP 研究表明,推理过程主要激活了左右侧的前额部、颞叶等区域④。熟悉主题说明文阅读推理加工的认知神经机制研究表明,读者在熟悉主题说明文阅读过程中能够自动进行推理加工,负责推理加工的主要脑区为额叶(尤其是额下回)、顶叶下部及双侧楔前叶等区域⑤。

## 三、研究述评

科技创新人才对国家核心竞争力的提升具有重要意义。科技创新人才应具备较高的科学素养,科学思维是科学素养的核心内容之一,科学推理作为科学思维的主要内容,对创新人才的培养具有重要意义,故而国内外皆对学生的科学推理能力进行了研究。与国外科学推理能力的研究相比,我国对学生科学推理能力的研究存在以下不足:第一,对科学推理的研究主要在科学哲学领域且各领域之间的合作较少,这使得对科学推理的理解没有共识。第二,心理学领域的研究主要集中在一般推理能力上,对科学推理能力的研究较少。第三,对中小学生、大学生科学推理能力的研究一方面是研究的成果较少(特别是关于小学生科学推理能力的研究),另一方面是已有研究的研究方法单一,主要是通过借鉴国外的科学推理测评量表,所借鉴的科学推理能力测评主要关注形式逻辑推理,没有关照科学内部自身实践的推理。第

---

① 邱江,张庆林,陈安涛,等.关于条件推理的 ERP 研究[J].心理学报,2006(1):7-14.
② 张凤华,邱江,杨群,等.传递性推理的 ERP 研究[J].心理发展与教育,2009,25(4):68-74.
③ 郭周云,邱琴,罗蓉,等.几何图形类比推理的 ERP 研究[J].心理学探新,2011(6):515-519.
④ 邱江,张庆林,陈安涛,等.关于条件推理的 ERP 研究[J].心理学报,2006(1):7-14.
⑤ 王雨函,李红,莫雷,等.熟悉主题说明文阅读推理加工的认知神经机制[J].心理学报,2012,44(11):1443-1453.

四,对科学推理能力影响因素的研究主要集中体现在推理任务本身的因素上,较少从家庭、教师以及同伴等外部因素方面来探讨。

综上所述,对小学生科学推理能力进行研究,并对影响小学生科学推理能力的因素进行探讨,对致力于促进小学生科学推理能力发展的科学课程标准修订、课堂教学以及校内外科学教育体系的构建具有重要的参考意义。

# 第三章

# 小学生科学推理能力表现的构建

TIMSS 的课程模型依据课程内涵从大到小分为三类课程：预期的课程（intended curriculum）、实施的课程（implemented curriculum）、获得的课程（attained curriculum）。本研究首先根据这一课程模型对小学生科学推理能力表现进行分析。学生发展核心素养是育人目标的集中体现，它反映了学生应该具备的必备品格和关键能力。在我国全面深化课程改革的背景下，依据学生发展核心素养来完善中小学课程标准，依据课程标准来评价学生的学业成就，从而了解学生发展核心素养的情况。遵循从教育目标到课程内容，再到课程评价这一逻辑，对小学生科学推理能力的表现目标从核心素养框架、小学科学课程标准、科学教育质量监测项目三个方面进行梳理，提出小学生科学推理能力表现的假设。其次，通过专家调查来对这些能力表现的假设进行修订，最终形成小学生科学推理能力的表现。本研究的首要目的是为开发小学生科学推理能力的调查项目提供基础，此外，小学生科学推理能力表现还可以为小学科学课程标准的修订提供参考。

## 一、核心素养框架中推理能力的表现分析

### (一) 研究思路

核心素养框架是对育人目标的总体概括，一般情况下不直接提出"科学推理能力"的要求，但会提出对"推理能力"的要求，因"科学推理能力"是"推理能力"的一种，故而为了从更上位的角度了解各国际组织和主要国家/地区对推理能力的要求，本研究以"reason""reasoning"和"inference"为关键词，对这些文件中"推理能力"的要求进行梳理，以期为科学推理能力表现的假设提供基础。

### (二) 研究对象的选取

第一,选取联合国教科文组织、经济合作与发展组织(简称"经合组织")和欧洲联盟(简称"欧盟")三大国际组织发布的核心素养框架进行分析。

第二,从美洲、欧洲、大洋洲和亚洲分别选取美国、法国、英国、芬兰、澳大利亚、新西兰、新加坡、日本等国以及我国大陆、台湾等地区的核心素养框架进行分析。

### (三) 国际组织核心素养框架中推理能力的表现分析

在构建整体而人本的优质教育理念的指导下,联合国教科文组织对全民教育的终身学习和能力发展进行了广泛而深入的研究。联合国教科文组织为了回应 21 世纪全民教育应对社会发展带来的挑战,启动了核心素养指标体系的研究,并于 2012 年发布了研究成果《作为学习结果的核心素养草案:幼儿、小学和中学》。

为了应对经济全球化发展对各国竞争力提出的要求,以及对教育产出研究的需要,经合组织对教育产出中核心素养概念进行了统一的界定。从 1997 年开始,经合组织在"国家教育系统发展指标"(Indicators of National Education Systems,INES)的框架下启动了"素养的界定与遴选"(Definition and Selection of Competencies,DeSeCo)项目,在 2005 年发布了报告《素养的界定和选择:理论和概念的基础》。在 2013 年发布的研究报告中,改进后的"素养"概念要求学生在分析、解决和解释各种主题领域中的问题时,具备有效地进行分析、推理和沟通的能力。

欧盟为了应对人力资本问题给各成员国未来经济带来的挑战,于 2000 年在里斯本举行了高峰论坛,确立了在 2010 年达成世界上较具竞争力的知识经济实体目标。欧盟在发布的《多样化体系与共同愿景:2010 年欧洲的教育与培训》中提出的"核心素养",将直接影响欧盟的竞争力以及各成员国公民的素质。在此基础之上,欧盟于 2005 年发布了《终身学习的核心素养:欧盟框架》(*The Key Competences for Lifelong Learning: A European Framework*,简称"欧盟框架")。

这三个国际组织发布的核心素养框架中与推理能力表现相关的内容整

理如表 3-1 所示。

表 3-1　国际组织核心素养框架中推理能力的表现①②③

| 国际组织 | 推理能力的表现 |
| --- | --- |
| 联合国教科文组织 | 运用已有的新信息得出新的结论是一项智力活动，包括：归纳和演绎；根据解释、分析进行推理或判断，这涉及一系列的认知能力，如演绎、归纳、利用已知的事实来得出新的知识等 |
| 经合组织 | 在危机中分析问题与利益，分析冲突的根源，以及从各方面进行推理；能综合不同方面的信息做出决策 |
| 欧盟 | 能用数学进行推理；能用科学数据和科学观察实现目标或做出基于证据的决定或结论；能交流结论及其推理过程 |

从表 3-1 可以看出，三大国际组织都在核心素养框架中对推理能力提出了要求。其中，联合国教科文组织对推理能力表现的要求是从形式逻辑推理的角度提出的，经合组织对推理能力表现的要求是从学生在处理异质社会团体互动中遇到的问题而做出决策的角度提出的，欧盟对推理能力表现的要求则是从数学和科学学习的角度提出的。由此观之，联合国教科文组织和经合组织对推理能力的要求属于一般领域的推理能力，欧盟对推理能力的要求属于数学和科学领域的特殊推理能力，具有学科特性。综上所述，三大国际组织在核心素养框架中对推理能力表现出重点关注：根据已知信息，能用归纳、演绎等形式逻辑推理得出结论；能在综合分析各方面信息之后作出决策；在解决问题时，能够得出基于证据的结论。

### (四) 主要国家、地区核心素养框架中推理能力的表现分析

以上是从国际组织的视角对核心素养框架中"推理能力"进行分析，下面将分别从美洲、欧洲、大洋洲和亚洲中选取十个主流国家或地区的核心素养

---

① UNESCO. Towards universal learning: what everychild shouldlearn [R]. Paris: UNESCO, 2013.

② OECD. Definition and selection of competencies (DeSeCo) [EB/OL]. (2014-04-08) [2016-05-15] http://www.oecd.org/education/skils-beyond-school/definitionandselectionofcompetenciesdeseco. Htm, 2016-05-15.

③ European Communities. Key competences for lifelong learning: a European reference framework [M]. Office for Official Publications of the European Communities, 2007:6.

框架进行分析，探索这些国家或地区的核心素养框架中对"推理能力"的要求
情况。这些国家或地区的核心素养框架中关于推理能力的表现整理如
表3-2所示。

表3-2　主要国家或地区核心素养框架中推理能力的表现①②③④⑤⑥⑦⑧⑨⑩

| 国家或地区 | 推理能力的表现 |
| --- | --- |
| 美国 | 在适当的情况下，使用各种类型的推理（如归纳、演绎等）对证据、论点、主张和信念进行有效的分析和评价；对其他主要的备选观点进行分析和评价；综合和建立信息和论点之间的联系；基于最佳分析得出结论 |
| 法国 | 进行逻辑推理，能够运用科学方法（观察、提问、假设、证明和推断等）；能够分辨论证的合理性和武断性；能够进行严密的思考，进行逻辑推理（辨识问题，提出解决方法，搜寻有用的信息并进行分析、分类、综合等，灵活运用不同学科的知识辨识、解释和修改错误） |
| 英国 | 批判性思维是运用分析和推理作出决定，创造或提出想法、行动方针和策略 |
| 芬兰 | 思维和学会学习是发展其他能力和终身学习的基础，主要包括知识和信息建构、探究和创新、合作学习、融会贯通、问题解决、思辨和推理、归纳与演绎等多方面能力 |

① SCANS. P21's Framework for 21st Century Learning [EB/OL]. (2011-10-01)[2016-05-15]http://www.p21.org/about-us/p21-framework/260.
② 林崇德.21世纪学生发展核心素养研究[M].北京：北京师范大学出版社，2016：87.
③ SQA. Core skills framework: an introduction problem solving [R]. Scottish Qualifications Authority, 2013.
④ Finnish National Board of Education. Core curriculum for basic education 2014 [S]. Helsinki: finnish National Board of Education, 2016：33-39.
⑤ ACARA. Critical and creative thinking [EB/OL]. (2010-10-26)[2017-05-15] https://www.australiancurriculum.edu.au/f-10-curriculum/general-capabilities/critical-and-creative-thinking/
⑥ New Zealand Ministry of Education. New Zealand curriculum onhne [EB/OL]. [2016-8-24]. http://nzcurriculum.tki.org.nz/Keycompetencies.2016-8-24.
⑦ Ministry of Education, Singapore. 21st century competencies [EB/OL]. (2022-12-14)[2023-5-26] https://www.moe.gov.sg/education/education-system/21st-century-competencies.
⑧ 日本文部科学省.培养适应社会变化的素质与能力的教育课程编制的基本原理[EB/OL].(2013-10-26)[2017-8-25]http://www.mext.go.jp/b_menu/shingi/chousa/shotou/095/shiryo/1336562.html.
⑨ 核心素养研究课题组.中国学生发展核心素养[J].中国教育学刊，2016(10)：1-3.
⑩ 台湾教育研究院.十二年"国民"基本教育课程发展指引[R].2014：5.

| 国家或地区 | 推理能力的表现 |
|---|---|
| 澳大利亚 | 识别在特殊情景中，选择和行动中所使用的推理；为了特定的成果，识别和应用合适的推理和思维策略；评估是否有足够的理由和证据证明一个论断、结论或结果；分析用于发现和应用解决方案以及资源选择中的推理 |
| 新西兰 | 思维是指运用创造性、批判性和元认知等过程来理解信息、经验和观点。这些过程可用于增进理解、作出决策、作出行动或构建知识等目的。善于思考和解决问题的学生会积极探求、使用和创造知识。他们会反思自己的学习，利用个人知识和直觉提出问题，并对原有的假设和认识提出质疑 |
| 新加坡 | 能够进行批判性的思考，评估选择和做出正确的决定 |
| 日本 | 思维能力包括创造力、问题解决能力、逻辑思维能力、批判思维能力等，学生能进行比较或建立联系，根据情景寻找合适的理由，对信息、证据和见解进行有效的分析、评价以及推测 |
| 中国大陆 | 逻辑清晰，能运用科学的思维方式认识事物，解决问题、指导行为等；思维缜密，能多角度、辩证地分析问题，作出选择和决定等 |
| 中国台湾 | 具备问题理解、思辨分析、推理批判的系统思考素养，并能行动与反思，以及有效处理和解决生活、生命中的问题 |

从表 3-2 可以看出，在这十个国家或地区中，除新西兰和芬兰的核心素养框架外，其余的核心素养框架中都直接提出推理能力的表现，但新西兰、新加坡两个国家对推理能力表现的要求潜含在"思维"核心素养之中。从这些核心素养框架中对推理能力表现的分析可知，核心素养中对推理能力的表现重点关注如下内容：在新情景中能运用归纳、演绎等形式逻辑推理方法得出结论；能对证据、论点、主张和信念等进行有效的分析和评价；能对证据、信息进行合理的分析，得出基于证据的结论；能对问题解决过程中的其他备选项进行分析，从而做出选择（决策）。

## （五）小结

纵观三个重要的国际组织和十个国家或地区核心素养框架可知，核心素养提出的主要目的是培养适应 21 世纪社会变革所要求的具有竞争力、具有终身学习能力的公民。联合国教科文组织、经合组织、欧盟三个国际组织以及美国提出的核心素养框架都不同程度地促进并引领了其他国家核心素养的研究与开发。"推理能力"作为思维素养的重要组成部分，在三个国际组织中都做出了明确的要求。在十个国家或地区中，只有新西兰、新加坡对推理能力的要求潜含在"思维"核心素养之中,其余国家或地区都对"推理能力"做出了明确的要求。其中,欧盟的框架中"数学和科技素养"维度明确提出了对"科学推理能力"的要求。综上所述,"推理能力"作为核心素养的重要组成部分,受到教育部门的高度重视。

根据核心素养框架中对推理能力表现的分析可知,在核心素养框架中主要关注推理能力的表现,包括:在新情境中,根据已有信息,运用归纳、演绎等形式逻辑推理方法得出结论;对证据、论点、主张和信念等进行有效的分析和评价;对证据、信息进行合理的分析,得出基于证据的结论;对问题解决过程中的其他备选项进行分析,从而做出选择(决策)。

本书关注的是小学生的科学推理能力,而各地教育部门颁布的核心素养框架都是对个体终身学习能力所需要的核心素养的高度概括与提炼,因此,为了更加深入地了解各国家或地区对小学生"科学推理能力"在科学课程中的具体要求,本章将对部分国家或地区小学科学课程标准中"科学推理能力"的表现进行调查研究。

## 二、小学科学课程标准中科学推理的表现分析

### (一) 研究思路

本研究的目的是通过对各国家或地区小学科学课程标准中科学推理能力表现的分析,为之后我国小学生科学推理能力测评标准的制定提供基础。在分析的过程中,尝试回答如下两个问题:从课程标准的结构来看,科学推理能力的要求应出现在课程的总目标中还是具体目标中? 在这些目标中,具体的要求是什么?

对国外的文献分析可知,在英语中,"scientific reasoning"和"scientific thinking"是可以交互使用的,且从词源上的分析可知,"reason"含有"to think"之意[①],故而,在分析课程标准之时,将"scientific reasoning"和"scientific thinking"做相同的词语对待;根据科学推理的概念,涉及提出、测验和修订理论,将反馈科学知识获取和改变过程的相关内容也包含在分析的

---

① 陆谷孙. 英汉大词典[M]. 上海:上海译文出版社,1989:3060.

内容之中。

## (二) 研究对象的选取

本书分别从美洲、欧洲、大洋洲和亚洲选取十个主流国家或地区的小学科学课程标准进行分析，这些国家或地区分别是美国、英国、新西兰、澳大利亚、芬兰、日本、新加坡等国以及我国大陆、台湾和香港地区，探索这些国家或地区在小学阶段对"科学推理能力"的要求情况。

## (三) 各国家或地区课程标准中小学生科学推理能力的表现分析

### 1. 美国小学科学课程标准中科学推理能力的表现分析

在美国学制中，小学是一至五年级。美国学生在国际学生科学测评项目中表现不佳，引起了社会各方对科学教育的不满。研究者指出，原有的科学课程具有"广而浅"的问题，在此背景下，美国启动了新一轮科学课程改革。首先，美国研制了科学课程标准编制的框架 *A Framework for K-12 Science Education: Practices, Crosscutting Concepts, and Core Ideas*（简称"美国科学教育框架"）。该框架提出以核心概念、科学和工程实践、跨学科概念三个维度来统整新一代科学课程，实现科学课程的连贯性发展。与美国原科学课程标准相比，此次课程的最大变化之一就是以"科学和工程实践"代替原有的"科学探究"，并指出科学家工作的本质是用推理、创造性思维和模型构建解释或设计[①]。在该领域提出了八个方面的要求：提出问题（科学）和定义问题（用于工程）；开发和使用模型；计划和实施调查；分析和解释数据；运用数学和计算思维；构建解释（科学）和设计解决方案（用于工程）；从证据中进行辩论（论证）；获取、评估和交流信息[②]。在这八个方面都提到了"推理"的作用，如"开发和使用模型"中提出"建立对模型的理解及其在科学中的作用，有助

---

① Schweingruber H, Keller T, Quinn H. A framework for K-12 science education: practices, crosscutting concepts, and core ideas. [M]. Washington: National Academies Press, 2012:44.

② Schweingruber H, Keller T, Quinn H. A framework for K-12 science education: practices, crosscutting concepts, and core ideas. [M]. Washington: National Academies Press, 2012:42.

于学生建构和修正现象的心理模型,更好的心理模型反过来又能加深对科学的理解,增强科学推理能力","计划和实施调查"中提到"应该要求年龄较大的学生提出一个假设,预测一个特定而稳定的结果,解释他们的推理并证明他们的选择是正确的",在"从证据获得论证"中提出"在科学中,知识的产生依赖于一个推理过程,这个过程要求科学家对世界作出合理的论断(claim)"①。与此同时,该框架还指出"科学推理的图景比线性的和单一的科学方法更丰富、更复杂、更多样化"。由此可见,科学推理能力受到美国科学教育的足够重视。

在"美国科学教育框架"的指导下,美国国家研究会研制并发布了《下一代国家科学课程标准》(*Next Generation Science Standards: For States, By States*,简称 NGSS)。NGSS 将所学习的核心内容领域分为物质科学、生命科学、地球空间科学三个部分,对这些核心内容的要求从科学和工程实践、核心科学概念和跨学科概念三个维度进行描述。根据研究目的,本书对 NGSS 小学部分中"科学推理"要求的部分进行了分析,其结果如表 3-3 所示。

表 3-3 美国《科学课程标准》中与推理相关的能力要求(小学部分)②

| 年级 | 具体描述 |
| --- | --- |
| 一年级 | **科学与工程实践**<br>● 计划和实施调查:通过协同合作计划和实施调查产生数据作为证据基础来回答问题<br>● 构建解释和设计解决方案:通过观察来构建对自然现象作出基于证据的解释<br>● 获取、评估和交流信息:阅读与年级相适应的文本和使用媒体来获取科学信息以检验自然界中的模式<br>● 分析与解释数据:通过观察来描述自然世界中的模式来回答科学问题<br>**跨学科概念**<br>● 因果:设计简单的测试来收集证据以支持或驳斥学生对原因的看法<br>● 模式:自然界中的模式可以被观察,可以用来描述现象和作为证据 |

① Schweingruber H, Keller T, Quinn H. A framework for K - 12 science education: practices, crosscutting concepts, and core ideas. [M]. Washington: National Academies Press, 2012:50 - 53.

② NGSS. Next generation science standards: for states, by states. [M]. Washington: National Academies Press, 2013:10 - 51.

| 年级 | 具 体 描 述 |
|---|---|
| 二年级 | **科学与工程实践**<br>● 计划和实施调查:通过协同合作计划和实施调查产生数据作为证据基础来回答问题;通过观察收集可以用来进行比较的数据<br>● 分析与解释数据:从对象或工具的测试中分析数据,以确定其是否按预期的方式工作<br>● 构建解释和设计解决方案:从多种资源观察来构建对自然现象的基于证据的解释;比较问题的多种解决方案<br>● 根据证据参与论证:通过证据构建一个论证来支持主张(claim)<br>● 开发和使用模型:开发一个基于证据的简单模型来表示一个对象或工具;开发一个模型来表示自然界中的模式(patterns)<br>● 获取、评估与交流信息:使用不同的文本、文本特征(例如,标题、目录、词汇表、电子菜单、图标)和其他媒体来获取信息,帮助回答一个科学问题<br>**跨学科概念**<br>● 因果:事件具有产生可见模式的原因;设计简单的测试来收集证据以支持或驳斥学生对原因的看法 |
| 三年级 | **科学与工程实践**<br>● 提出问题和定义问题:提出基于模式-因果关系的可进行调查的问题;定义一个可以通过开发一个新的或改进的对象或工具来解决的简单问题<br>● 计划和实施调查:使用控制变量并考虑试验次数的公平测试来计划和进行调查,以产生数据来作为证据;通过观察和/或测量来产生数据,作为解释某一现象或测试设计方案的依据<br>● 开发和使用模型:开发模型来描述现象<br>● 根据证据参与论证:根据证据、数据和/或模式来构建一个论点(argument);通过引用有关它如何符合问题的标准和约束的证据,做出一个有效解决问题方案的主张(claim)<br>● 分析和解释数据:运用逻辑推理对数据进行分析和解释;利用表格和各种图形显示数据(条形图和象形文字)来揭示表明关系的模式<br>● 构建解释和设计解决方案:使用证据(如观察、模式)来支持解释<br>● 获取、评估和交流信息:从书籍和其他可靠的媒体获取信息并结合信息来解释现象<br>**跨学科概念**<br>● 因果:因果关系是经常被识别、测试和用来解释变化的;因果关系经常被识别并用来解释变化 |
| 四年级 | **科学与工程实践**<br>● 提出问题和定义问题:提出可以调查的问题,并根据因果关系等模式预测合理的结果<br>● 计划和实施调查:进行观察以产生数据,作为解释某一现象或测试设计方案的证据基础<br>● 构建解释和设计解决方案:使用证据(如测量、观察、模式)来支持解释;应用科学思想解决设计问题<br>● 开发和使用模型:用类比、举例或抽象表征建立模型来描述一个科学原理; |

续　表

| 年级 | 具体描述 |
|---|---|
| | 开发模型来描述现象 |
| | ● 构建解释和设计解决方案:根据解决方案的标准和约束条件,对问题的多个解决方案进行生成和比较;识别支持某一解释中具体问题的证据;通过观察和/或测量来产生数据,作为解释现象的证据依据;根据解决方案的标准和约束条件,对问题的多个解决方案进行生成和比较 |
| | ● 根据证据参与论证:根据证据、数据和/或模式来构建一个论点(argument);使用模型测试自然系统功能的相互作用 |
| | ● 分析和解释数据:运用逻辑推理对数据进行分析和解释 |
| | ● 获取、评估和交流信息:从书籍和其他可靠的媒体获取信息并结合信息来解释现象 |
| | **跨学科概念** |
| | ● 因果:因果关系是经常被识别、测试和用来解释变化的 |
| | ● 模式:模式可以作为证据来支持解释 |
| 五年级 | **科学与工程实践** |
| | ● 开发和使用模型:开发模型描述现象;开发一个模型,用一个例子来描述一个科学原理 |
| | ● 计划和实施调查:使用控制变量并考虑试验次数的公平测试进行合作调查,以产生数据作为证据的依据;进行观察和测量以产生数据,作为解释某一现象的证据的依据 |
| | ● 根据证据参与论证:根据证据、数据和/或模式来构建一个论点(argument) |
| | ● 分析和解释数据:图形(条形图、象形文字、和/或饼图)呈现数据揭示表示关系的模式 |
| | ● 获取、评估和交流信息:从书籍和其他可靠的媒体获取信息并结合信息来解释现象或设计问题的解决方法 |
| | **跨学科概念** |
| | ● 因果:因果关系是经常被识别、测试和用来解释变化的 |

从表3-3中可以看出,美国小学科学课程标准中的科学推理能力贯穿在"科学和工程实践"的各环节中,同时,在跨学科概念中,"因果"要求部分也对科学推理能力表现提出了要求。

**2. 英国小学科学课程标准中科学推理能力的表现分析**

英国英格兰教育部在2013年颁布的课程标准中,将国家课程体系分为四个关键阶段,其中小学阶段分别属于关键阶段1(1~2年级)和关键阶段2(3~6年级)。英国的小学课程分为核心课程和基础课程,核心课程分别是英语、数学和科学。科学课程的三个目标是:通过生物、化学和物理等学科的学习发展学生的科学知识和概念理解能力;通过帮助学生实施不同类型的科学探究(science enquiries)来发展他们对科学的本质、过程和方法的理解;具备理解科学对当今和未来的用途和意义的科学知识①。第二个目标"对科学的本质、过程和方法的理解"在课程标准中被描述为"科学工作(working scientifically)",该部分重点关注科学探究,帮助学生学会用各种方法回答相关的科学问题。这一部分的内容包括随时观察、模式探索、识别分类和分组、比较和测试,以及通过二手资料进行研究。通过这方面的学习,学生能够通过收集、分析和呈现数据来寻求问题的答案。通过这些分析可知,对"推理能力"的要求包含在课标的"科学工作"维度中。英国课程标准中"科学工作"虽然在每一个关键阶段都有总体的要求,但是它的具体要求是结合具体的学习内容来呈现的。根据本研究的目标,将对关键阶段 1 和关键阶段 2 科学课程标准中对"科学推理能力"的总体要求进行分析,其结果如表3-4 所示。

表3-4 英国科学课程中与推理相关的能力要求(小学部分)②

| 阶段 | 具 体 描 述 |
| --- | --- |
| 关键阶段 1:<br>1～2 年级 | ● 进行简单的测试<br>● 识别和分类<br>● 应用观察和观念来寻求问题的答案<br>● 收集和记录数据来回答问题 |
| 关键阶段 2<br>的低段:<br>3～4 年级 | ● 通过探究报告结果,展示或呈现结果和结论<br>● 用结果作出结论,预测新的价值,提出改进意见并提出进一步的问题<br>● 识别与简单的科学观点和过程相关的区别、相似之处<br>● 使用直接的科学证据回答问题或支持他们的发现 |
| 关键阶段 2<br>的高段:<br>5～6 年级 | ● 设计不同的科学探究来回答问题,包括识别和控制变量<br>● 使用测试结果做出预测来进行进一步的比较和公正的测试<br>● 报告和呈现根据探究得出的发现,包括结论、因果关系和对结果可信程度的解释<br>● 识别用于支持或拒绝观点和论证的科学证据 |

---

① Department for Education. The national curriculum in England [EB/OL]. [2017 - 8 - 31]https://www.gov.uk/government/collections/national-curriculum.

② Department for Education. The national curriculum in England [EB/OL]. [2017 - 8 - 31]https://www.gov.uk/government/collections/national-curriculum.

从表 3-4 可以看出,英国的小学科学课程标准中虽然没有直接提出对"科学推理能力"的要求,但内含了"科学推理能力"的相关要求,如具体的科学推理方法"控制变量",用科学证据进行论证等;在具体的内容中,还对科学推理能力的要求有更具体的描述,如:

比较不同因素对植物生长的影响,例如光照亮度、施肥量等;发现种子是如何形成的,在一段时间内观察植物生命周期的不同阶段;寻找水果结构的模式。

观察和比较当地环境中动植物与世界上其他地方(在雨林、海洋、沙漠地区和史前时期)动植物的生命周期,提出相关问题,并给出相似和差异的原因。

上述两个具体的例子,都涉及了如"控制变量"的科学推理方法。

### 3. 新西兰小学科学课程标准中"科学推理能力"分析

在新西兰的基础教育课程体系中,共有八大学习领域:英语、艺术、健康与心理教育、外语学习、数学与统计、科学、社会科学、技术。其中,科学学习领域有五个主题:科学本质、生物世界、地球与宇宙、物理世界和物质世界。《新西兰课程标准》中的科学本质包括理解科学、科学探究、科学交流、参与和贡献四个维度的学习内容。通过学习科学本质、科学是什么以及科学家是如何工作的,学生逐渐认识到,虽然科学知识是持久的,但它也会根据新的证据不断地被重新评估;学生了解科学家是如何进行调查的,他们把科学看作是一种社会价值的知识系统;学生学习科学思想如何交流,并将科学知识与日常决策和行动联系起来[①]。新西兰关于科学领域学习水平的要求呈现在《新西兰课程:按内容呈现的成就目标》(*The New Zealand Curriculum: Achievement Objectives by Learning Area*)中,根据本研究的目的,现对小学科学领域中关于"科学推理"能力的要求进行分析。根据年级和课程水平划分的关系,小学科学学习领域分为 1～3 水平,下面分别对这三个水平中的科

① New Zealand Ministry of Education. The New Zealand curriculum [S]. Wellington: Learning Media Limited, 2007.

学推理进行分析，表3-5列出了相关要求。

表3-5  新西兰《科学课程标准》与推理相关的能力要求（小学部分）①

| 水平 | 具 体 描 述 |
| --- | --- |
| 水平1~2 | ● 通过探索、游戏、提问和讨论简单的模型来扩展他们对自然世界的体验和个人解释 <br> ● 在将他们科学学习和日常生活联系在一起的问题上进行探索和行动 |
| 水平3 | ● 找出科学家共同工作并提供证据支持他们的想法的方式 <br> ● 建立在先前的经验之上，一起分享和检验他们自己和他人的知识 <br> ● 提出问题，寻找证据，探索简单的模型，进行适当的调查，形成简单的解释 <br> ● 参与一系列科学文本，并开始质疑这些文本构建的目的 <br> ● 探索问题的各个方面并对可能的行动作出决定 |

以上是新西兰的基础教育课程体系中科学本质学习领域对推理能力的相关要求，更加具体的要求蕴含在具体学习内容（生命世界、地球和宇宙、物理世界、物质世界）要求的描述中，如"探索并描述简单物理现象的模式，调查水循环及其对气候、地貌和生活的影响"。

### 4. 澳大利亚小学科学课程标准中科学推理能力的表现分析

澳大利亚K-12的课程分为四个阶段：1~2年级，3~6年级，7~10年级，11~12年级。小学阶段的课程一般在前两个阶段（5~12岁）。科学课程围绕三个相互关联的方面进行组织：科学理解、科学探究技能和作为人类努力的科学。科学理解包括生物学、化学、地球空间科学和物理学四方面的内容；作为人类努力的科学包括科学的本质及其发展，科学的使用及其影响两个方面；科学探究技能包括提出问题和预测、数据和信息的处理分析、评估和交流方面的内容。其中，科学理解要求以每一年的科学推理表现作为一个水平进行描述，科学探究技能和作为人类努力的科学这两个方面则分别要求以每两年的科学推理表现作为一个水平进行描述。表3-6列出了与小学科学推理能力表现相关的要求。

---

① New Zealand Ministry of Education. The New Zealand curriculum: achievement objectives by learning area [S]. Wellington: Learning Media Limited, 2007.

表 3-6　澳大利亚《科学课程》与推理相关的能力要求(小学部分)①

| 年级 | 具体描述 |
|---|---|
| 1～2年级 | ● 回答并提出问题,对熟悉的对象和事件做出预测(如:思考关于日常物品和事件中"如果……会发生什么?"类型的问题;利用感官探索当地环境,提出有趣的问题,并作出推理,预测将会发生什么)<br>● 参与不同类型的引导性调查,探索和回答问题,例如操控材料、测试想法和获取信息来源(如:通过引导性讨论探索解决科学问题的不同方法)<br>● 通过讨论,将观察和预测进行比较(如:在指导下讨论原始的预测,将这些与他们的观察相比较)<br>● 与其他人的观察结果进行比较<br>● 以口头和书面语言、绘画和角色扮演等多种方式表达、交流意见和想法(如:讨论或呈现在调查中的发现) |
| 3年级 | ● 在指导下,在熟悉的环境下识别可以进行科学调查的问题,并根据先前的知识预测可能发生的事情(如:从一系列可能性问题中选择问题来进行调查;共同构建可作为调查依据的问题;分组讨论在调查过程中可能发生的事情)<br>● 提出计划并进行调查以找到问题答案的方法(如:在教师指导下,计划调查以测验简单的原因-效应关系;全班讨论调查问题的方法,评估哪一种方法更容易成功)<br>● 将结果与预测进行比较,提出对于发现的可能原因(如:讨论预测与调查结果的匹配程度如何,并分享从中所学到的)<br>● 反思调查,包括测试是否公正(如:集体讨论在测试中的公正的思想)<br>● 以图表、物理表征和简单报告等多种方式表示、交流想法和发现(如:探索通过图表、模型和角色扮演来展示过程和关系的不同方式,用简单的解释和论点、报告或图表向其他学生交流想法) |
| 4年级 | ● 在指导下,在熟悉的环境下识别可以进行科学调查的问题,并根据先前的知识预测可能发生的事情(如:考虑熟悉的情况,以便思考可能的领域来进行调查;在教师指导下,反思熟悉情境来作出预测;从一系列的可能性中选择问题来进行调查)<br>● 提出计划并进行调查以找到问题答案的方法(如:探索不同的方法进行调查,并将这些问题与老师指导下的问题联系起来;小组合作,在老师指导下,计划调查问题的方法)<br>● 将结果与预测进行比较,对于发现提出可能的原因(讨论预测与调查结果的匹配程度如何,并对调查的结果进行原因分析;在小组内,比较提出调查结果的理由并解释其推理)<br>● 反思调查,包括考试是否公正/客观(如:反思调查,确定什么是进展顺利,什么是困难或作用不大,以及调查如何更好地帮助回答这个问题;讨论调查的哪些方面有助于提高公正性,以及任何不公正的方面) |

① ACARA. The Australian Curriculum [EB/OL]. [2017 - 9 - 2] http://www.australiancurriculum.edu.au/copyright.

续 表

| 年级 | 具 体 描 述 |
|---|---|
| 5 年级 | • 以图表、物理表征和简单报告等多种方式表示和交流想法和发现(如:与其他学生进行类似的调查,分享经验,提高调查技巧;用简单的解释和论点、报告或图表向其他学生交流想法)<br>• 在指导下提出问题,以说明实际问题或预设科学调查,并预测可能的调查结果(如:探索一系列问题或现象,在指导下确定这些可以调查的问题;运用过去类似情况的经验,预测新形势下可能发生的情况)<br>• 决定哪些变量应该在公正的测试中进行改变和测量,并使用适当的数字技术准确地观察、测量和记录数据(如:分组讨论如何尽可能公正地进行调查)<br>• 安全使用设备和材料,识别潜在风险(如:解释安全过程和设备使用规则)<br>• 将数据与预测进行比较,并作为发展解释的证据(如:分享观察是否符合预测的意见,讨论预测是不正确的可能原因)<br>• 提出对调查问题或解决问题的方法进行改进的建议(协同工作,确定哪些方法可以改进,包括测试不公正和改进实践的地方)<br>• 以多种方式交流思想、解释和过程,包括多模态文本(如:讨论模型如何表示科学思想和建构物理模型来说明科学理解的一个方面) |
| 6 年级 | • 在指导下提出问题,以说明实际问题或预设科学调查,并预测可能的调查结果(如:改进问题以便于科学研究;应用以往调查的经验来预测新情况下调查的结果)<br>• 决定哪些变量应该在公正的测试中进行改变和测量,并使用适当的数字技术准确地观察、测量和记录数据[如:使用自变量的概念(注意,这个术语不需要在这个阶段使用),通过改变它和测量这个变化的效果来研究它]<br>• 安全使用设备和材料,识别潜在风险(如:讨论进行调查的可能危害,以及如何减少这些风险)<br>• 将数据与预测进行比较,并作为发展解释的证据(如:分享观察是否符合预测的意见,讨论预测是不正确的可能的原因;在解释调查结果时参考证据)<br>• 提出对调查问题或解决问题的方法进行改进的建议(讨论对所使用方法的改进,以及这些方法将如何提高获得的数据的质量)<br>• 以多种方式交流思想、解释和过程,包括多模态文本(如:讨论交流科学思想的最佳方式以及设计文本时应考虑的问题) |

从表3-6可以看出,在澳大利亚的小学科学课程中,虽然以每两个年级为一个阶段对科学推理能力做出同样的要求,但是在具体的年级中,科学推理能力的要求是有深入的。此外,在课程标准中虽然没有明确提出科学推理能力的表现,但是在这些能力要求中已经对学习推理能力做出了规定。

### 5. 芬兰小学科学课程标准中科学推理能力分析

芬兰课程标准中能力要求的编写与核心素养相对应。小学课程标准的编制分为 1～2 年级和 3～6 年级两个阶段。在"思维和学会学习(简称 T1)""文化素养、交往和自我表达(简称 T2)""自我照顾和日常生活管理(简称 T3)""多模态识读(简称 T4)""信息技术素养(简称 T5)""就业和创业素养(简称 T6)""社会参与和构建可持续未来(简称 T7)"七大素养的总体指导下,提出各核心素养维度的阶段性要求,在此基础之上,再将这些核心素养的要求纳入具体的学科。在芬兰的课程体系中,科学课程的名称为"环境研究"。"环境研究"是一门综合性学科,包括生物学、地理学、物理学、化学和健康教育等领域的知识,同时也将可持续发展观、自然科学与人文科学的观点融合在这门学科中。在描述教学目标时,围绕"意义、价值与态度""研究与工作技能"和"知识与理解"三个方面进行描述。其中,科学推理能力的要求主要体现在"研究与工作技能"维度,根据本研究目的,分析并列出小学部分中关于这方面的要求(见表 3-7)。

表 3-7　芬兰"环境研究"中与推理相关的能力要求(小学)①

| 阶段 | 具体描述 |
| --- | --- |
| 1～2 年级 | ● 鼓励学生怀疑,提出问题,并以讨论为基础进行小型研究任务和其他活动<br>● 指导学生在校内和周围环境中使用不同的感官和简单的研究工具进行观察、实验,并以不同的方式呈现研究结果<br>● 指导学生以不同的方式对生物、栖息地、现象、材料和位置进行描述、比较和分类,并给它们命名<br>● 指导学生安全行动,听从指示,并理解它们的原因 |
| 3～6 年级 | ● 鼓励学生在各种主题上提出问题,并以此作为研究和其他活动的基础<br>● 引导学生计划和开展小规模的研究项目,进行观察,并在多样的学习环境中用不同的感官、研究和测量设备进行测量<br>● 引导学生认识因果关系,对结果作出结论,以及用不同的方式呈现结果和进行研究<br>● 引导学生理解日常生活中技术的使用、意义和操作原理,激发学生进行实验、发明和创造<br>● 引导学生进行探索和行动,以及在自然中实地考察和构建环境<br>● 指导学生以负责、安全和符合人体工程学的方式利用信息和通信技术来获取、处理和呈现信息 |

① Finnish National Board of Education. The national core curriculum for basic education 2014 [S]. Helsinki: Next Print Oy, 2016.

从表 3-7 可知,虽然芬兰的"环境研究"中没有直接提及对科学推理能力的要求,但在"研究与工作技能"过程中,体现了对科学推理的方法、过程等方面的要求。

**6. 日本《小学校学习指导》中的科学推理能力分析**

日本文部省于 2017 年 3 月份发布了《小学校学习指导》要领,该文件公布了在小学阶段学习的十个科目的课程标准。其中,科学课程在日本的课程体系中的名称叫"理科",该门课程是从小学三年级开始实施的。"理科"课程的目标:关于对自然的事物、现象的理解,掌握有关观察、实验等基本的技能;进行观察、实验,培养问题解决的能力;培养热爱大自然和自主解决问题的态度[①]。"理科"课程标准的描述是根据年级分阶段进行介绍的,每个阶段的要求主要从目标和内容两个方面展开,目标和内容介绍包括"物质和能源""生命和地球"两大主题。根据研究目的,下文对"理科"中涉及科学推理能力要求的内容进行分析,其结果如表 3-8 所示。

表 3-8　日本《小学校学习指导·理科》中与推理相关的能力要求[②]

| 阶段 | 具体描述 |
|---|---|
| 3 年级 | ● 即使物体的形态或形状改变质量也不会改变<br>● 关于物品的形状、体积和重量的关系,以差异点和共同点为基础,发现关于物体性质的问题<br>● 风的力量可以使物体移动,此外,风力的大小可以改变物体的性质<br>● 关于发出声音时候物体振动情况的探究,以差异点和共同点为基础,发现声音性质的问题<br>● 磁铁靠近身边物体的时候,在探究差异点和共同点的基础上,发现磁铁性质的问题<br>● 对身边生物的情况进行探究,以生物与环境关系的差异点和共同点为基础,呈现出对昆虫和植物成长规律的理解<br>● 在向阳和背阴情况的调查中,在探究差异点和共同点的基础上,发现关于太阳与地面情况关系的问题 |
| 4 年级 | ● 在关于金属、水和空气性质的研究中,以学过的内容和生活经验为基础,对金属、水和空气在温度变化的时候,体积、状态的变化以及热的传播方法提出有根据的预测和假说 |

①② 日本文部科学省. 小学校学习指导[EB/OL]. [2017-9-6] http://www.mext.go.jp/component/a_menu/education/micro_detail/__icsFiles/afieldfile/2017/05/12/1384661_4_2.pdf.pdf.

续　表

| 阶段 | 具体描述 |
|---|---|
| | • 在关于电流作用的研究中,以学过的内容和生活经验为基础,对电流的大小和方向与干电池的连接情况的关系提出有根据的预测和假说 |
| | • 在关于人或其他动物的研究中,以学过的内容和生活经验为基础,对人和其他动物的骨骼和肌肉的构造和作用提出有根据的设想和假设 |
| | • 在身边动物和植物的探讨中,以学过的内容和生活经验为基础,对动物活动和植物的生长季节的变化提出有根据的预测和假说 |
| | • 在关于雨水的去向和地面的情况的调查中,以学过的内容和生活经验为基础,对雨水渗透的方式和方法以及地面的倾角和土粒大小的关系作出有根据的预测和假说 |
| | • 在关于天气和自然界中水的情况的调查中,以学过的内容和生活经验为基础,对天气情况和水状态变化以及气温和水的方向的关系提出有根据的预测和假说 |
| | • 在关于月亮和星星特征的调查中,以学过的内容和生活经验为基础,对月亮与星星的位置变化与时间的关系提出有根据的预测和假说 |
| 5年级 | • 在关于物质溶化方法的研究中,提出假说和解决问题的方法 |
| | • 在关于钟摆运动的规律性的研究中,对钟摆和一次往返时间的关系作出预测和假设,构思解决的方法 |
| | • 在关于电流形成磁场的研究中,对电流形成磁场强度的条件作出预测和假设,构思解决的方法 |
| | • 关于动物出生和生长的过程,作出动物出生和成长情况的假说,构思解决的方法 |
| | • 在关于流动的水的作用的研究中,对流动的水的作用和土地变化的关系做出预测和假说,构思解决的方法 |
| | • 在关于天气变化方式的研究中,对天气变化、云的量和运动的关系做出预测和假设,构思解决的方法 |
| 6年级 | • 在关于人和其他动物身体的构造和工作过程研究中,对身体的构造和呼吸、消化、排泄、循环的作用进行更有效的思考 |
| | • 在关于生物和环境的研究中,对生物与环境的关系建立合理的观念 |
| | • 在关于土地的制造和变化过程研究中,建立合理的观念 |
| | • 对于月亮的位置、形状以及与太阳位置的关系进行适当思考 |

从表3-8可以看出,日本小学"理科"课程中对推理能力的要求与具体的学习内容相关联,能力水平的要求体现了从发现问题到作出预测和假设,再到建立适当观念的上升。

### 7. 新加坡《小学科学纲要》中科学推理能力的表现分析

在新加坡现行的小学课程体系中,科学课程是从三年级开始实施的,该国于 2014 年颁布了最新的《小学科学纲要》。该课程标准是根据课程框架编写的,课程框架中贯穿了新加坡"21 世纪能力",其最终目的是培养学生的科学素养。该课程框架的中心是以科学探究精神贯穿其中,探究的实施是基于"知识、理解和运用""技能和过程""伦理与态度"三个领域的整合。与此同时,该课程框架的两大理念是:科学课程旨在培养学生作为课堂上的探究者,教师在科学课堂上是探究的领导者。其中,"知识、理解和运用"维度包含多样性、循环、系统、相互作用和能量六大核心概念;"技能和过程"分为"技能"和"过程"两个方面,"技能"包括观察、比较、分类、使用仪器和设备、交流、推理、形成假设、预测、分析、发生的可能性和评估等方面,"过程"包括创造性问题解决、做出决策和调查(研究)三个方面①。根据研究目的,现对新加坡小学课程中"技能和过程"维度中对科学推理能力的要求进行分析,其结果如表 3-9 所示。

表 3-9  新加坡《小学科学纲要》中与推理相关的能力要求

| 阶段 | 具 体 描 述 |
| --- | --- |
| 3~4 年级 | ● 观察各种各样的生物和非生物,并推断它们之间的差异<br>● 根据常见的观察特征的相似性和差异性将生物分类为动植物群<br>● 比较材料的物理特性:强度—柔韧性—防水性—透明度—在水中沉浮的能力<br>● 比较磁铁、非磁体和磁性材料<br>● 调查影响阴影形成的变量并交流发现的结果 |
| 5~6 年级 | ● 用各种方法调查植物繁殖并交流发现的结果<br>● 研究热量增加或损耗对水的温度和状态的影响并交流发现的结果<br>● 调查影响蒸发速率的因素并交流发现的结果<br>● 调查植物组成部分(根、茎、叶)的功能并交流发现的结果<br>● 比较物质在植物和人体内运输的方式<br>● 调查一些变量(电池和灯泡的数量和组合形式)对电路中电流的影响并交流发现的结果<br>● 研究一些变量(电池串联数量和灯泡串联数量)对电路中电流的影响并交流发现的结果<br>● 调查摩擦对物体运动的影响并交流发现的结果 |

① 新加坡教育部. 科学大纲(小学)[EB/OL]. [2017-9-5]https://www. moe. gov. sg/docs/default-source/document/education/syllabuses/sciences/files/science-primary-2014. pdf.

| 阶　段 | 具　体　描　述 |
|---|---|
| | ● 研究力对弹簧的影响并交流发现的结果<br>● 观察、收集和记录环境中相互作用因素的信息<br>● 调查光合作用(产生糖和氧)的条件(水、光能和二氧化碳)并交流发现的结果 |

从表 3 - 9 可以看出,新加坡小学科学课程中关于科学推理能力的要求虽然很少提及,但是它贯穿于"技能和过程"的各环节中,且随着年龄的增长,要求所达水平相应地有所提升。

### 8. 中国台湾小学课程标准中科学推理能力的表现分析

台湾地区教育部门于 2014 年 11 月份颁布了《十二年"国民"基本教育课程纲要·总纲》,将小学的学习阶段划分为三个学段:小学一、二年级为第一学习阶段,小学三、四年级为第二学习阶段,小学五、六年级为第三学习阶段。小学阶段的科学学习领域的课程名称是"自然科学"①。在《十二年"国民"基本教育课程发展指引》和《十二年"国民"基本教育课程纲要·总纲》的指导下,台湾地区教育部门于 2017 年 6 月发布了更新的第四版《十二年"国民"基本教育课程纲要·自然科学学习领域课程手册(初稿)》(简称"自然科学课程")。"自然科学课程"的修订,与原有科学学习领域课程相比,有如下三个方面的变化:课程名称由"自然与生活科技领域"更改为"自然科学领域",科技成为独立的"科技领域";"九年一贯课程纲要"更改为"十二年'国民'基本教育",十二年课程连贯设计;"能力指针"更改为"素养导向",落实领域学科能力整合、内化、应用的目标②。

台湾地区小学阶段的"自然科学课程"的课程目标主要由"学习表现""学习内容"和"自然科学领域核心素养"三个维度构成,接下来对"学习表现"维度中涉及"科学推理能力"的相关要求进行分析(详见表 3 - 10)。

---

① 十二年"国民"基本教育课程纲要·总纲[EB/OL]. (2014 - 11 - 1)[2017 - 9 - 4]http://12cur. naer. edu. tw/category/post/189.

② 十二年"国民"基本教育课程纲要·自然科学学习领域课程手册(初稿)[EB/OL]. (2014 - 11 - 1)[2017 - 9 - 4]http://www. naer. edu. tw/ezfiles/0/1000/img/67/196757124. pdf,2017 - 9 - 4.

表 3-10　台湾地区"自然科学"小学阶段中与推理相关的能力要求①

| 阶段 | 学 习 表 现 |
| --- | --- |
| 小学阶段<br>(1～6 年<br>级) | ● 透过科学探索了解现象发生的原因或机制,满足好奇心<br>● 能从日常经验、学习活动、自然环境,进行观察,进而察觉问题<br>● 能将自己及他人所观察、记录的自然现象与习得的知识互相链接,察觉彼此间的关系,并提出自己的想法及知道与他人的差异<br>● 能了解一个因素改变可能造成的影响,进而预测活动的大致结果;在教师或教科书的指导或说明下,能了解探究的计划<br>● 能了解自变量、因变量并预测自变量改变时可能的影响以及了解进行适当次数测试的意义;在教师或教科书的指导或说明下,能了解探究的计划,进而能根据问题的特性、资源(设备等)的有无等因素,设计简单的探究活动<br>● 能就所搜集的数据或证据,进行简单的记录与分类,并依据所学的知识,思考数据的正确性以及辨别他人的信息与事实的差异<br>● 能从(所得的)信息或数据中,形成解释、发现新知、获知因果关系、解决问题或发现新的问题;并能将自己的探究结果和他人(例如同学)的结果进行对比,检查相近探究是否有相近的结果<br>● 能初步辨别适合科学探究的问题,并能依据观察、搜集资料、阅读、思考、讨论等提出适宜的探究方案<br>● 能专注聆听同学报告,提出疑问或意见;并能对探究方法、过程或结果进行检讨<br>● 能根据简单的探究与理解建立模型,且能从观察及实验过程中理解到有不同模型存在 |

　　由表 3-10 可知,学习表现维度中所描述的科学探究的各环节,均需科学推理能力的参加,既有科学推理的具体方法的要求,又有科学推理过程的要求。

### 9. 中国香港小学科学课程标准中科学推理能力的表现分析

　　进入 21 世纪以来,香港特区从 2002 年开始进行中小学课程改革,并取得一系列的成果。然而,随着近些年来经济、社会的发展变化,香港特区为迎接这一挑战,对中小学课程方案进行了修订。其中,在小学阶段,香港特区教育局的课程发展议会于 2017 年发布了新修订的《基础教育课程指引——聚焦·深化·持续(小一至小六)》(简称《课程指引》)。作为香港小学课程开发、教

---

① 十二年"国民"基本教育课程纲要·自然科学学习领域课程手册(初稿)[EB/OL].(2014-11-1)[2017-9-4] http://www.naer.edu.tw/ezfiles/0/1000/img/67/196757124.pdf,2017-9-4.

学、评价等方面的纲领性文件,该课程指引在对社会变化、课程改革以来学校和学习领域所选取的经验的分析之上,提出小学学习的宗旨应该重点聚焦于进一步促进学生的全人发展①。香港小学课程的结构由学习领域、共通能力、价值观和态度三个相互关联的方面组成。其中,八个学习领域分别是中国语文教育、英国语文教育、数学教育、个人·社会·人文教育、科学教育、科技教育、艺术教育、体育教育,其中,个人·社会·人文教育、科学教育、科技教育也被称为"小学常识科";九种共通能力分别是协作能力、沟通能力、创造力、批判/明辨性思考能力、运用资讯科技能力、运算能力、解决问题能力、自我管理能力、研习能力,这些共通能力是学习的基础,能帮助学生更好地学习②。

  香港特区课程发展议会于 2017 年发布的《科学教育关键学习领域指引(小学 1～6 年级)》(简称"课程指引"),与 2002 年的小学科学课程指引相比,更加"重视学生科学思维和问题解决能力的培养",以及"强调培养学生基于科学证据而做出明智的判断意识"③。该课程指引由"科学知识和科学过程技能""通用能力"和"价值观和态度"三个要素组成,主要的学习内容有六个组成部分:"科学调查(研究)""生活与生命""物质世界""能量及其变化""地球和空间"和"科学·技术·社会与环境(STSE)"。此外,科学、技术、工程与数学(STEM)内容也被整合到了科学教育学习领域。其中,科学过程技能是科学(研究)过程中所涉及的技能,是科学方法的基础,主要包括"观察""分类""设计研究""进行实践""推理"和"交流"六个部分。这六个部分的具体信息如表 3-11 所示。

---

① 香港教育局课程发展议会. 基础教育课程指引(小一至小六)[EB/OL]. [2017-9-3] https://cd. edb. gov. hk/becg/schinese/index-2. html.

② 香港教育局课程发展议会. 基础教育课程指引(小一至小六)[EB/OL]. [2017-9-3] https://cd. edb. gov. hk/becg/schinese/index-2. html.

③ 香港教育局课程发展议会. 科学教育关键学习领域指引(小学 1～6 年级)[EB/OL]. [2017-9-3] http://www. edb. gov. hk/attachment/en/curriculumdevelopment/renewal/SE/SE_KLACG_eng_draft_2017_05. pdf.

表3-11　香港特区《课程指引》中的科学过程技能

| 科学过程技能 | 要　点 |
| --- | --- |
| 观察 | 说明特点;正确和准确地测量;记录数据 |
| 分类 | 异同比较;分组和排序;构建线索;陈述关系(包括因果) |
| 设计研究 | 提出问题;预测结果;做出假设;定义变量;提出考虑公平测试的操作程序 |
| 进行实验 | 选择装置;操作装置;采取预防措施 |
| 推理 | 分析和解释数据;评价数据;估计误差;构建解释;得出结论 |
| 交流 | 用多种陈述来呈现信息和想法;提出合乎逻辑的科学论点 |

从表3-11可以看出,在香港特区的科学课程标准中,"分类""研究设计""进行实验""推理"和"交流"等部分内容都直接涉及科学推理能力,且特别将"推理"能力单独列出。接下来,将对小学阶段与科学推理能力有关的要求进行分析,详见表3-12。

表3-12　香港特区《课程指引》小学阶段与推理相关的能力要求①

| 阶　段 | 具　体　描　述 |
| --- | --- |
| 1~3年级 | ● 能做出简单的测量和分类<br>● 记录观察和做出简单的陈述 |
| 4~6年级 | ● 进行观察、测量、记录数据和得出调查结果<br>● 讨论观察(资料/结果)并提出简单的解释<br>● 根据事物的共性或特征进行分类<br>● 根据问题设计并进行简单的科学研究 |

从表3-12可以看出,在香港特区的小学阶段对科学推理能力的要求内含在科学过程技能的要求中,虽然没有直接提出,但是所提到的科学过程技能的要求都需要科学推理能力的参与。

### 10. 中国大陆小学科学课程标准中的科学推理能力分析

进入21世纪初,中国大陆便启动了新一轮的基础教育课程改革,颁布了新的课程标准。在小学阶段,原有的"自然"课程名称变为"科学"(实验稿),

---

① 香港教育局课程发展议会.科学教育关键学习领域指引(小学1~6年级)[EB/OL].[2017-9-3] http://www.edb.gov.hk/attachment/en/curriculumdevelopment/renewal/SE/SE_KLACG_eng_draft_2017_05.pdf.

开始时间也从原有的三年级变成一年级。经过十余年课程改革的探索，随着新的学习理论的发展以及教学实践的深入，在学生发展核心素养培养目标的指导下，中国大陆于 2017 年正式颁布了修订后的小学科学课程标准。与小学科学课程标准(实验稿)相比，新的小学科学课程标准有以下几个方面的新变化：第一，从开设时间来看，从原来的三年级变为一年级；第二，从课程性质来看，从原有的"科学启蒙课程"变为"基础性课程"；第三，从课程目标来看，由原有的"科学探究""情感态度与价值观""科学知识"三维目标表述变成从"科学知识""科学探究""科学态度"和"科学·技术·社会与环境"四个方面来阐述具体目标；第四，从课程内容要求的呈现来看，新修订的科学课程标准以核心概念为基础，以学习进阶(1~2 年级、3~4 年级、5~6 年级)的形式呈现了每个阶段所需学习的内容；第五，从课程内容来看，增加了技术与工程领域的内容，由原有的"生命世界""物质世界""地球与宇宙"三个领域变为现在的"物质科学""生命科学""地球与宇宙科学""技术与工程"四个领域。

在我国科学课程标准中，推理能力的要求主要体现在"科学探究"领域，同时在"科学态度"领域也有部分涉及。其中，在"科学探究"领域的总目标中提出关于"科学推理能力"的要求有：

了解科学探究是获取科学知识的主要途径，是通过多种方法寻找证据、运用创造性思维和逻辑推理解决问题，并通过评价与交流等方式达成共识的过程；知道科学探究需要围绕已提出和聚焦的问题设计研究方案，通过收集和分析信息获取证据，经过推理得出结论，并通过有效表达与他人交流自己的探究结果和观点，能运用科学探究方法解决比较简单的日常生活问题；初步了解分析、综合、比较、分类、抽象、概括、推理、类比等思维方法，发展学习能力、思维能力、实践能力和创新能力，以及运用科学语言与他人交流和沟通的能力[1]。

在"科学态度"领域的总目标中提出关于"科学推理能力"的要求有：

---

[1] 中华人民共和国教育部. 义务教育小学科学课程标准[S].北京:北京师范大学出版社, 2017:9.

具有基于证据和推理发表自己见解的意识;乐于倾听不同的意见和理解别人的想法,不迷信权威①。

下面将中国大陆《义务教育·小学科学课程标准》中关于"科学推理能力"的要求进行整理,见表3-13所示。

表3-13 中国大陆《义务教育·小学科学课程标准》与推理相关的能力要求②

| 阶段 | 具 体 描 述 |
|------|-----------|
| 1~2 年级 | ● 在教师指导下,能依据已有的经验,对问题作出简单猜想<br>● 在教师指导下,有运用观察与描述、比较与分类等方法得出结论的意识<br>● 在教师指导下,具有对探究过程、方法和结果进行反思、评价与改进的意识 |
| 3~4 年级 | ● 在教师引导下,能基于已有经验和所学知识,从现象和事件发生的条件、过程、原因等方面提出假设<br>● 在教师引导下,能依据证据运用分析、比较、推理、概括等方法分析结果,得出结论<br>● 在教师引导下,能对自己的探究过程、方法和结果进行反思,作出自我评价与调整<br>● 面对有说服力的证据,能调整自己的观点 |
| 5~6 年级 | ● 能基于所学的知识,从事物的结构、功能、变化及相互关系等角度提出有针对性的假设,并能说明假设的依据<br>● 能基于所学的知识,制订比较完整的探究计划,初步具备实验设计的能力和控制变量的意识,并能设计单一变量的实验方案<br>● 能基于所学的知识,运用分析、比较、推理、概括等方法得出科学探究的结论,判断结论与假设是否一致<br>● 能基于证据质疑并评价别人的探究报告<br>● 能对探究活动进行过程性反思,及时调整,并对探究活动进行总结性评价,完善探究报告<br>● 当多人观察、实验结果出现不一致时,不急于下结论,而是分析原因,再次观察、实验,以事实为依据作出判断 |

从表3-13中可以看出,科学推理贯穿于科学探究的各环节,尤其是在"问题提出""做出假设""制订计划""得出结论"和"反思评价"等环节更为突出。此外,随着阶段的升高,对小学生推理能力的要求也相应地有所提高。

---

① 中华人民共和国教育部. 义务教育小学科学课程标准[S]. 北京:北京师范大学出版社,2017:12.

② 中华人民共和国教育部. 义务教育小学科学课程标准[S]. 北京:北京师范大学出版社,2017:10-13.

#### （四）小结

本节通过对十个国家或地区小学科学课程标准中关于科学推理能力的要求进行了分析,得出如下结论:第一,在科学课程总目标中都提及了对科学推理能力的要求,但在具体的目标中没有细化的、具体的关于科学推理能力的要求。第二,科学推理能力表现的要求贯穿于科学探究的各环节中,特别是在"问题的提出""实验设计""分析论证""评估与交流"等环节。第三,随着年级的升高,课程中对科学推理能力的要求也相应提高。

### 三、教育质量监测项目中科学推理能力的表现分析

#### （一）研究思路

当前,基础教育关注的焦点由增加教育数量向提高教育质量转变。为了解基础教育的质量,各国际组织和国家开展了教育质量监测项目。本节研究的目的是通过对国际小学科学学习领域教育质量监测项目中科学推理能力表现的分析,为之后制定我国小学生科学推理的表现奠定基础,同时也为编制小学生科学推理能力调查项目提供依据。通过分析,尝试回答以下两个问题:小学科学学习领域教育质量监测项目监测哪些科学推理能力? 所监测的科学推理能力表现如何? 分析思路同前一节。

#### （二）研究对象的选取

在国际测评项目中,主要选取影响力较大的国际数学与科学学习趋势项目(TIMSS)及"国际学生评估项目"(PISA)项目作为研究对象;在发达国家中,主要选取美国、英国、澳大利亚、加拿大四个国家的教育质量监测项目。

#### （三）国际教育质量监测项目中科学推理能力的表现分析

##### 1. TIMSS 中科学推理能力的表现分析

TIMSS 是由国际教育成就评价协会组织实施的一项连续测评的国际研究项目。TIMSS 从 1995 年开始,每四年测评一次,测评的内容是数学和科学领域,是较早开展的国际学生能力测评项目;测评对象是参与测评国家四年

级和八年级的学生。TIMSS 的课程模型包括三个方面:预期课程、实施课程和获得课程。预期课程是指国家、社会及教育情景中期望的课程;实施课程是指学校、教师和课堂情景下的课程;获得课程是指学生成就(成绩)的课程。这三类课程所涉及的内容呈现逐级递减的关系。

TIMSS 测试内容包括两个方面,一个是学生在数学和科学两个领域的学习成就测验,另一个是包括收集国家和社区背景、家庭背景、学校背景和课堂背景的问卷调查,这两方面的测评形式均为纸笔测验。在 TIMSS 框架中,数学和科学这两个学习领域可分别从内容领域和认知领域两个方面进行描述,其中,内容领域指出了要评估的科目主题,认知领域则指出了要评估的思维过程。根据研究目的,进入 21 世纪以来项目共进行了四次测评,分别是TIMSS2003、TIMSS2007、TIMSS2011、TIMSS2015。此外,TIMSS2019 框架也已发布。下面对 TIMSS 框架中小学四年级测评框架在内容领域和认知领域两部分的测评比例进行分析。

从表 3 - 14 可知,TIMSS 测评项目在小学阶段内容领域的测评比例保持不变,都是生命科学的考查内容多于物质科学,物质科学的考查内容多于地球科学。另外需要指出的是,虽然各领域的内容所占比例相同,但是基于TIMSS 的课程模型,测评的具体内容会根据参与国(地区)的课程标准做出一定的修订。例如,TIMSS2015 年测评框架主要沿用 TIMSS2011 测评框架,在内容的选取上新增参考了美国的 K - 12 科学教育框架(2012 年)、新加坡的科学(小学和中学低年级)大纲(2007)和中国香港的科学课程指南(2002)。从认知领域的要求来看,知道维度的要求保持不变,从 2011 年开始,降低了科学推理维度的要求,增加了应用维度的要求,并呈现出一定的稳定性。

表 3 - 14　TIMSS 四年级历年科学评估中内容领域和认知领域的占比

| 领域 | 内容 | 2003 年 | 2007 年 | 2011 年 | 2015 年 | 2019 年 |
|---|---|---|---|---|---|---|
| 内容领域 | 生命科学(Life science) | 45% | 45% | 45% | 45% | 45% |
| | 物质科学(Physical science) | 35% | 35% | 35% | 35% | 35% |
| | 地球科学(Earth science) | 20% | 20% | 20% | 20% | 20% |

续　表

| 领域 | 内容 | 2003 年 | 2007 年 | 2011 年 | 2015 年 | 2019 年 |
|---|---|---|---|---|---|---|
| 认知领域 | 知道(Knowing) | 40% | 40% | 40% | 40% | 40% |
| | 应用(Applying) | 35% | 35% | 40% | 40% | 40% |
| | 推理(Reasoning) | 25% | 25% | 20% | 20% | 20% |

注:根据 IEA 发布的历年测评框架整理而成,参考网站:https://timssandpirls. bc. edu/timss2003i/frameworks. html; https://timssandpirls. bc. edu/TIMSS2007/frameworks. html; http://timssandpirls. bc. edu/timss2015/frameworks. html; http://timssandpirls. bc. edu/timss2019/frameworks. html;检索时间:2017 - 9 - 10.

在对 TIMSS 测评项目有一个整体了解之后,根据研究目的,接下来对 TIMSS 中科学推理能力的表现进行分析。

在 TIMSS 科学内容评估的认知领域维度中,四年级和八年级被分成"知道""应用""推理"三个维度,这是学生遇到科学题目时将会运用的思维过程。第一个维度,知道,强调科学中一些必要的基础能力,包括回忆/再认、识别,描述事实、概念和程序/过程。第二个维度,应用,关注运用知识作出解释和解决实际问题。第三个维度,推理,主要指在不熟悉的情景和复杂的背景中使用证据和科学理解进行分析、综合、归纳等。根据研究目的,本部分主要从科学推理维度进行分析。这个领域的项目要求学生参与科学推理,分析数据和其他信息,得出结论,并将他们的理解扩展到新的情况中。与应用领域中的科学事实和概念更直接的应用不同,科学推理领域中的项目涉及不熟悉的或更复杂的情景。回答这样的问题可能涉及不止一种方法或策略。科学推理还包括提出假设和设计科学调查。虽然各测评年度关于科学推理能力要求的具体表述会有细微的词句上的差别,但关于科学推理能力的要素保持不变,都包含八个方面的内容。现将 TIMSS2015 科学评估中科学推理能力进行整理,表 3 - 15 呈现了科学推理维度涉及的内容及其表现描述。

表 3 - 15　TIMSS2015 科学评估中认知领域的科学推理维度

| 科学推理内容 | 表现描述 |
|---|---|
| 分析 | 确定科学问题的元素,用相关信息、概念、关系、数据模型回答问题和解决问题 |
| 综合 | 回答需要考虑一系列不同因素或相关概念的问题 |

续 表

| 科学推理内容 | 表 现 描 述 |
|---|---|
| 提出问题/假设/预测 | 提出可以通过调查来回答的问题,并根据设计的信息来预测调查结果;基于概念理解以及经验、观察和/或科学信息的分析作出可检验的假设;根据证据和概念理解作出在生物和物理条件改变下所产生作用的预测 |
| 设计调查 | 为回答科学问题或者假设检验设计合适的调查或程序,描述或识别设计良好的调查的特点;变量描述的可测量和可控制,以及变量间的因果关系 |
| 评价 | 评价其他的解释,权衡通过其他的(可供选择的)程序和材料而作出决定的优缺点;评价调查的结果,以确定用来支持结论的数据的充分性 |
| 得出结论 | 作出基于观察、证据和/或科学概念理解的有效推理;作出解决问题或假设以及证明因果关系的结论 |
| 概括 | 作出超越实验或所给条件的一般性结论;将结论应用到新情景中 |
| 论证 | 使用证据和科学理解来支持合理的解释,解决问题以及根据调查得出结论 |

注:资料来源为 IEA. TIMSS 2015 Science Frameworks [EB/OL]. http://timssandpirls. bc. edu/timss2015/downloads/T15_FW_Chap2. pdf,2017 - 9 - 10.

为了更深入地了解科学推理与科学实践之间的关系,接下来对 TIMSS 中的科学实践能力进行分析。科学家通过跟踪重要的科学实践从事科学探究,从而了解自然世界,并回答相关的问题。理科学生必须熟练掌握这些实践技能,才能了解科学事业是如何进行的。这些实践包括日常生活和学校学习中的技能,学生运用系统的方法进行科学探究。科学实践是所有科学学科的基础。表 3 - 16 呈现了 TIMSS 2015 测评中有关科学实践的能力要求。

表 3 - 16　TIMSS 2015 中有关科学实践的能力要求

| 科学实践维度 | 能 力 描 述 |
|---|---|
| 提出基于观察的问题 | 科学探究包括观察自然界中不熟悉的特征或性质的现象,这些观察结果引出了一些问题,制定有关这些问题的可检验的假设,以帮助回答这些问题 |
| 搜集证据 | 测试假设需要设计和执行的系统调查和控制实验,以产生证据支持或反驳假设,科学家必须将他们对科学概念的理解与可观察或测量的属性联系起来,以便确定需要收集的证据,知道收集证据所需的设备和程序,以及需要记录的测量 |

| 科学实践维度 | 能　力　描　述 |
|---|---|
| 数据处理 | 一旦这些数据被收集起来,科学家们就用各种类型的可视化手段显示并概括它,描述或解释数据中的模式,探索变量之间的关系 |
| 回答研究的问题 | 科学家利用观察和调查的证据来回答问题,支持或驳斥假设 |
| 根据证据进行论证 | 科学家利用证据和科学知识构造解释,证明和支持他们解释和结论的合理性,并将他们的结论扩展到新的情况 |

资料来源: IEA. TIMSS 2015 Science Frameworks [EB/OL]. http://timssandpirls.bc.edu/timss2015/downloads/T15_FW_Chap2.pdf, 2017 - 9 - 10.

这些科学实践不能孤立地进行评估,必须在科学内容领域中进行评估,并渗透在认知领域所规定的思维过程的范围之内。因此,一些项目在 TIMSS 2015 科学评估中将评估一个或更多的这些重要的科学实践内容,同时,这些科学实践的评估也将在内容领域中提到的内容和思维过程中提到的认知领域中进行。通过对科学推理领域的内容要求和科学实践领域的要求进行对比可以发现,科学推理这一认知能力贯穿于科学探究的全过程,科学推理能力更加关注思维方面的能力,而科学实践更多的是关注科学技能方面的能力。

### 2. PISA 中科学推理能力的表现分析

在本部分的研究中,首先对 PISA 科学学习领域测试项目进行整体分析,再对其中涉及科学推理能力的表现进行分析。

PISA 是一项由经济合作与发展组织(Organization for Economic Cooperation and Development,简称 OECD)开展的大型国际学生测评项目。该项目旨在测评参与国 15 岁学生运用知识和技能迎接现实生活挑战的能力,测评结果将为各国改进基础教育提供参考。PISA 项目始于 1997 年,从 2000 年开始,每三年开展一次测评,测评的内容分别是阅读素养、数学素养和科学素养,且每一次重点测评一个内容领域,其他两个内容领域也同时作为次要领域参与测评并形成一个循环。根据研究目的,现将 2015 年 PISA 科学素养测试框架进行简要的回顾。

PISA2015 从背景、知识、能力和态度四个方面来描述科学素养的评估。其中,背景包括要求理解关于科学和技术的一些个人的、国家的和全球的问题，既包括当前的问题，也包括历史中的问题；知识是指形成基本的科学知识方面的知识，这些知识是理解重要的事实、概念以及对理论的解释，这些知识包括内容性知识、过程性知识和认知性知识三个方面的知识：内容性知识包括自然界的知识和技术人造世界的技术、知识，过程性知识是指这些知识是如何产生的，认知性知识则是指理解产生知识程序的基本原理及其使用理由。能力包括解释科学现象的能力、评估和设计科学探究的能力、解释科学数据和证据的能力。态度是指一系列的关于科学和技术的兴趣、适当地评价用于科学探究的科学方法，感知并具有环境问题的意识。这四个方面的关系是以能力为核心，背景、知识和态度三个方面都指向能力。

在 PISA2015 框架中，为保证评估项目开发的效度，在框架中还给出了 PISA2015 测评科学素养的主要能力、各知识点所占比例、各科学能力所占比例等。PISA2015 科学素养框架的主要测评能力如表 3-17 所示。

表 3-17　PISA2015 科学素养框架的主要测评能力

| 能力 | 知识 | 态度 |
|---|---|---|
| 解释科学现象 | 内容知识：物质系统、生命系统、地球和空间系统 | 对科学的兴趣 |
| 评估和设计科学探究 | 程序性知识 | 评价用于探究的科学方法 |
| 解释科学数据和证据 | 认知性知识 | 环境意识 |

注：资料来源为 OECD. PISA 2015 Science Framework [EB/OL]. http://www.oecd-ilibrary.org/education/pisa-2015-assessment-and-analytical-framework/pisa-2015-science-framework_9789264255425-3-en, 2017-9-20.

PISA2015 框架还发布了内容知识和三类知识在测试项目中的占比，详见表 3-18。

表 3-18　PISA2015 框架中三类知识在测试项目中的占比

| 知识类型 | 内容知识 | | | |
|---|---|---|---|---|
| | 物质/% | 生命/% | 地球和宇宙/% | 总百分比/% |
| 内容性知识 | 20~24 | 20~24 | 14~18 | 54~66 |
| 过程性知识 | 7~11 | 7~11 | 5~9 | 19~31 |

| 知识类型 | 内容知识 | | | |
|---|---|---|---|---|
| | 物质/% | 生命/% | 地球和宇宙/% | 总百分比/% |
| 认知性知识 | 4～8 | 4～8 | 2～6 | 10～22 |
| 总百分比 | 36 | 36 | 28 | 100 |

注:资料来源为 OECD. PISA 2015 Science Framework [EB/OL]. http://www.oecd-ilibrary.org/education/pisa-2015-assessment-and-analytical-framework/pisa-2015-science-framework _ 9789264255425-3-en, 2017-9-20.

由表 3-18 可以看出,从各项目中知识的要求分布来看,物质系统和生命系统的要求最高且比例相等;从知识类型的要求来看,对内容性知识的考查要求显著高于其他两类知识。此外,PISA2015 框架还公布了三种科学能力在评估项目中的要求比例,如表 3-19 所示。

表 3-19　PISA2015 框架中科学能力在评估项目中的要求比例

| 科　学　能　力 | 要求比例/% |
|---|---|
| 解释科学现象 | 40～50 |
| 评估和设计科学探究 | 20～30 |
| 解释科学数据和证据 | 30～40 |

注:资料来源为 OECD. PISA 2015 Science Framework [EB/OL]. http://www.oecd-ilibrary.org/education/pisa-2015-assessment-and-analytical-framework/pisa-2015-science-framework _ 9789264255425-3-en, 2017-9-20.

从表 3-19 可以看出,在构成科学素养的三大能力中,解释科学现象的能力占比最高,其次是解释科学数据和证据的能力,评估和设计科学探究能力占比最低。在评估项目开发中,PISA2015 框架除了给出上述知识、能力要求的占比外,在关于背景知识的评估项目开发中,个人、国家(地区)和全球的占比与 PISA2006 相近,分别为 1∶2∶1,与此同时,这些内容的选择贯穿于各系统知识和各能力要求中。

为了实现 PISA2015 的测评目标,PISA2015 框架还开发了学生科学量表,其中能力水平划分及描述如表 3-20 所示,该能力描述建立在能力是如何发展的理念之上。

表 3 - 20  PISA2015 学生科学量表中能力水平及其表述

| 水平 | 描　述 |
|---|---|
| 6 | 学生能在需要高水平的认知要求的各种复杂生活情境中使用内容知识、程序知识和认知知识一致性地提供解释、评估和设计科学探究以及解释数据。他们能从一系列数据资源和各种情境中做出合适的推理，能够提供多步因果关系的解释。他们可以始终如一地区分科学问题和非科学问题，解释调查的目的，并在特定的科学调查或自己的实验设计中控制相关变量。他们可以转换数据表示，解释复杂数据，并表现出能够对任何科学观点（scientific claims）的可靠性和准确性作出适当判断的能力。学生在需要使用模型和抽象概念方面表现出良好的科学思维和推理，并在不熟悉和复杂的情况下使用这种推理。他们可以在个人、地方和全球背景下进行论证，对数据、模型、解释和实验设计发表评论并进行评估。 |
| 5 | 学生可以在各种各样的生活情境中使用内容、程序和认知知识，提供科学现象解释，评估和设计科学探究，以及解释数据，但并非在所有的情况下都要求高认知水平。他们从复杂的数据源和各种情境中进行推理，并可以解释一些多步骤的因果关系。一般来说，他们可以区分科学和非科学问题，解释探究的目的，并在给定的科学探究或自己的实验设计中控制相关变量。他们可以转换一些数据表示，解释复杂的数据，并表现出能够对任何科学观点的可靠性和准确性作出适当判断的能力。学生在需要使用模型和抽象概念方面表现出良好的科学思维和推理，并在不熟悉、复杂的情况下使用这种推理。他们可以在个人、地方和全球背景下进行论证，对数据、模型、解释和实验设计发表评论和进行评估。 |
| 4 | 学生可以在各种各样的生活情境中使用内容、程序和认知知识，提供科学现象解释，评估和设计科学探究和解释数据，这些情况都要求中等认知水平。他们可以从不同的数据源中做出推理，在不同的情境中解释因果关系。他们可以区分科学和非科学问题，解释一些但不是所有的科学探究的目的，并解释他们自己设计的实验。他们可以转换和解释数据，并对任何科学观点有一定的了解。水平 4 的学生表现出能联系科学思维和推理，并可以将其应用到不熟悉的情境中。他们可以在个人、地方和全球背景下进行简单的论证，对数据、模型、解释和实验设计发表评论和进行评估。 |
| 3 | 学生可以在一些给定的生活情境中使用内容、程序和认知知识，提供科学现象解释，评估和设计科学探究和解释数据，这些情况都要求较低的中等认知水平。他们可以从数据源中做出部分推理，在不同的情境中解释简单的因果关系。他们可以区分部分科学问题和非科学问题，在给定的科学探究或者自己设计的实验中能控制一部分变量。他们能解释和转换简单的数据，能够对科学观点进行评论。水平 3 的学生表现出能部分联系科学思维和推理，并能在熟悉的情境中使用。他们可以在一些个人、地方和全球背景下进行简单的论证，对数据的解释、模型、实验设计进行部分的论证。 |
| 2 | 学生可以在一些给定的熟悉的生活情境中使用内容、程序和认知知识，提供科学现象解释，评估和设计科学探究以及解释数据，这些情况下对认知水平要求较低。他们可以从数据源中做出部分推理，在不同的情境中描述简单的因果关系。他们能区别一些简单的科学和非科学的问题，在一个给定的科学探究中 |

续　表

| 水平 | 描　述 |
| --- | --- |
|  | 或在一个简单的实验设计中区分独立变量和从属变量。他们能解释和转换简单的数据,能找出直接的错误,并对科学观点的可信性作出有效的评论。他们可以在一些个人、地方和全球背景下进行简单的论证,对数据、模型、解释和实验设计进行部分的论证。 |
| 1a | 学生可以在一些熟悉的生活情境中使用很少一部分内容、程序和认知知识,提供解释,评估和设计科学探究和解释数据,这些情况下对认知水平要求低。他们能使用很少的数据源,能描述一些简单的因果关系。他们能区别一些简单的科学和非科学的问题,在一个给定的科学探究中或在一个简单的实验设计中定义变量。他们可以部分地转换和描述简单的数据,并将它们直接应用到一些熟悉的情况下。学生可以在一些熟悉的个人、地方和全球背景下评论主流论点,数据的解释和实验设计的优点。 |
| 1b | 学生可以在一些熟悉的生活情境中使用几乎很少一部分内容、程序和认知知识,提供解释,评估和设计科学探究和解释数据,这些情况对认知水平要求低。他们能够在一些熟悉的情景中识别数据源中的简单模式,并且可以尝试描述简单的因果关系。他们可以在给定的科学探究中或在自己的简单设计中识别变量。他们能试图转换和描述简单的数据,并将它们直接应用于一些熟悉的情况中 |

注:资料来源为 OECD. PISA 2015 Science Framework [EB/OL]. http://www.oecd-ilibrary.org/education/pisa-2015-assessment-and-analytical-framework/pisa-2015-science-framework _ 9789264255425-3-en, 2017 - 9 - 20.

由表 3 - 20 可知,在 PISA2015 科学素养测评框架中,对科学素养水平的描述具有如下特点:首先,从对生活情境的熟悉程度、使用知识的数量以及所需要认知水平的深度对科学素养的水平进行描述;其次,根据数据源和情境的复杂程度,以及描述因果关系的复杂性来刻画科学素养的水平;最后,从区别科学问题和非科学问题以及在不同复杂程度情境中的科学推理能力方面刻画科学素养水平。

在对 PISA 科学学习领域测评有了整体了解之后,接下来对 PISA 科学素养中科学推理能力的表现进行分析。自 2000 年 PISA 提出科学素养以来,科学素养在最初的科学情景、科学知识和科学能力等方面逐渐得到完善,2006年的 PISA 科学素养框架中新增了科学态度。PISA2015 的科学素养定义和PISA2006 年基本一致。PISA2015 的科学素养包括三个方面的能力:解释科学现象、评估和设计科学探究、解释科学数据和证据。解释科学现象的能力是指学生能够识别、提供和评价一系列关于自然现象和技术解释的能力;评估和设计科学探究能力是指学生能够描述和评价科学调查,提出解决科学问题方法的能力;解释科学数据和证据的能力是指学生能够分析和评估各种陈述中的数据、主张和论据,并得出适当的科学结论的能力。根据本研究的目的,接下来对 PISA2015 的科学素养要求中关于科学推理能力的要求进行分析,结果如表 3-21 所示。

表 3-21　PISA2015 的科学素养要求中的关于科学推理能力要求

| 科学素养中的能力 | 与科学推理能力相关的要求 |
| --- | --- |
| 解释科学现象 | 作出预测并对其进行解释;作出可解释的假设 |
| 评估和设计科学探究 | 识别可探究的科学问题;提出某一给定科学问题的探究方法;评估探究某一给定科学问题的方法;描述和评价科学家用来确保数据的可靠性、客观性和普适性的一系列方法 |
| 解释科学数据和证据 | 分析和解释数据并得出合适的结论;在科学相关的文本中,识别臆断、证据和推理;区别基于科学证据和理论的论证(论点)和基于其他考虑的论点;评估来自不同资源(如报纸、互联网和期刊)的科学论点和证据 |

注:资料来源为 OECD. PISA 2015 Science Framework [EB/OL]. http://www.oecd-ilibrary.org/education/pisa-2015-assessment-and-analytical-framework/pisa-2015-science-framework_9789264255425-3-en, 2017-9-20.

由此可知,关于科学推理能力的要求渗透在科学素养的各能力中,特别是科学问题的提出、科学探究设计以及对科学数据和证据解释的各环节中。

通过对 TIMSS 和 PISA 项目中科学推理能力表现的分析可知,TIMSS 对科学推理能力的要求更加明确。综合两个测评项目对科学推理能力的要求可知,当前重点关注的科学推理能力表现包括:提出可以通过调查(探究)来回答的问题;能根据生活经验、已有信息、知识及证据作出预测;能设计回答所提出的问题和检验假设的实验;能对不同来源的科学论点和证据进行评价;能对未回答的科学问题或检验假设的实验设计作出评价;能够根据观察、证据和已有知识作出推论,得出能回答科学问题或检验假设的结论。

### (四) 发达国家教育质量监测项目中科学推理能力表现的分析

#### 1. 美国 NAEP 中的科学推理分析

NAEP 是 national assessment of educational progress 的缩写,一般译为

美国国家教育进步评估,是美国国家一级长期实施的具有全国代表性的教育评估项目,在世界范围内产生了重大的影响,为其他国家教育质量监测体系的构建提供了参考。美国 NAEP 的创建经历了四个时期:1963—1969 年,各利益群体之间持续博弈的艰难创立时期;1969—1983 年,由私人投资到政府拨款的平稳发展期;1983—2001 年,州评价实践的历史突破时期;2001 年至今,从自愿到强制的新发展阶段①。

当前,美国 NAEP 评估项目主要包括国家级评价(或全国评价)和州级评价,目的是了解国家和各州学生在核心学习领域的学习成就。根据研究目的,下文主要对国家评价进行简要介绍。国家评价的科目包括阅读、数学、科学、美国历史等九个科目,全国评价每年实施一次,但每次只选择其中的几个科目进行测评。该项目的测评样本是 4 年级、8 年级和 12 年级的学生,每次测评只选择两个年级的学生参加。此外,为了解有关青少年在学业成就方面长期发展的情况,美国 NAEP 还进行长期趋势评价。该评价每四年举行一次,评价的科目是数学、阅读、写作和科学,其测试对象是 9 岁、13 岁和 17 岁的学生。表 3-22 呈现了美国 2008—2017 年 NAEP 的测评科目及年级。

表 3-22 美国 2008—2017 年 NAEP 国家测评科目及年级

| 年份 | 测试科目和年级 | 年份 | 测试科目和年级 |
|---|---|---|---|
| 2017 | 4、8 年级:数学、阅读、写作、信息技术 | 2012 | 12 年级:经济学 |
| 2016 | 8 年级:艺术;4、8 年级:数字转换研究 | 2011 | 4 年级:数学和阅读;8 年级:数学、阅读和科学;12 年级:经济学 |
| 2015 | 4、8、12 年级:数学、阅读、科学 | 2010 | 4 年级:美国历史、公民、地理、写作、数学;8 年级:美国历史、公民、地理、数学;12 年级:美国历史、公民、地理 |
| 2014 | 4、8、12 年级:科学;8 年级:地理、美国历史 | 2009 | 4、8、12 年级:阅读、数学、科学 |
| 2013 | 4、8、12 年级:阅读、数学 | 2008 | 8 年级:音乐和视觉艺术 |

注:资料来源为 https://nces.ed.gov/nationsreportcard/about/booklets.aspx,2017-10-21。

① 杨涛,李曙光,姜宇.国际基础教育质量监测实践与经验[M].北京:北京师范大学出版社,2015:34-35.

　　从表 3-22 可以看出，美国国家教育进步评估从纵向上来看，涉及基础教育的各个关键阶段；从横向的测评内容上来看，涉及国家课程标准的各个科目，且特别注重阅读和数学这两个基础科目的测评。根据研究目的，接下来对美国国家教育进步评估中的科学评估框架作简要分析。

　　美国 NAEP 科学评估及其报告的目的是告知国民全体学生科学素养目标的达成度。2015 年的科学评估框架与 2009 年的科学评估框架相同。该框架建立在科学课程标准、科学和认知最新研究、国际评估项目以及创新的评估方法的基础之上。研究结果根据学生的人口学因素，如性别、种族和地理区域，来比较学生的成就。此外，研究结果也提供了与学生、教师和学校背景变量相关的科学成就。该框架描述了作为评估基础的科学内容和科学实践，并讨论了一些项目类型和分布以及成就水平。

　　NAEP 科学内容由一系列语句描述的重要事实、概念、原理、规律和理论构成，主要从物质科学、生命科学和地球空间科学三个领域进行描述。科学实践包括识别科学原理、应用科学原理、开展科学探究、应用技术设计四个方面。此外，将科学内容和科学实践的掌握程度分为基础、熟练、高级三个等级①。

　　接下来，根据研究目的，对美国 NAEP 中科学推理能力的描述进行分析。关于科学推理能力要求的描述主要集中在科学实践部分。在 1996—2005 年 NAEP 科学实践中明确提出关于科学推理的要求有："认识和行动维度被组织成概念理解、科学调查和实践推理；评估包括关于实践推理的项目（如应用科学建议有效解决日常问题）。"②在 2009—2015 年 NAEP 中关于科学实践的要求更加精炼，指出科学实践的评估包括识别科学原理、应用科学原理、开展科学探究、应用技术设计四个方面，科学推理的要求则被整合在这四个维度中。此外，在科学实践的测评框架中还指出，准确和有效的科学交流能力对科学是非常重要的；量化推理也是科学的基础，它不仅包括计算能力（如通过给定一个物体的质量和体积确定它的密度），还包括建构一个系统的模型（如确定一个化学反应释放的能量）的能力。下面主要对 NAEP 中涉及科学推理

①② NAEP. What does the NAEP mathematics assessment measure? [EB/OL]. http://nces. Ed. gov/nationsreportcard/mathematics/whatmeasure. asp, 2017-10-16.

的内容进行分析①。

应用科学原理是指科学家们和知情的公民都可以使用观测模式和理论模型来预测和解释他们现在或将来会做的观察,主要包括四个方面的表现要求。在应用科学原理中虽然没有直接对科学推理能力做出明确要求,但在其表现要求中内含了科学推理能力。例如:解释科学现象的观察结果(根据内容陈述使用科学原理),预测现象的观察结果(根据内容陈述适用的科学原理,包括基于科学原理的定量预测,这些原理规定了变量之间的数量关系),给出一个解释科学原理的观察例子(如根据给定生物体的部分 DNA 序列识别可能的近亲序列),提出、分析、和/或评估替代性的解释或预测。

在使用科学探究部分指出,科学探究涉及相关数据的收集,运用逻辑推理,应用想象和基于证据的假设来解释数据模式。其中,在"用经验证据来验证或批判关于解释和预测的结论"中指出,检查论点的前提是否明确,特别注意当结论没有合乎逻辑地从证据中提出的情况。同时还指出,在 NAEP 测评中,当学生使用科学探究时,他们表现出对下列科学本质的认识:"当事实与意见混淆或结论不遵循来自证据的逻辑时,观点是错误的;在推理过程中,一个简单的例子不能支持一些事总是正确的,但是,一个简单的例子却能支持一些事是不正确的。如果一个以上的变量在同一时间内在实验中发生变化,那么实验的结果可能并不清楚地归因于任何一个变量。"②从这些科学探究促进学生科学本质观认识的分析可以看出,科学推理能力是科学探究的内在必然要求③。

此外,在该框架的附录 A 部分还说明该框架反映了国家标准和基准中对科学本质和科学实践的要求,并指出:"科学是一个自我修正的过程,也就是说,根据新的研究成果不断地对现有理论进行提炼。学生应该表现出的能力包括:从证据中作出有根据的推理;用证据证明基于科学探究的结论;表现出在科学内容的应用和对科学概念之间关系理解的推理能力。"④

① NAEP. What does the NAEP mathematics assessment measure? [EB/OL]. http://nces. Ed. gov/nationsreportcard/mathematics/whatmeasure. asp, 2017 - 10 - 16.
② 同上.
③④ NAEP. What Does the NAEP Mathematics Assessment Measure? [EB /OL]. http://nces. Ed. gov/nationsreportcard/mathematics/whatmeasure. asp, 2017 - 10 - 16.

### 2. 加拿大 PCAP 中科学推理能力的表现分析

加拿大 PCAP 是 pan-canadian assessment program 的简称,译为"泛加拿大评估计划"。PCAP 是由加拿大教育部长理事会(Council of Ministers of Education, CMEC)主要领导的加拿大全国性的学生学习评估项目。该测评项目的主要目的是向加拿大国民报告加拿大教育体系满足学生和社会需要的程度。PCAP 项目主要测评八年级学生在阅读、数学和科学方面的学习成就,这个项目每三年举行一次测评,已经形成了固定的测评周期。加拿大是一个联邦制国家,各省和地区都有各自的课程标准,因此,PCAP 评估与某个特定省或地区的课程不相关,而是衡量学生使用学习能力来解决现实生活中问题的情况,衡量学生在做什么,不试图评估学习方法。

加拿大较早的全国性学生学习评估项目是从 1993 年开始实施的学业成就指标测量方案,该方案主要测评加拿大学生在科学、数学、阅读及写作方面的学业成就。由于该测评项目在测试内容及方式上只测试可以用试卷测量的知识和技能,以及测评周期不固定,导致效率较低等方面的局限,加拿大教育部长理事会于 2003 年建议建立一个能反映加拿大课程变化的测评项目,从而提出实施泛加拿大评估计划。该评估计划从 2007 年春季开始实施,测评八年级的学生在阅读、数学和科学三个领域的学习成就,并每次选择一个核心领域进行测评,其余的两个领域则作为非核心领域测评,每三年测评一次。例如,2007 年测评的核心领域是阅读,2010 年测评的核心领域是数学,2013 年测评的核心领域是科学,2016 年测评的核心领域又是阅读。根据研究目的,接下来主要对 2013 年 PCAP 的科学测评框架作简要的分析。

PCAP 科学测评的主要目标是八年级学生的科学素养,并且认为培养学生的科学素养是学校科学教育的目标。科学素养概念是复杂的,同时也是制定科学测评框架的重要依据。PCAP 在借鉴 PISA 和 TIMSS 等大型测评项目、已有文献、本国学生学业成绩指标项目(School Achievement Indicators Program, SAIP)等经验的基础之上,给出了 PCAP 科学素养定义:

科学素养是发展学生理解科学本质的能力,学生能用与科学相关的态度、技能和知识进行探究、解决问题并进行科学推理,从而理解与科学相关的问题并做出有依据的决策。①

PCAP 科学测评内容包括在一个给定的情境中三个方面的能力、四个领域的知识和科学态度这几个方面,其中三个能力是指科学探究能力、问题解决能力和科学推理能力,四个知识领域是指物质科学、生命科学、地球科学和科学的本质,它们的关系如图 3-1 所示。

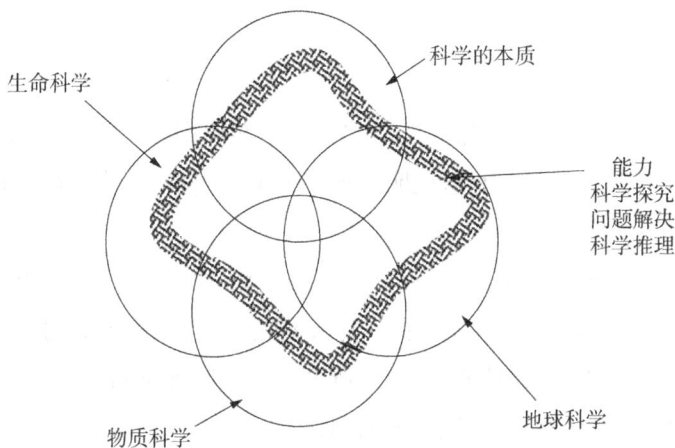

图 3-1 PCAP 科学测评框架

PCAP 科学测评框架还给出测评知识领域和能力在测试题中的占比情况作为测试题目开发时的依据,分别如表 3-23、表 3-24 所示。

表 3-23 PCAP 科学测评中各种能力的所占比例

| 能力 | 比例/% |
| --- | --- |
| 科学探究 | 30~40 |
| 问题解决 | 10~25 |
| 科学推理 | 35~45 |

注:资料来源为 CMEC. Pan-Canadian Assessment Program (PCAP) Science Assessment Framework [EB/OL]. [2017-10-15] https://www. cmec. ca/docs/pcap/pcap2013/PCAP-2013-Science-Assessment-Framework-EN. pdf.

① CMEC. Pan-Canadian Assessment Program (PCAP) Science Assessment Framework [EB/OL]. [2017-10-15] https://www. cmec. ca/docs/pcap/pcap2013/PCAP-2013-Science-Assessment-Framework-EN. pdf.

表 3-24    PCAP 科学测评中不同内容知识的所占比例

| 内容知识 | 比例/% |
|---|---|
| 科学本质 | 25～35 |
| 物质科学 | 20～30 |
| 生命科学 | 25～35 |
| 地球科学 | 10～25 |

注:资料来源为 CMEC. Pan-Canadian Assessment Program (PCAP) Science Assessment Framework [EB/OL]. [2017 - 10 - 15] https://www. cmec. ca/docs/pcap/pcap2013/PCAP-2013-Science-Assessment-Framework-EN. pdf.

由表 3-23 可以看出,加拿大 PCAP 科学测评中科学推理能力测评占比最高,其次是科学探究能力,这说明在加拿大 PCAP 科学测评项目中,尤为重视科学推理这一科学思维。

由表 3-24 可以看出,加拿大 PCAP 科学测评中科学本质和生命科学这两个领域内容所占比例最高且相等,其次是物质科学领域,地球科学领域的测评内容占比最少,这说明在加拿大 PCAP 科学测评项目中,更加突出对科学本质和生命科学这两个领域知识的测评。

以上是对加拿大 PCAP 科学学习领域测评框架的整体分析,接下来将对该框架中科学推理能力的表现进行分析。

在加拿大 PCAP 科学领域测评中,将科学推理作为与科学探究、问题解决并列的三大能力之一,并且所占比例最高。那么,在加拿大 PCAP 科学领域测评框架中,科学推理能力的内涵是如何定义的呢? 其能力要求如何? 下文对框架中关于这两个问题的内容进行分析。

科学推理能力是指学生能够运用科学知识和技能(方法)进行科学推理并建立联系,作出决定并处理涉及科学、技术、社会和环境的问题。它涉及比较、合理化(rationalization)、学生根据现有理论或参照系(或观点,frame of reference)的关系进行推理。学生通过运用他们的科学知识、技能,以及他们对科学本质的理解来应用这一能力,从而做出明智的、基于证据的决定。他们能将得出的结论与现有的参照系或观点进行比较。学生能识别问题或事件(questions or issues),并获取说明这些问题或事件的科学知识。加拿大 PCAP 科学领域评估学生科学推理能力的要求如表 3-25 所示。

表 3-25　PCAP 中的科学能力要求

| 关于科学推理能力要求的描述 | |
| --- | --- |
| • 识别模式 | • 使用科学推理来理解与科学相关的事件 |
| • 提供合理论据 | • 给出根据所提供的证据而做出决策的原因 |
| • 验证结论 | |
| • 判断论据的有效性 | • 识别对事件所做决策的主观性和局限性 |
| • 从证据中构建有效的论据和解释 | • 开发和使用模型 |
| • 结合科学观点，建立一个相互关联的整体 | • 尊重和支持基于证据的知识 |
| • 使用推理，以便对证据中的某一特定问题作出明智的决定 | • 对与科学相关的事件感兴趣和具有问题意识 |

注:资料来源为 CMEC. Pan-Canadian Assessment Program (PCAP) Science Assessment Framework [EB/OL]. [2017 - 10 - 15] https://www. cmec. ca/docs/pcap/pcap2013/PCAP-2013-Science-Assessment-Framework-EN. pdf.

　　从表 3-25 可以看出,PCAP 科学测评项目中对科学推理能力的要求不仅提出了对科学推理能力所应该具备技能的要求,同时,还要求学生对基于证据的知识的尊重,与此同时,还注重学生对科学兴趣及问题意识的要求。

### 3. 英国 NCA 中科学推理能力的表现分析

　　英国的全国性基础教育质量监测项目是国家课程评估(National Curriculum Assessment, NCA),该课程评估最初是通过一种基于标准的测试来进行的,因此也叫作标准成绩测试(Standard Attainment Tests, SATs)[1]。自 2012 年起,英国国家课程评估开始由标准和测试局(Standards and Testing Agency, STA)组织实施。英国国家课程评估每年对 KS1(7 岁末)和 KS2 阶段(11 岁末)的学生进行统一评价[2]。测评的科目有数学、英语、科学三个核心科目和信息与交流技术、现代外语、体育等非核心科目。测评方式包括国家统一的正式测验和教师主导的非正式评价。正式测验主要是以纸笔测验为主,教师评价则由教师根据对学生的观察、作业、课堂表现等方面对学生进行评价。其中,KS1 阶段学生每年接受数学和英语的国家统一测评,科学科

---

① 王玉洁.英国基础教育科学学科质量监测研究:以关键阶段 2 为例[D].武汉:华中师范大学,2015:22.

② 杨涛,李曙光,姜宇.国际基础教育质量监测实践与经验[M].北京:北京师范大学出版社,2015:80.

目为教师测评；KS2 阶段学生每年接受数学和英语科目的国家统一测评，科学科目则接受全国统一的测评或教师评价。从 2010 年开始，对科学科目的评价采用抽样测验，并从 2013 年开始，科学课程的评价形成了固定的两年一次的抽样测验。根据本研究的目的，主要对最近进行的 2016 年开展的 KS2 阶段科学抽样测验框架（Key stage 2 science sampling test framework：national curriculum tests from 2016，简称 KS2 框架）进行简要的分析。

KS2 框架是基于 2014 年新颁布的英国国家科学课程标准进行编制的，同时，也是首次对新颁布的国家科学课程标准进行的评估。该框架详述了 KS2 科学抽样测评的目的、形式、内容和认知领域的要求。测评的目的是评估小学生在 2014 年国家科学课程标准中的表现。测试的形式是学生完成三份不同学习内容的试卷，每份试卷 25 分钟，测试时间共 75 分钟，其中，每个学习内容一共有 5 个版本的试卷，每个学生将被分配完成其中的一个版本，学生得到每一份学习内容的试卷顺序也不同。表 3 - 26 显示了测试的形式。

表 3 - 26　英国 SATs 每个小学生的测试形式

| 测试卷 | 学习领域 | 试卷数 | 总分 | 时间/min |
| --- | --- | --- | --- | --- |
| 试卷 b | 生物 | 1(5 个版本中选 1) | 22 | 25 |
| 试卷 C | 化学 | 1(5 个版本中选 1) | 22 | 25 |
| 试卷 p | 物理 | 1(5 个版本中选 1) | 22 | 25 |
| —— | 总计 | 3 | 66 | 75 |

注：资料来源为 Standars &. Testing Agence. 2016 KS2 science sampling framework [EB/OL]. [2017 - 10 - 20] https://www. gov. uk/government/uploads/system/uploads/attachment _data/file/439614/ 2016_KS2_Sciencesampling_framework_PDFA. pdf.

从表 3 - 26 可以看出，在英国 KS2 科学测评中，生物、化学、物理三个学习领域的测评分数占比和时间占比是相同的，这说明这三个学习领域在英国受到同等的重视。

测评的内容不仅包括生物、化学和物理三个科目的知识领域的学习内容，还包括"科学地工作（working scientifically）"，并且单独要求将"科学地工作"作为测评内容进行描述。"科学地工作"是由国家科学课程标准提出的，代替了 1999 年英国国家课程标准的"科学探究"。在 2016 年的科学测评中，"科学地工作"不再单独进行测评，被整合到生物、化学和物理三个学习科目中，包括计划、实施、测量、记录、得出结论、报告以及后续工作这七个方面的要求。

以上是对英国 NCA 测评项目的简要介绍,根据研究目的,尝试回答两个问题:英国 NCA 中的科学推理测评有哪些要求,这些要求的深度如何。下面将对 KS2 框架中关于科学推理内容的描述及深度要求进行分析,对"科学地工作"领域中有关科学推理能力的要求进行分析,结果如表 3-27 所示。

表 3-27 英国"科学地工作"领域中关于科学推理能力的内容要求

| 主题 | 能力要求的描述 | 关键阶段<br>(较低/高) |
| --- | --- | --- |
| 计划 | 计划用不同类型的科学探究回答问题,包括在必要时识别和控制变量 | 较高 |
| 结论 | 使用结果得出简单的结论,对新的价值进行预测,提出改进和进一步提高的问题 | 较低 |
| | 使用简单的科学证据来回答问题,或者支持他们的发现 | 较低 |
| | 定义用来支持或驳斥观点或论据的科学证据 | 较高 |
| 报告 | 根据探究报告呈现科学发现,包括以口头或者书面的形式报告结论、因果关系、解释结果和结果的信度 | 较高 |
| 后续工作 | 用测试的结果做出预测,用于进一步的实施比较和更加公平的测试 | 较高 |

注:资料来源为 Standars & Testing Agence. 2016 KS2 science sampling framework [EB/OL]. [2017 - 10 - 20] https://www. gov. uk/government/uploads/system/uploads/attachment_data/file/439614/ 2016_KS2_Sciencesampling_framework_PDFA. pdf.

从表 3-27 可以看出,在英国 NCA 中的科学推理能力测评主要集中在计划、结论、报告和后续工作四个环节中,这体现了科学推理主要贯穿于问题的提出、做出基于证据的结论、用科学语言报告研究结论以及反思交流等科学发现环节中。总之,学生应该能够在熟悉和不熟悉的环境中,回忆、使用和应用他们关于"科学地工作"的知识、理解和技能。对科学推理而言就是:能够运用自身对科学概念的理解,从数据中得出有效的结论;使用数据对缺失值进行预测;认识证据的有效性和可靠性以及事实与观点的区别;确定或使用证据来支持或驳斥观点或论点[1]。

---

[1] Standars & Testing Agence. 2016 KS2 science sampling framework [EB/OL]. (2017 - 10 - 20) https://www. gov. uk/government/uploads/system/uploads/attachment_data/ file/439614/2016_KS2_Sciencesampling_framework_PDFA. pdf, 2017 - 10 - 20.

### 4. 澳大利亚 NAP - SL 中科学推理能力的表现分析

NAP 是"The National Assessment Program"的简称,可译为澳大利亚国家评估项目。它是通过政府、教育部门、学校和社区检验年轻的澳大利亚人是否达到了重要的教育成果的措施。在一个人们日益流动的世界里,大多数学生可以在澳大利亚和海外的一系列地方生活和工作。重要的是,在澳大利亚,全国各地要有一致和很好理解的学生成绩的衡量标准,并将这些评估的结果用于今后的政策制定、资源分配、课程规划以及必要时的干预计划。NAP 提供了有关学生成绩的全国性可比证据。通过参加这些评估,学校不仅使自己的学生受益,而且使各州和地区的学生受益。澳大利亚 NAP 分为两类:一类是每年都测评的文学和算数能力,该项目名称为"The National Assessment Program-Literacy and Numeracy(简称 NAPLAN)";另一类是抽样测评的领域,项目名称是"The NAP sample assessments",测试内容包括科学素养、ICT 素养和公民与公民权。

抽样测评项目测查的内容包括科学素养(science literacy, NAP - SL)、ICT 素养(information and communication technology literacy, NAP - ICTL)和公民与公民权(civics and citizenship, NAP - CC)这三个领域。这些领域的内容抽样测查的对象是六年级和十年级的学生,并且科学素养内容仅针对六年级的学生开展测评。这三个领域每年选择一个领域进行测评,三年一个循环。根据本研究的目的,接下来对科学素养领域测评的最新框架(National Assessment Program-Science Literacy Assessment Framework 2015,简称"2015NAP - SL 框架")进行分析。

NAP - SL 第一次开展测评是 2003 年,之后分别于 2006 年、2009 年、2012 年和 2015 年开展测评。NAP - SL 只测评六年级学生的科学素养,因为澳大利亚教育、就业、培训和青少年事务部长委员会(现为澳大利亚教育委员会)同意使用国际学生评估项目(PISA)中关于科学素养的测评结果作为中学生的表现[①]。2015 年 NAP - SL 的一个重要特点是制定了科学素养评估框架,它的制定基于澳大利亚小学科学课程标准。下面对 2015NAP - SL 框架

---

① ACARA. Science literacy [EB/OL]. (2017 - 10 - 25) http://www. nap. edu. au/nap-sample-assessments/science-literacy, 2017 - 10 - 25.

进行简要的分析。

NAP-SL 之前的测评是参考 PISA 框架的,故而测评内容包括科学素养进展图和主要的科学概念这两个部分。其中,科学素养进展图包括三个方面的内容:制定或确定可调查研究的问题和假设、计划科学探究和收集证据;根据学生自己或他人的数据解释证据并作出结论,评价证据和别人论据的可行性,交流发现;应用科学理解描述和解释自然现象以及解释有关现象的报告。主要的科学概念包括地球和空间、能量和力、生命体、物质。澳大利亚 2010 年颁布的国家科学课程标准包括三个方面的内容:科学理解、科学作为一种人类的努力、科学探究能力。其中,科学理解包括地球和空间科学、物理科学、生物学和化学这四个学科领域;科学作为一种人类的努力包括科学的本质和发展、科学的应用和影响这两方面的内容;科学探究能力包括提出问题和做出预测、计划和实施、收集和分析数据和信息、评估、交流这五个环节。那么,新课程标准与科学素养进展图中的内容有什么关系呢? 2015NAP-SL 测评框架给出了它们之间的关系,详见表 3-28。

表 3-28 澳大利亚科学素养进展图与科学课程标准的联系

| 科学素养进展图 | 科学课程标准 |
| --- | --- |
| A. 制定或确定可调查研究的问题和假设、设计科学探究和收集证据的方案 | 提出问题和作出预测、计划和实施 科学作为一种人类的努力 |
| B. 根据学生自己或他人的数据解释证据和作出结论、评价证据和别人论据的可行性以及交流发现 | 收集和分析数据和信息、评估、交流这五个环节 科学作为一种人类的努力 |
| C. 应用科学理解描述和解释自然现象以及解释有关现象的报告 | 科学理解 科学作为一种人类的努力 |

注:资料来源为 ACARA. NAP-science literacy assessment framework [EB/OL]. [2017-10-25] http://www.nap.edu.au/docs/default-source/default-document-library/nap-sl2015_framework_final.pdf?sfvrsn=2.

此外,科学素养进展图中的主要科学概念包括地球和空间、能量和力、生命体、物质,分别对应科学课程标准的科学理解中的地球和空间科学、物理科学、生物学和化学。

2015NAP-SL 测评的内容将科学进展图和科学课程标准相结合,构成了 2015NAP-SL 测评框架。需要说明的是,科学努力相关理解的内容是

2015NAP－SL测评新增的，在以往的 NAP－SL 测评中并没有要求。此外，NAP－SL 测评中还将涉及与国家课程要求的七种一般能力中最相关的四种一般能力，它们是读写能力（literacy）、计算能力（numeracy）、ICT 素养、批判性和创造性思维。

　　2015NAP－SL 测评中科学探究技能和科学概念理解在测试项目中各占50％，科学概念理解对应的四个学科在测试题中的占比皆是 25％①。这表明两个问题：一是在 2015NAP－SL 测评中对科学探究和科学概念的测试要求同等重视；二是科学概念理解所对应的四个学科测试要求也是相同的。在2015NAP－SL 测评中对科学推理能力的要求在科学探究技能部分中体现，根据研究目的，接下来对其进行分析。

　　澳大利亚 NAP－SL 测评中对各种能力或内容要求从复杂性、抽象性和对对象或事件描述的程度（是什么、如何/怎么样和为什么）三个方面将其划分为 6 个水平。由于澳大利亚 2015NAP－SL 测评关注的是六年级学生的科学素养，因此只关注水平 2、3、4 三个水平的内容要求。现将科学素养进展图中第一、第二维度中涉及科学推理能力的水平进行分析，如表 3－29 所示。

表 3－29　澳大利亚 NAP－SL 进展图中的科学推理能力

| 水平 | A. 制定或确定可调查研究的问题和假设、设计科学探究和收集证据的方案 | B. 根据学生自己或他人的数据解释证据和得出结论、评价证据和别人论据的可行性以及交流发现 |
| --- | --- | --- |
| 6 | 用科学知识来提出问题，形成假设和预测，并确定可改变、测量和控制的变量 | 结论与数据一致，用科学概念和原理的术语解释与问题、假设或预测有关的模式和关系<br>对报告数据信度（如：足够的控制变量、测量的抽样或一致性、假设制定的方法）和数据与观点的一致性进行评论 |
| 5 | 对于实验制定科学的问题或假设，实验计划中大多数的变量被控制<br>当实验设计涉及多个独立变量时，可以识别被调查的问题 | 结论用科学概念解释数据中的模式，并与数据保持一致<br>对改进/扩展现有方法提出具体建议（如：控制无关变量，改变测量技术的某一方面） |

---

① ACARA. NAP-science literacy assessment framework [EB/OL]. (2017 - 10 - 25) http://www. nap. edu. au/docs/default-source/default-document-library/nap-sl2015_framework_final. pdf?sfvrsn=2, 2017 - 10 - 25.

| 水平 | A. 制定或确定可调查研究的问题和假设、设计科学探究和收集证据的方案 | B. 根据学生自己或他人的数据解释证据和得出结论、评价证据和别人论据的可行性以及交流发现 |
|---|---|---|
| 4 | 提出科学问题,定义可改变的变量,变量是可测量的,此外还至少标识一个可控制的变量 | 结论总结和解释科学数据中的模式能够提出改进调查的一般性建议(如:进行多次测量) |
| 3 | 提出简单的、可测试的科学问题,并作出预测<br>识别变量被改变和/或测量,但并不能表明变量被控制 | 以规则的形式识别和总结科学数据中的模式<br>通过推断和预测应用规则 |
| 2 | 在一个熟悉的情景中给出一个问题,确定一个可改变的变量/因素 | 对观察到的对象或事件进行比较<br>在一个简单的结果表中比较数据的各方面 |
| 1 | —— | —— |

注:资料来源为 ACARA. NAP-science literacy assessment framework [EB/OL]. [2017 - 10 - 25] http://www.nap.edu.au/docs/default-source/default-document-library/nap-sl2015_framework_final.pdf?sfvrsn=2.

从表 3 - 29 可以看出,在澳大利亚 NAP - SL 测评框架中,对科学推理能力的要求贯穿在科学探究的各环节中,并且主要出现在水平 3 及以上的要求中,这一方面说明科学推理的过程始终贯穿于科学探究的过程中,另一方面说明了科学推理是高阶思维。在澳大利亚 2015NAP - SL 测评中,一般能力的"批判性和创造性思维"也对科学推理能力作出了要求,如明确提出了"应用逻辑和推理"。

## (五) 小结

通过以上对 TIMSS、PISA 两个国际大型教育质量监测项目和四个发达国家科学教育质量监测项目的分析可以看出,TIMSS 科学测评项目和加拿大 PCAP 科学测评项目中明确提出了科学推理能力的内涵及其表现,其他测评项目中对科学推理能力表现的要求贯穿于科学探究的各过程中,但侧重点是科学探究思维层面的要求,不包含实验操作能力。通过对上述测评项目的分析,小学生科学推理能力的表现可以从提出问题/作出假设或预测、设计实验、证据评价、得出结论及应用、证明这五个维度进行描述,对各维度能力的表现归纳如下:

第一,提出问题、作出假设和预测维度的能力表现,即提出可以通过调查来回答的问题;能基于科学知识和经验、观察和/或科学信息的分析来形成可检验的假设;能根据关于调查设计的信息来预测调查结果;能根据生活经验、已有信息、知识及证据对遇到问题的结果做出预测;能用证据和科学知识预测条件改变所带来的影响。

第二,设计实验维度的能力表现,即能设计合适的调查或程序来回答科学问题或检验假设;从变量是可测量的、可控制的以及变量间的因果关系等方面来描述一项设计良好的科学调查。

第三,证据评价维度的能力表现,即能根据得出结论所用数据的充分性、可靠性、客观性对调查的结果进行评估;评估来自不同资源(如报纸、互联网和期刊)的科学观点;能识别对事件所做出决策的主观性和局限性;能通过权衡优缺点来对可选择的过程和材料做出选择;能对其他可选择的解释作出评价。

第四,得出结论并应用到新情景中维度的能力表现,即能基于观察、证据和科学概念的理解做出有效的推理;得出能解决问题或检验假设的结论;开发和使用模型;识别模式。

第五,证明维度的能力表现,即用证据和科学知识来支持合理的解释,解决问题和根据调查得出的结论。

## 四、小学生科学推理能力表现的专家调查与修订

在本部分中,遵循 TIMSS 教育质量监测的课程模型,即从预期的课程(intended curriculum)到实施的课程(implemented curriculum),最后到获得的课程(attained curriculum),分别从核心素养、小学课程标准、科学教育质量监测这三个方面分析了科学推理能力表现的描述,为了使这些对科学推理能力表现的描述适合我国小学生科学推理能力表现的要求,需要我国小学科学教育专家对其进行确认,这就是本研究的首要目的。其研究思路如下:首先整合 TIMSS 科学推理能力模型和加拿大 PCAP 科学推理能力模型,提出小学生科学推理能力模型假设;其次,根据模型假设,综合核心素养、小学课程标准、科学教育质量监测三个方面对科学推理能力表现的描

述,提出小学生科学推理能力表现的假设;最后,将小学生科学推理能力表现的假设编制成李克特量表进行专家调查,再根据专家调查的结果对假设进行修订。

**(一) 小学生科学推理能力表现的假设**

本研究所指的科学推理是一种个体有目的的科学知识探索和使科学理论与证据协调的高级思维活动,是个体修正和重构他们关于世界认识的理论而进行探究的思维活动;科学推理涉及提出、测验和修订理论,并反馈科学知识获取和改变的过程(详见第 2 章概念界定)。因此,本研究对小学生科学推理能力的表现将从提出问题/作出假设及预测、设计实验、证据评价、"推理、得出及应用结论"、证明这几个科学推理的基本过程进行描述,这主要参考TIMSS 中的科学推理能力框架。综合核心素养、小学课程标准、科学教育质量监测这三个方面对科学推理能力表现的描述,提出了小学生科学推理能力的维度及其表现(假设)(见表 3 - 30)。需要说明的是,为了从整体上测评小学生科学推理能力的水平,这里提出的对推理能力表现的要求是指小学阶段结束后的总要求,没有涉及科学推理能力的进阶。

表 3 - 30　小学生科学推理能力的维度及其表现(假设)

| 维度 | 表　现　描　述 |
| --- | --- |
| 提出问题、作出假设和预测 | ● 提出可以通过调查来回答的问题;根据所给的关于调查设计的信息来预测调查结果 |
| | ● 基于科学知识和经验知识、观察和/或科学信息的分析来形成可检验的假设 |
| | ● 用证据和科学知识预测条件改变所带来的影响 |
| 设计实验 | ● 设计合适的调查或过程来回答科学问题或检验假设 |
| | ● 从变量是可测量的、可控制的和变量间因果关系方面来描述一项设计良好的科学调查 |
| 证据评价 | ● 根据得出结论所用数据的充分性(可靠性、客观性)对调查的结果进行评估 |
| | ● 评估来自不同资源(如报纸、互联网和期刊)的科学论证(观点、论点) |
| | ● 通过权衡优缺点来对可选择的过程和材料作出选择 |
| | ● 评价其他可选择的解释 |

续　表

| 维度 | 表　现　描　述 |
|---|---|
| 推理、得出及应用结论 | ● 基于观察、证据和科学概念的理解做出有效的推理<br>● 得出能解决问题或验证假设的结论<br>● 将调查结论应用到新的情境中<br>● 识别模式(模式指事情发生、发展、完成的方式)<br>● 开发和使用模型 |
| 证明 | ● 用证据和科学知识来支持合理的解释,解决问题和根据调查得出的结论 |

### (二) 小学生科学推理能力表现的专家调查

#### 1. 调查目的

以上关于"小学生科学推理能力表现的要求"是基于国际比较的视角得出来的,这些关于科学推理能力的要求是否适合我国的小学生呢? 带着这样的问题,本研究将这些能力要求编制成李克特量表(详见附录一),进行专家咨询。

#### 2. 调查对象及分析方法

根据研究的目的,本次咨询的对象为具有一定小学科学教学经验的科学教师(职称在小学一级以上)、小学科学教研员以及大学科学学科的课程与教学论教师。调查的方法为网络调查,具体的做法是用问卷星编制问卷,小学一线教师由当地小学教研员动员(小学教研员多为中国教育学会科学教育分会的会员),通过与小学一线教师沟通并邀请其填写问卷;大学科学学科的课程与教学论教师也是采用同样的方式进行调查,针对知名的科学教育领域专家,则专门邀请其帮忙填写问卷。调查结果用 SPSS22.0 进行统计分析。

#### 3. 调查样本的基本情况

通过网络调查,共收到 256 份问卷,样本的基本情况如表 3 - 31 所示,从该表中可以看出,参与本次调查的人员中女性较多,占到约三分之二的比例,这主要是因为从事小学科学教育的教师中女性较多。

表 3-31　参与小学科学推理能力表现调查人员的构成情况

| | | 人数 | 百分比/% | 有效的百分比/% | 累加百分比/% |
|---|---|---|---|---|---|
| 有效 | 男 | 96 | 36.2 | 36.2 | 36.2 |
| | 女 | 169 | 63.8 | 63.8 | 100.0 |
| | 总计 | 265 | 100.0 | 100.0 | |

表 3-32 是参与本次调查人员所从事工作构成的情况。本次调查对象包括小学一线科学教师(职称在一级以上)、小学科学教研员和大学科学学科课程与教学论教师,其中小学一线科学教师最多,占到 72%。选取这么多的一线教师参与调查,主要是因为一线教师更了解小学生的实际情况。这些一线教师都是当地科学学科教研员推荐的,具有较为丰富的小学科学教学经验。这些教研员和小学科学教师主要来自小学科学教育发展较好的浙江、重庆、广东、辽宁等省市。参与调查的大学科学课程与教学论教师主要来自物理、生物、化学等学科背景,大部分都有博士学位,对科学教育均有较深的理解。

表 3-32　参与小学科学推理能力表现调查的对象

| | | 人数 | 百分比/% | 有效的百分比/% | 累加百分比/% |
|---|---|---|---|---|---|
| 有效 | 小学一线科学教师 | 191 | 72.1 | 72.1 | 72.1 |
| | 小学科学教研员 | 51 | 19.2 | 19.2 | 91.3 |
| | 大学科学课程与教学论教师 | 23 | 8.7 | 8.7 | 100.0 |
| | 总计 | 265 | 100.0 | 100.0 | |

### 4. 调查结果

首先,对调查问卷进行信度检验,这是调查结果可靠性的保证。运行 SPSS22.0,对本调查问卷的信度进行分析,其结果如表 3-33 所示。

表 3-33　小学生科学推理能力表现问卷的信度分析

| Cronbach's Alpha | 以标准化项目为准的 Cronbach's Alpha | 项目个数 |
|---|---|---|
| 0.962 | 0.963 | 16 |

从表 3-33 可以看出,本问卷共涉及 16 个题目,其信度系数为 0.962,大

于 0.900,这说明这一份问卷的信度是理想的①,对其结果进行分析具有较高的信度。

将"小学生科学推理能力表现的问卷调查"的调查结果输入 SPSS22.0 进行描述性统计分析,并将统计结果按平均得分进行排序,结果如表 3-34 所示。

表 3-34 小学生科学推理能力表现调查的描述性统计资料

| 能力表现 | N | 平均数 | |
| --- | --- | --- | --- |
| | 样本量 | 平均得分 | 标准误差 |
| 表现 11 | 265 | 4.286 8 | 0.044 12 |
| 表现 16 | 265 | 4.245 3 | 0.042 62 |
| 表现 5 | 265 | 4.222 6 | 0.043 74 |
| 表现 3 | 265 | 4.215 1 | 0.042 56 |
| 表现 7 | 265 | 4.207 5 | 0.042 70 |
| 表现 4 | 265 | 4.196 2 | 0.044 06 |
| 表现 12 | 265 | 4.181 1 | 0.045 89 |
| 表现 1 | 265 | 4.132 1 | 0.045 11 |
| 表现 6 | 265 | 4.117 0 | 0.048 62 |
| 表现 2 | 265 | 4.105 7 | 0.047 38 |
| 表现 13 | 265 | 4.086 8 | 0.050 01 |
| 表现 9 | 265 | 4.049 1 | 0.052 71 |
| 表现 14 | 265 | 3.981 1 | 0.051 69 |
| 表现 15 | 265 | 3.969 8 | 0.054 23 |
| 表现 8 | 265 | 3.935 8 | 0.058 56 |
| 表现 10 | 265 | 3.886 8 | 0.055 13 |
| 有效的 N(listwise) | 265 | | |

从表 3-33 中可以看出,参与调查的 265 名教师中,对小学生科学推理能力表现的绝大部分比较认同。对小学生推理能力要求的 16 条表现中,除了第 8、10、14 和 15 这四条表现外,其余的 12 条表现的平均值均大于 4,表明调查者赞同这 12 条对小学生科学推理能力的要求。接下来对平均得分较低的 4 条表现进行分析。

① 张厚璨,龚耀先.心理测量学[M].杭州:浙江教育出版社,2012:191.

首先,对平均得分最低的第 10 条能力表现进行分析。第 10 条能力表现的要求是"评价其他的(可选择的)解释"。这一条能力表现的平均得分约为 3.88,标准误差为 0.055,在这些科学推理能力表现的调查中,平均得分最低。该条能力表现的要求主要体现在 TIMSS 的科学推理能力框架中,在其他国家的科学课程标准和国家教育质量监测框架中较少出现,结合本次调查的结果,故将此条能力表现删除。

第 8 条能力表现的描述是"评估来自不同资源(如报纸、互联网和期刊)的科学论证(观点、论点)"。与第 2 章中对科学推理概念的调查类似,我国学者对将科学推理的内涵理解为"科学推理就是理解和评价我们在大众杂志、报纸、新闻杂志以及一些普通的专业出版物中见到的科学发现"持不同的意见。这也再一次说明了我国科学教育领域的专家长期关注学校科学教育,较少关注学生对生活中科学新闻和科学发现的推理。追溯科学推理的基本就是要求学生能够将科学课堂上所学的知识运用到新情景中,就是要求学生能像科学家一样思考周围所遇到的问题,故而保留这一条对小学生科学推理能力的要求。

第 15 条能力表现的描述是"开发和使用模型"。这一条要求主要出自加拿大国家教育质量监测中关于科学推理能力测评要求和美国国家课程标准。仔细分析这一条能力表现可知,想要求学生能开发和使用模型,则学生必须根据已有的研究结论而推理得出,这涉及更高级别的推理要求,与此同时,考虑到小学生的认知发展主要是处于具体运算阶段,结合本次调查平均得分较低,标准误差也较大,故而考虑将这一条能力表现删除。

第 14 条能力表现的描述是"识别模式(模式指事情发生、发展、完成的方式)"。从对模式的解释中可以看出,识别模式的要求就是要求学生能根据研究结果、生活经验和已有科学知识,总结归纳得出研究对象发生、发展、完成的方式,是科学研究的目的之一,故而考虑保留这一条能力表现。

### (三) 小学生科学推理能力表现的修订

综合小学生科学推理能力表现问卷调查的分析,删除能力表现第 10 条和 15 条,得到对小学生科学推理能力表现的要求为 13 条,结果如表 3 - 35 所示。

表3-35 小学生科学推理能力的维度及其表现(修订稿)

| 维度 | 表现描述 |
|------|---------|
| 提出问题、作出假设和预测 | ● 提出可以通过调查来回答的问题；根据所给的关于调查设计的信息来预测调查结果<br>● 基于科学知识和经验知识、观察和/或科学信息的分析来形成可检验的假设<br>● 用证据和科学知识预测条件改变所带来的影响 |
| 设计实验 | ● 设计合适的调查或过程来回答科学问题或检验假设<br>● 从变量是可测量的、可控制的和变量间因果关系方面来描述一项设计良好的科学调查 |
| 证据评价 | ● 根据得出结论所用数据的充分性(可靠性、客观性)对调查的结果进行评估<br>● 评估来自不同资源(如报纸、互联网和期刊)的科学论证(观点、论点)<br>● 通过权衡优缺点来对可选择的过程和材料作出决定<br>● 基于观察、证据和科学概念的理解作出有效的推理 |
| 推理、得出及应用结论 | ● 得出能解决问题或验证假设的结论<br>● 将调查结论应用到新的情境中<br>● 识别模式(模式指事情发生、发展、完成的方式) |
| 证明 | ● 用证据和科学知识(科学观念)来支持合理的解释，解决问题，根据调查得出结论 |

修订后的"小学生科学推理能力表现"要求与假设相比，在总的一级维度上没有改变，只在二级维度上有适当的调整。修订后的"小学生科学推理能力表现"的要求将作为小学生科学推理能力调查工具开发的依据。

# 第四章

# 小学生科学推理能力的发展研究

　　了解小学生科学推理能力的发展情况,对小学科学课程标准的修订及小学科学课堂教学皆有参考意义。对小学生科学推理能力发展情况进行调查的首要任务是开发具有良好信效度的测评项目。小学生科学推理能力测评项目开发的思路:根据第一章研究最终确定的小学生科学推理能力的表现,在项目反应理论(item response theory, IRT)的指导下,对国际数学与科学学习趋势项目(TIMSS)和澳大利亚国家测评项目-科学素养(NAP - SL)中部分科学推理能力测评项目进行改编,用 Rasch 模型中的 Bond&FoxSteps 软件分别对两次测试结果进行检验并修订。此外,在两次调查之前,测试项目都经过科学教育专家的审读以及小学生的试测,以确保开发的测试项目具有较高的效度。在小学生科学推理能力发展研究方面,对小学生科学推理能力的调查结果进行年龄及性别差异分析。

## 一、研究目的与方法

　　根据本研究所提出的问题,本章的研究目的有四个:一是开发具有较高信效度的小学生科学推理能力测评项目;二是了解小学生科学推理能力的整体情况;三是了解随着年级的增长,小学生科学推理能力的特点;四是了解小学生科学推理能力是否存在性别差异。需要指出的是,小学生科学推理能力是一种高级思维能力,并且我国原先只有三至六年级开设科学课程,因此本研究调查的对象是三至六年级的小学生。

　　对测试项目的检验使用 Bond&FoxSteps 软件进行分析。对测验的结果用 SPSS22.0 和 Excel 软件进行描述性分析和假设检验。

## 二、小学生科学推理能力测验项目的研制

### (一) Rasch 模型：能力测评项目开发的理论基础

自 20 世纪以来，经典测量理论中用于指导测验编制和分析的理论得到迅速的发展。经典测量理论的核心内容包括真分数、信度、效度等概念。在经典测量理论中，观察分数等于真分数与误差分数之和。由于在操作过程中，真分数总是无法获得，从而使得用观察分数对学生能力或项目难度进行评价掺杂了大量的误差因素。因此，经典测量理论具有如下五个方面的局限：观察分数等权重线性累加的不合理性，测验对被试的评价依赖于测验的具体项目组合和项目数量，测验及项目的性能指标估计依赖于具体的被试样本，被试能力与项目难度两个指标含义的非同一性，测量误差估计的不精确性和笼统性①。

针对经典测量理论在指导测验编制和分析中存在的局限性，项目反应理论在此背景下孕育而生。项目反应理论在单维性假说、局部独立性假说和单调性假说的基础之上，提出了"潜在特质""项目特征曲线"等核心概念，开发了一系列的模型，其中 Rasch 模型被广泛地应用到科学教育测评中。接下来，将对作为本研究中小学生科学推理能力测评项目开发的指导模型——Rasch 模型，从理论基础、内涵及作为能力测评工具的开发方法三个方面进行简要回顾，以期为小学生科学推理能力测评工具的开发提供理论基础。

### 1. Rasch 模型的理论基础：项目反应理论

项目反应理论也被称作题目反应理论或潜在特质理论。该理论的核心思想是：测量对象是人潜在的心理品质，称为潜在特质。换句话来说，项目反应理论是依据各个测试项目的作答结果，通过数学模型运算，估计被试对象的能力水平或者潜在的心理特质②。何为潜在心理特质？心理学相关理论认为，人的行为是由人的心理品质决定的，这种心理品质一般被称为心理特质

---

① 罗照盛. 项目反应理论基础[M]. 北京：北京师范大学出版社，2012：1-3.
② 罗照盛. 项目反应理论基础[M]. 北京：北京师范大学出版社，2012：4.

（如学业测评中的能力）。然而，在实际的操作中，到目前为止，没有任何证据表明这种心理特质存在于人的生理结构或者物理结构中，故而将这种心理特质称为潜在特质。心理测量学家从测量学的角度讨论这种潜在特质的结构和性质，将这种潜在特质数量化，最终目的是希望通过测量个体在这些特质变量上的量数特征来预测个体的行为①。

与经典测量理论相比，项目反应理论克服了经典测量理论的样本依赖、测验项目依赖以及简单观察分数等权重线性累加的弊端，具有题目参数的估计不因样本不同而不同，被试能力的估计不因测验改变而改变，测量误差的估计不因被试能力水平的不同而不同的优点。从理论上说，项目反应理论有效地解决了经典测验理论无法建立被试得分与测验项目参数之间函数关系的问题②。

当前，项目反应理论在教育测评项目质量分析中得到了越来越多的应用。戴海琦教授探讨了运用项目反应理论编制的各种测验、题库建设以及基于题库的测验编制方法③。有学者对项目反应理论在大规模选拔性考试试题质量评价中的应用进行了研究。研究表明：项目反应理论分析测验质量具有项目参数跨样本不变性、对被试特质水平的估计不受测验项目影响等优点④。还有学者对运用项目反应理论对命题质量分析的程序和方法进行了探讨⑤。

### 2. Rasch 模型的特点及其使用要求

正如上面所说，项目反应理论的应用基于一定的数学模型。当前应用较广的项目反应理论模型是 Rasch 模型。Rasch 模型是丹麦数学与教育学

---

① 戴海琦，罗照盛.项目反应理论原理与当前应用热点概览[J].心理学探新，2013(5):392 - 395.

② 张敏强，刘晓瑜.项目反应模型的应用问题研究[J].心理学报，1998(4):436 - 441.

③ 戴海琦.基于项目反应理论的测验编制方法研究[J].考试研究，2006(4):31 - 44.

④ 赵守盈，石艳梅，朱丹.项目反应理论在大规模选拔性考试试题质量评价中的应用[J].教育学报，2013,9(1):71 - 77.

⑤ 王晓华，文剑冰.项目反应理论在教育考试命题质量评价中的应用[J].教育科学，2010(3):20 - 26.

家拉希(Rasch G)1960 年提出来的一个用来测量潜在特质的概率模型①。该模型的原理是：特定的被测者对特定的试题做出特定反应的概率可以用个体能力与该试题难度的一个简单函数来表示，其函数表达式如下：

$$P_{mi}(x_{mi}=1/\theta_m, \delta_i) = \exp(\theta_m - \delta_i)/[1 + \exp(\theta_m - \delta_i)]$$

$P_{mi}(x_{mi}=1/\theta_m, \delta_i)$ 指的是能力为 $(\theta_m)$ 的个体正确回答 $(x=1)$ 难度为 $(\delta_i)$ 的题目的概率②。

Rasch 模型最大的特点就是保证了测量的客观等距，这克服了经典测量理论中的样本依赖和题目依赖。与此同时，该模型还能将被试的潜在特质和测试项目的特性用同一个尺度表示。此外，为了使测量实现客观性的要求，Rasch 模型要求收集到的测量数据必须满足事先的标准和结构的要求，赖特(Wright B D)和斯通(Stone M H)指出，Rasch 模型对于客观测量需要满足两个方面的要求：第一个是对任何题目，能力高的个体应该比能力低的个体有更大可能作出正确的回答；第二个要求是任何个体在简单题目上的表现应该始终好于在困难题目上的表现③。

### 3. 应用 Rasch 模型开发测验工具的方法

当前，Rasch 模型用于检验测验工具的基本思路如下：首先，通过测评结果对测评项目进行一维性检验，以保证测验项目只测评测验目标的一个特质；其次，对测验项目进行拟合度检验，这是为了检验测验项目是否符合 Rasch 模型；此外，还应该对测评项目的功能差异性进行分析，例如进行项目的性别差异性分析(一项良好的测验项目一般不应该有性别差异)。这些步骤应该是一个循环的过程，直到项目的一维性、拟合值以及差异性分析都符合模型的要求为止。通过 Rasch 模型检验，修订后的测验项目就可以用于大规模的测评了。

我国有一部分学者运用 Rasch 模型对测验项目的质量分析进行了一些有

---

① Rasch G. Probabilistic models for some intelligence and attainment tests [M]. Copenhagen: institute of Educational Research, 1960.

② 晏子. 心理科学领域内的客观测量：Rasch 模型之特点及发展趋势[J]. 心理科学进展，2010(8)：1298-1305.

③ Wright B D, Stone M H. Best test design [M]. San Diego: Mesa Press, 1979：2-5.

益的尝试，如有的学者应用 Rasch 模型对研究生入学考试质量进行了分析①，还有学者基于 Rasch 模型对学生学科能力的表现水平进行了研究②③。

在科学教育领域，系统地介绍 Rasch 模型在教学测量中应用的知名学者是美国纽约州立大学的刘秀峰教授，他在专著 *Using and developing measurement instruments in science education：A Rasch modeling approach* 中介绍了运用 Rasch 模型开发教学测量的方法，并具体介绍了 Rasch 模型在概念理解测量、科学探究测量、学习进阶测量、学习环境测量等方面的应用④。这为运用 Rasch 模型进行科学教育的测量提供了具备可操作性的方法。

### (二) 测试工具设计思路

开发具有较高信效度的测评工具是开展能力测评的基本保障。首先，我们根据小学生科学推理能力的表现选择测试题。因为测试卷的开发需要进行专家论证、被试访谈等环节，且研究的时间和精力有限，所以本研究所选测试题主要源于 TIMSS 和澳大利亚 NAP - SL 的测试题，并对其进行了改编。其次，将选定的测试卷交给 6 位专业的研究人员(基本情况见表 4 - 1)进行科学性审读并修订。再次，将修订后的测试卷发给 3 位小学生(基本情况见表 4 - 2)进行试测，主要是了解测试卷的语言是否符合小学生的阅读习惯以及测试所需要的时间，并与他们交流有阅读障碍的地方以便进行修订；最后将修订后的测试卷进行试测，试测的结果通过 Rasch 模型进行分析。测试卷经过两轮试测检验和修订，最终形成正式的测试框架。其基本流程如图 4 - 1 所示：

---

① 赵守盈,何妃霞,陈维,等. Rasch 模型在研究生入学考试质量分析中的应用[J]. 教育研究,2012(6):61-65.
② 张莉娜,王磊. 对初中生化学变化认识表现水平的评价研究:基于 Rasch 模型[J]. 中学化学教学参考,2015(21):1-7.
③ 张燕华,郑国民,关惠文. 中学生语文学科能力表现:基于 Rasch 模型的语文测试评价[J]. 课程・教材・教法,2014,34(11):69-74.
④ Liu X. Using and developing measurement instruments in science education: a Rasch modeling approach. Science & Engineering Education Sources. [M]. P. O. Box 79049, Charlotte: IAP-Information Age Publishing, Inc., 2010.

表 4-1　参与测试卷修订的专家基本情况

| 专家编号 | 性别 | 学历 | 职称 | 现从事专业 |
|---|---|---|---|---|
| 1 | 男 | 博士 | 副教授 | 物理课程与教学论、科学教育 |
| 2 | 女 | 博士研究生 | 副教授 | 生物课程与教学论、科学教育 |
| 3 | 女 | 博士研究生 | 讲师 | 化学课程与教学论、科学教育 |
| 4 | 男 | 博士研究生 | 讲师 | 物理课程与教学论、科学教育 |
| 5 | 男 | 博士研究生 | 中学一级教师 | 物理课程与教学论、科学教育 |
| 6 | 女 | 硕士 | 小学一级教师 | 小学科学教师、教研组长 |

表 4-2　参与测试卷修订的小学生基本情况

| 学生编号 | 性别 | 年级 | 用时/min |
|---|---|---|---|
| 1 | 女 | 三年级 | 36 |
| 2 | 女 | 四年级 | 25 |
| 3 | 男 | 五年级 | 25 |

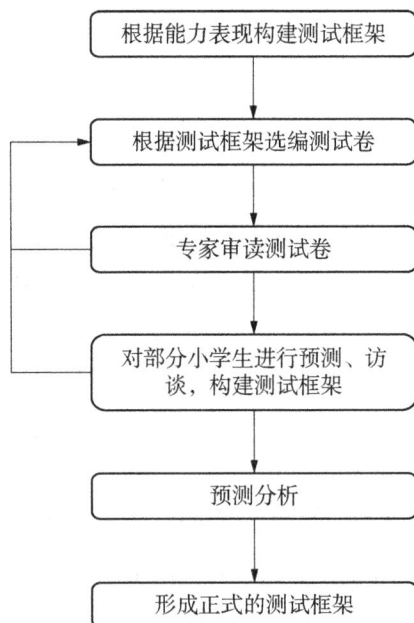

图 4-1　测试项目开发的流程图

### (三) 初测稿试题的结构

根据小学生科学推理能力的表现,分别选取了 TIMSS(2007)的 1 道测试题,2012 年澳大利亚 NAP-SL 项目中的 2 道测试题作为原题。为了相对全面地测量小学生的科学推理能力,本研究对其进行了改编。此外,为了使试题的表述更适合我国小学生的阅读习惯,进而提高测试题的效度,研究还邀请了 2 名小学生对改编后的测试题进行访谈。当遇到小学生读不懂的地方时,笔者给他们解释测试题的出题意图,并请他们重新描述以使试题易于理解,进而修改测试题。经过修改后的测试题的结构如表 4-3 所示(具体测试项目见附件二第一部分)。

表 4-3　小学生科学推理能力测试卷结构(初测)

| 情景 | 题号 | 测试的内容 |
|------|------|-----------|
| 制作果冻 | 1-1 | 提出可以通过调查回答的问题 |
| | 1-2 | 基于观察、证据和科学概念的理解做出有效的推理 |
| | 1-3 | 将调查结论应用到新的情境中 |
| | 1-4 | 设计合适的调查或过程来回答科学问题或检验假设 |
| | 1-5 | 用证据和科学理解来支持合理的解释,解决问题和根据调查得出结论 |
| 液体的蒸发 | 2-1 | 根据变量是可测量的、可控的和因果关系等方面来描述一项设计良好的科学调查的特征 |
| | 2-2 | 根据变量是可测量的、可控制的和因果关系等方面来描述一项设计良好的科学调查的特征 |
| | 2-3 | 得出能解决问题或假设、证明因果关系的合适的结论 |
| | 2-4 | 用证据和概念理解作出关于条件改变所带来影响的预测 |
| | 2-5 | 用证据和科学理解来支持合理的解释,解决问题和根据调查得出结论 |
| 衣服的颜色怎么变了 | 3-1 | 得出解决问题或假设、证明因果关系的合适的结论 |
| | 3-2 | 基于观察、证据和科学概念的理解做出有效的推理 |
| | 3-3 | 得到能解决问题或假设、证明因果关系的合适的结论 |
| | 3-4 | 基于观察、证据和科学概念的理解做出有效的推理 |
| | 3-5 | 基于观察、证据和科学概念的理解做出有效的推理 |
| | 3-6 | 用证据和科学理解来支持合理的解释,解决问题和根据调查得出结论 |

### (四) 初测及结果分析

选取某校小学三年级、四年级、五年级、六年级各一个班的学生进行初测,共发放测试卷 175 份,回收有效测试卷 172 份,回收率约为 98%。参与初测的被试基本情况如表 4-4 所示。

表 4-4　参与初测的小学生构成情况

| 年级 | 男生 | 女生 | 总数 |
| --- | --- | --- | --- |
| 三年级 | 25 | 22 | 47 |
| 四年级 | 23 | 22 | 45 |
| 五年级 | 19 | 24 | 43 |
| 六年级 | 21 | 16 | 37 |
| 总计 | 88 | 84 | 172 |

将测试卷收回后对其进行评分,并用 Rasch 模型对结果进行质量分析。用 Rasch 模型对测试题的质量进行分析是当前测试项目开发的主流方法。心理统计与测评专家开发了基于 Rasch 模型的多款软件,本研究运用 Bond&FoxSteps 软件对测试结果进行分析。分析的主要内容包括本测试项目的整体质量、项目拟合度检验、题目-被试对应情况、项目的一维性检验以及性别差异检验等。

#### 1. 测试项目质量的整体分析

项目质量的整体分析包括对题目和学生的整体拟合情况分析。首先,我们统计了项目的整体拟合情况。通过运行 Bond&FoxSteps 软件,得出项目的整体拟合统计结果,图 4-2 展示了 16 道题目的整体情况。

从图 4-2 中可以看出,16 道题目的总体难度值为 0.00,加权拟合值(infit MnSq)为 1.0,介于 0.7~1.3 之间,说明题目设计的总体拟合度较好;题目的区分度(分割系数)为 3.13,大于 2,说明本次测试题目之间的差异显著;题目的总体信度为 0.91,表明测试题目的信度较高(即使采用另外的学生来作答这一套题,题目的难度达到该值的可能性也较大)。

以上分析了初试题目的总体情况,接下来对参与测试学生的总体能力进

```
     SUMMARY OF 16 MEASURED (NON-EXTREME) Items
+-----------------------------------------------------------------------------+
|               RAW                        MODEL      INFIT        OUTFIT      |
|               SCORE     COUNT   MEASURE  ERROR   MNSQ   ZSTD   MNSQ   ZSTD   |
|-----------------------------------------------------------------------------|
|  MEAN        105.7     170.8      .00     .18    1.00   -.1    1.01    .0    |
|  S.D.         19.3        .4      .61     .01     .12   1.6     .24   1.7    |
|  MAX.        136.0     171.0     1.41     .21    1.24   3.0    1.57   3.6    |
|  MIN.         59.0     170.0    -1.04     .17     .84  -2.6     .75  -2.3    |
|-----------------------------------------------------------------------------|
|  REAL RMSE    .19  ADJ.SD    .58  SEPARATION  3.13  Item   RELIABILITY  .91  |
|  MODEL RMSE   .18  ADJ.SD    .58  SEPARATION  3.21  Item   RELIABILITY  .91  |
|  S.E. OF Item MEAN = .16                                                     |
+-----------------------------------------------------------------------------+
```

图 4-2　小学生科学推理能力测试项目整体情况(初测)

行分析。通过 Bond&FoxSteps 软件,对 172 名参与测试学生的作答情况进行分析,结果如图 4-3 所示。

```
     SUMMARY OF 171 MEASURED (NON-EXTREME) Persons
+-----------------------------------------------------------------------------+
|               RAW                        MODEL      INFIT        OUTFIT      |
|               SCORE     COUNT   MEASURE  ERROR   MNSQ   ZSTD   MNSQ   ZSTD   |
|-----------------------------------------------------------------------------|
|  MEAN          9.9      16.0      .61     .61    1.00    .1    1.01    .1    |
|  S.D.          3.2        .2     1.09     .12     .14    .7     .30    .8    |
|  MAX.         15.0      16.0     2.88    1.05    1.33   2.2    2.69   2.2    |
|  MIN.          1.0      13.0    -2.86     .52     .69  -1.7     .32  -1.7    |
|-----------------------------------------------------------------------------|
|  REAL RMSE    .64  ADJ.SD    .88  SEPARATION  1.38  Person RELIABILITY  .65  |
|  MODEL RMSE   .62  ADJ.SD    .89  SEPARATION  1.43  Person RELIABILITY  .67  |
|  S.E. OF Person MEAN = .08                                                   |
+-----------------------------------------------------------------------------+
```

图 4-3　小学生科学推理能力测试项目的情况(初测)

　　由图 4-3 可以看出,这 172 名学生的平均能力为 0.61,加权拟合值为 1.0,介于 0.7~1.3 之间,说明参与调查的学生总体上与模型的拟合度较好。这些学生的区分度为 1.38,小于 2,说明这些学生之间的能力差异不大。参与研究的学生信度系数为 0.65,在可接受的范围之内,说明采用其他学生来完成这份测试题,学生的能力值与本次调查一致的概率较大。

2. 各项目的拟合度检验

　　以上分析了本套试题拟合的总体情况,初测目的是修订测试题目,因此,分析每一道题目的拟合值显得尤为重要。如果加权拟合值和非加权拟合值(outfit MnSq)在区间[0.7,1.3]内,标准差(ZSTD)在区间[-2,2]内,说明题目设置符合 Rasch 模型，试题可以用来估计学生的能力。通过 Bond&FoxSteps 软件分析，得到了 16 道测试题的加权拟合值和标准差，如图 4-4 所示。

Item STATISTICS:  ENTRY ORDER

| ENTRY NUMBER | RAW SCORE | COUNT | MEASURE | MODEL S.E. | INFIT MNSQ | INFIT ZSTD | OUTFIT MNSQ | OUTFIT ZSTD | PTMEA CORR. | EXACT OBS% | MATCH EXP% | Item |
|---|---|---|---|---|---|---|---|---|---|---|---|---|
| 1 | 102 | 170 | .12 | .17 | .98 | -.3 | .89 | -1.0 | .47 | 70.0 | 70.5 | I0001 |
| 2 | 105 | 170 | .03 | .18 | .85 | -2.1 | .80 | -1.8 | .55 | 80.0 | 71.1 | I0002 |
| 3 | 117 | 170 | -.35 | .18 | .91 | -1.0 | .81 | -1.4 | .51 | 78.2 | 74.3 | I0003 |
| 4 | 92 | 171 | .44 | .17 | 1.13 | 1.9 | 1.12 | 1.2 | .34 | 62.0 | 68.8 | I0004 |
| 5 | 122 | 171 | -.50 | .19 | .97 | -.3 | 1.11 | .8 | .43 | 77.2 | 75.8 | I0005 |
| 6 | 106 | 171 | -.02 | .18 | 1.13 | 1.8 | 1.18 | 1.6 | .33 | 63.7 | 71.2 | I0006 |
| 7 | 59 | 171 | 1.41 | .18 | 1.24 | 3.0 | 1.57 | 3.6 | .20 | 64.9 | 71.7 | I0007 |
| 8 | 106 | 171 | .02 | .18 | 1.19 | 2.5 | 1.39 | 3.2 | .26 | 64.9 | 71.2 | I0008 |
| 9 | 98 | 171 | .26 | .17 | 1.00 | .0 | .95 | -.4 | .45 | 68.4 | 69.5 | I0009 |
| 10 | 76 | 171 | .90 | .17 | .84 | -2.6 | .77 | -2.3 | .57 | 77.2 | 68.5 | I0010 |
| 11 | 132 | 171 | -.87 | .20 | 1.12 | 1.1 | 1.30 | 1.5 | .28 | 77.2 | 79.6 | I0011 |
| 12 | 107 | 171 | -.01 | .18 | 1.00 | .1 | .99 | .0 | .43 | 70.8 | 71.4 | I0012 |
| 13 | 123 | 171 | -.53 | .18 | .89 | -1.2 | .80 | -1.3 | .51 | 80.1 | 76.1 | I0013 |
| 14 | 136 | 171 | -1.04 | .21 | .88 | -1.1 | .75 | -1.2 | .50 | 80.7 | 81.3 | I0014 |
| 15 | 92 | 171 | .44 | .17 | .93 | -1.0 | .90 | -1.0 | .49 | 72.5 | 68.8 | I0015 |
| 16 | 118 | 171 | -.36 | .18 | .89 | -1.3 | .82 | -1.4 | .51 | 77.2 | 74.4 | I0016 |
| MEAN | 105.7 | 170.8 | .00 | .18 | 1.00 | -.1 | 1.01 | .0 | | 72.8 | 72.8 | |
| S.D. | 19.3 | .4 | .61 | .01 | .12 | 1.6 | .24 | 1.7 | | 6.3 | 3.7 | |

图 4-4  小学生科学推理能力测试项目的拟合度检验（初测）

在 Rasch 模型中，题目的难度值为 0 是最好的，此时题目具有较大的鉴别力，大于 0 说明题目较难，小于 0 则说明题目较易。从图 4-4 中可以看出，第 7 题的难度最大，题目难度值为 1.41；第 14 题最容易，题目的难度值为-1.04。题目难度较低或较高都不利于考查大样本学生的能力，故而应该对这些题目进行修改或者删除处理。

测试题目质量检验的重要指标是拟合值和标准差。从图 4-4 中可以看出，16 道题的加权拟合值的区间是 $[0.84,1.24]$，符合拟合值区间的要求，而非加权拟合值的区间是 $[0.80,1.57]$，超出了 Rasch 模型对拟合值的要求。其中，第 7 题、第 8 题、第 11 题的非加权拟合值超出了模型对拟合值的要求，说明这三道题的拟合度不够。此外，从标准差来看，第 2、7、8、10 题的加权标准差超出了模型的要求。从"点-测量"相关来看，第 7、8 题的相关性（PTMEA）较低。

为了直观地呈现项目拟合和难度估计的标准误差，Bond&FoxSteps 软件还提供了气泡图来呈现相关结果(详见图4-5)。在气泡图中,横坐标代表拟合指标的标准差,气泡大小代表题目难度估计误差的大小(气泡越小,代表题目难度估计的误差越小,难度估计越准确;气泡越大,说明难度估计的误差最大)。一般情况下,如果调查的样本量在30~300之间,题目的拟合范围在-2和2之间,则符合模型的要求。从图4-5中可以看出,第2、6、7、8、10题的标准差超出了模型的要求。

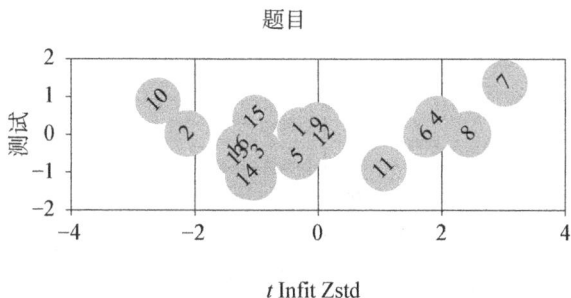

图4-5 小学生科学推理能力测试项目气泡图(初测)

### 3. 题目难度-被试能力对应分析

怀特图(Wright map)将题目难度和被试能力放在同一个量尺上,直观地反映题目难度和被试的对应情况。运行Bond&FoxSteps软件,得到172名被试的能力与16道题目难度对应的怀特图,如图4-6所示。在怀特图中,中间的纵轴是量尺,量尺左侧代表学生的能力值,量尺右侧代表题目的难度。量尺由下往上的数值代表题目的难度值或学生的能力值在增加,一个"♯"代表两名学生。

从图中可以看出,在172名被试中,约14名被调查学生的科学推理能力较弱,没有与他们的水平相对应的题目;约有40名被调查的学生推理能力较强,也没有与之能力相对应的测试题。从整体上来看,这16道题目难度与大部分学生的能力相对应。

### 4. 项目的一维性检验

项目的一维性是指一道测试题目只测试一项能力,不能同时测量多项能力,这是测试题目内容效度的体现,同时也是运用项目反应理论的基本要求。一维性检验的指标用测试项目落在标准残差对比图中的相关系数(contrast

```
                    Persons MAP OF Items
                       <more>|<rare>
          3            +
                     ###|
                        |T
                        |
                        |
                        |
            .#######    |
          2            +
                        |
                        |S
            ########    |
                        |  I0007
           #########    |T
          1            +
                      . |  I0010
            .##########S|
                       M|S
            ########    |  I0004  I0015
            .#######    |  I0009
                        |  I0001
            .####      +M  I0002  I0006  I0008  I0012
          0
                        |
             #######    |
                       S|  I0003  I0016
              ####     S|  I0005  I0013
                        |
               ###      |  I0011
         -1            +  I0014
             #####     T|
                        |
                        |
                       T|
                        |
                        |
         -2            +
               #        |
                        |
                        |
                        |
               #        |
         -3            +
                       <less>|<frequ>
       EACH '#' IS 2.
```

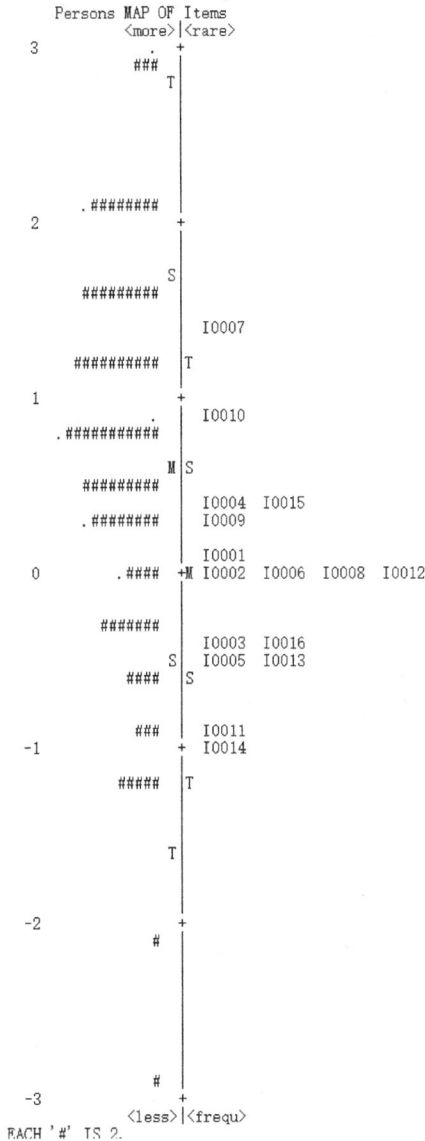

图 4-6 小学生科学推理能力测试项目的怀特图(初测)

loading)表示，如果测试项目的相关系数落在区间[−0.4,0.4]内，则表示该项目符合一维性要求，即该项目只测试一种能力。运行 Bond&FoxSteps 软件，得到了本测试中 16 道题目的相关系数(详见图 4-7)。

从图中可以看出，绝大部分试题的相关系数都落在了区间[−0.4,0.4]

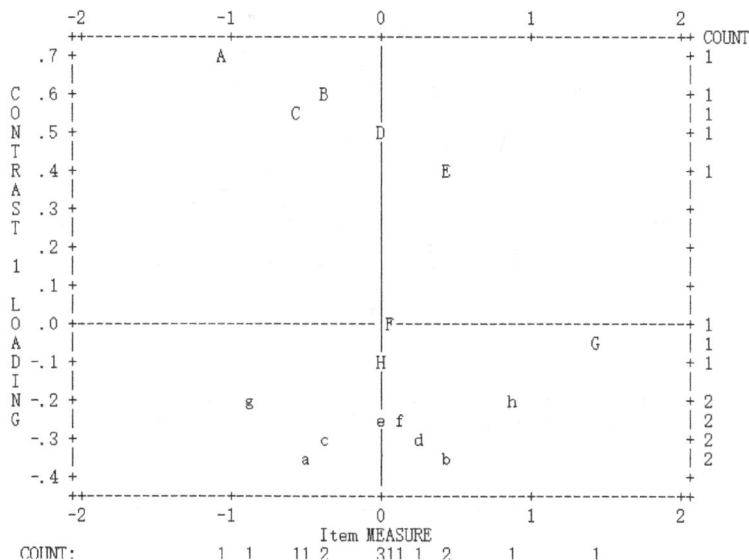

图 4-7　小学生科学推理能力测试项目的一维性检验(初测)

内,符合 Rasch 模型对一维性的要求。而 A、B、C、D 四道试题分别对应第 14、16、13、12 题,它们的相关系数大于 0.4,不符合模型的一维性假设,说明这些题目还可能测评了其他的能力,需要对其做进一步分析。

### 5. 测试项目的性别差异分析

测试一般不应该有性别差异。测试题的性别差异分析是评估测试项目质量的一个重要指标。本研究采用 Bond&FoxSteps 软件对测试项目的性别差异进行 $t$ 检验。一般认为, $t$ 值的取值区间为(-2,2),如果 $t$ 值不在这个范围内,则说明存在显著的性别差异。为了直观地呈现这 16 道题目的性别差异,笔者对参与测试的 172 名学生进行性别差异检验,并将结果绘制成折线图(详见图 4-8)。其中,"1"代表男生,"2"代表女生。从图中可以看出, $t$ 值没有超出区间(-2,2),说明这些测试题没有明显的性别差异,符合测试的一般要求。

以上主要从测试的整体质量、项目拟合度检验、题目难度-被试能力对应情况、项目的一维性检验以及性别差异检验这五个方面对初测试卷的质量进行了评估。从总体上看,本测试工具的拟合值符合 Rasch 模型的要求,但部分题目还存在以下问题。第一,从题目难度看,部分题目的难度需要进行适

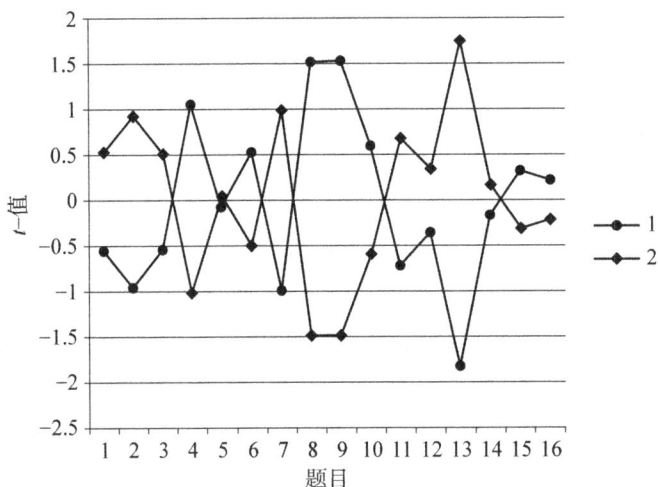

图 4-8 小学生科学推理能力测试项目的性别差异检验(初测)

当的控制。第 7 题最难,第 14 题最容易,需对这两道题进行进一步分析。第二,部分题目的拟合度不够,需要重点进行修改。第 7 题、第 8 题、第 11 题的非加权拟合值超出了模型对拟合值的要求,此外,第 10 题的标准均方差也较大。第三,一些测试题的一维性检验不符合模型的要求,例如第 14、16、13、12 题。

### (五) 初测工具修订

修订测试题目的原则是:除了关注试测题目评价指标的结果外,还应该根据测验的目的对题目进行修订。在本研究中,测验的目的是了解小学生的科学推理能力情况,因此,本测试是一种终结性评价,同时也是一种标准参照性测验。此外,题目的删减原则如下:当测试题目质量不满足检验指标时,如果在本测试中还有其他符合检验指标的题目,可以考虑删除该测试题目;如果没有其他符合检验指标的题目,应邀请该领域的专家对题目进行审核,之后进一步完善。

第 7 题的题干是"在科学调查中,进行公平的测试是很重要的。这是因为( )",测评学生是否理解在进行有效推理时要设计公平的实验,这属于元认知能力的考查。从以上分析数据可以看出,这道题的难度最大,拟合值不符合项目反应理论的要求,但测试内容可以通过第 6 题作为补充,考虑删除第

7 题。

第 10 题题干是"从小明的研究结果可以看出,第 3 天的液体蒸发量超过了其他任何一天。请根据生活经验,推测造成这一现象的原因"。通过上文的分析可以看出,虽然该项目的拟合值符合模型的要求,但是该题的加权标准均方差和非加权标准均方差均超出了可接受的范围。进一步分析本题可以发现,本题承载了影响蒸发快慢因素的知识要求,这一科学知识一般不会在三年级上学期的科学课程中教学,故而对于三年级的学生来说不公平,这可能是造成标准均方差过大的原因。为了减少测量的误差,考虑将本题目删除。

从项目的一维性指标来看。第 13 题和 14 题的一维性超出了可接受的范围,说明可能还测评了其他能力。第 13 题题干是"根据以上调查结果,小聪和小明能得出什么结论",第 14 题题干是"根据上面所得出的结论,你认为白色衣服在蓝色灯光下看起来是什么颜色",由于第 13 题的调查结论是第 14 题进行推理的前提,这也可能是造成第 14 题难度最低的原因。由于考查"得出解决问题或假设、证明因果关系的合适的结论"这一能力的还有其他题目作为补充,故而考虑将第 13 题删除,保留第 14 题。

第 11 题的非加权拟合值较低,本题的题干是"商店服务员给错他们衣服了没?请用调查结果解释你的答案";12 题的一维性指标不符合模型的要求,本题的题干是"根据调查结果,在商店的灯光是什么颜色?";造成这两道题目质量指标不达标的原因可能是第 11 题设置的选项只有两个,这会导致学生猜测的可能性较大。第 12 题的结论可以间接地作为第 11 题答题的依据。考虑到第 12 题的测查内容还有其他题目作为补充,故而将第 12 题删除。此外,为了避免第 11 题学生猜测的可能性,将其改成主观性试题,但要提示其作答时先做出判断,然后再对答案进行解释。

虽然第 16 题的一维性检验指标不符合模型的要求,但该题是主观性试题,故而根据测试的目标,可以保留。

以上从题目试测结果是否符合项目反应理论要求的总体角度,对是否保留该试题做了分析。接下来将根据学生作答的情况,对部分题目的选项做出修改。

对第 3 题选项的修改。在调查时,本研究调查了学生选择的理由,比较集中的回答是"因为没有记录,不知道""因为选项中的 210 分钟和 115 分钟都用了""因为 150 分钟在调查表里没有"。这说明选项的迷惑性不够,在选项中不能同时出现 210 分钟和 115 分钟,可以保留一个,另外增加一个本题目调查表中没有出现的时间值,如 100 分钟,从而使题目能更好地达到测评目标。同样地,这也提示了在第 9 题选项的设计上,要尽可能地考虑到学生将调查表中已出现的数据作为推测不应该选择该选项的理由,因为第 9 题 A 选项中的 75 毫升和 65 毫升已经在调查表中使用,为了使学生推理能力的测评更有效,这两个体积量最好不要出现,可以换成更接近的选项,如 75 毫升和 62 毫升。

通过对第 8 题的分析可以发现,该题目有一大部分学生选择了多个选项,而本测试卷的所有题目选项设置均是单选题,故而应该分析出现这一现象的原因。本题要求学生"根据小明的研究目的和调查结果,得出结论",其中,D选项是"24 毫升水和 35 毫升柠檬水被蒸发",该选项可以通过调查表计算出水和柠檬水被蒸发的量,但这仅仅是结果,而不是结论;A 选项是"水和柠檬水都被蒸发了",虽然从调查表中可以得出这样的结论,但是该结论没有达到本调查的设计目标,即没有解决本研究中提出的问题"小明想弄清楚水和柠檬水谁蒸发得更快"。为了避免学生答题时再次出现这样的问题,在第二次设计测验试卷时,拟将这些要求在题目下面用重点符号做标记,以示提醒。

### (六) 二次测试分析及工具修订

在初次测试后对小学生科学推理能力测试项目进行修订,修订后测试题需要再次进行 Rasch 模型检验,经过二次修订后才能进行大规模测评。本研究第二次测试随机选取了某小学三至六年级的学生进行,每个年级抽取了 30人,共 120 人参加,总样本量大于 50 人,符合 Rasch 模型分析所要求的样本量。接下来,我们将再次从项目整体拟合度、分项目拟合度、项目难度-被试能力对应、项目的一维性检验和项目的性别差异这五个方面进行分析。与初次测试相同,采用 Bond&FoxSteps 软件进行分析。

#### 1. 测试工具质量的整体分析

将 120 份问卷数据输入 Bond&FoxSteps 软件后,可以分析得到 12 个项目的整体情况,如图 4-9 所示。

从图 4-9 中可以看出,这 12 道题目的总体平均难度为 0,加权拟合值和

```
SUMMARY OF 12 MEASURED (NON-EXTREME) Items

+-----------------------------------------------------------------------------+
|          RAW                        MODEL      INFIT        OUTFIT           |
|          SCORE    COUNT   MEASURE   ERROR    MNSQ  ZSTD    MNSQ  ZSTD        |
|-----------------------------------------------------------------------------|
| MEAN     73.5    116.0     .00      .22     1.00   .0     1.00   .0         |
| S.D.     15.2      .0      .72      .02      .13  1.3      .24  1.6         |
| MAX.     98.0    116.0    1.41      .27     1.26  2.7     1.53  3.1         |
| MIN.     42.0    116.0   -1.31      .21      .85 -1.6      .77 -1.9         |
|-----------------------------------------------------------------------------|
| REAL RMSE   .23  ADJ.SD   .69  SEPARATION  3.00  Item  RELIABILITY  .90    |
| MODEL RMSE  .22  ADJ.SD   .69  SEPARATION  3.08  Item  RELIABILITY  .90    |
| S.E. OF Item MEAN = .22                                                     |
+-----------------------------------------------------------------------------+
```

图 4-9　小学生科学推理能力测试项目的整体情况(第二次测试)

非加权拟合值都为 1，拟合值在区间 $[0.7, 1.3]$ 内，符合拟合模型的要求。本测试卷的总信度系数 $\alpha$ 为 0.90。一般情况下，信度系数在 0.90 及以上，说明问卷的信度非常理想。分离度是被试(在本例中指学生)在测量项目上的分离情况，是测量工具对不同能力水平的被试区分能力的反映。分离度越大说明测试工具的区分能力越好。一般要求测试分离度大于 2。在本次测试中，将测试卷的原始分数转换成 Rasch 模型的分数后，得到分离度为 3.08，大于 2，说明本测试工具的分离度达到了进行大规模测试的要求。

### 2. 各项目的拟合度检验

运行 Bond&FoxSteps 软件，对 12 个项目的拟合度进行分析，其结果如图 4-10 所示。

```
Item STATISTICS:  ENTRY ORDER

+---------------------------------------------------------------------------------------------+
| ENTRY   RAW                  MODEL    INFIT        OUTFIT     PTMEA  EXACT MATCH             |
| NUMBER  SCORE  COUNT  MEASURE  S.E.  MNSQ  ZSTD  MNSQ  ZSTD  CORR.  OBS%   EXP%   Item       |
|---------------------------------------------------------------------------------------------|
|     1     86    116    -.56   .23   .96   -.3   .80  -1.0    .44   75.0   76.8   I0001      |
|     2     57    116     .76   .21   .91  -1.2   .88  -1.2    .53   68.1   68.0   I0002      |
|     3     77    116    -.11   .22   .85  -1.6   .77  -1.7    .54   77.6   72.2   I0003      |
|     4     73    116     .07   .21  1.11   1.3  1.19   1.4    .34   65.5   70.7   I0004      |
|     5     78    116    -.16   .22  1.15   1.6  1.53   3.1    .25   73.3   72.6   I0005      |
|     6     74    116     .02   .21   .90  -1.1   .84  -1.2    .51   76.7   70.9   I0006      |
|     7     58    116     .72   .21  1.02    .3  1.09    .9    .43   69.0   68.1   I0007      |
|     8     42    116    1.41   .21  1.26   2.7  1.39   2.6    .26   62.9   71.3   I0008      |
|     9     82    116    -.35   .22  1.00    .1  1.06    .4    .39   75.0   74.3   I0009      |
|    10     98    116   -1.31   .27  1.07    .5   .86   -.4    .30   83.6   84.7   I0010      |
|    11     65    116     .42   .21   .88  -1.6   .80  -1.9    .55   71.6   68.6   I0011      |
|    12     92    116    -.90   .25   .85  -1.1   .81   -.8    .47   84.5   80.6   I0012      |
|---------------------------------------------------------------------------------------------|
| MEAN    73.5   116.0    .00   .22  1.00    .0  1.00    .0           73.6   73.2             |
| S.D.    15.2     .0     .72   .02   .13   1.3   .24   1.6            6.3    4.9             |
+---------------------------------------------------------------------------------------------+
```

图 4-10　小学生科学推理能力测试项目的拟合度检验(第二次测试)

从图 4 - 10 可以看出,这 12 道题目的加权拟合值区间为[0.85,1.15],在 Rasch 模型要求的区间[0.7,1.3]内,符合要求。虽然第 5 题和第 8 题的非加权拟合值分别为 1.53 和 1.39,超出了模型拟合值的要求,但是,由于非加权拟合值容易受个别差异较大的数据影响,所以通常情况下用加权拟合值来判断个体是否符合拟合模型的依据①。此外,第 8 题的加权标准方差为 2.7,超出了模型的要求范围[-2,2],说明此题的误差可能会较大,但是在 Rasch 模型分析中,优先考虑加权拟合值,故而可以保留该题目。

为了直观地呈现项目拟合指数和难度估计标准误差,我们还利用 Bond&FoxSteps 软件绘制的气泡图来呈现这些结果,如图 4 - 11 所示。一般情况下,如果调查的样本量在 30～300 之间,题目的拟合指数的标准差范围在-2 到 2 之间,则符合模型的要求。从图 4 - 11 中可以看出,除第 8 道题目以外,其余题目的拟合指数的标准差均符合要求。

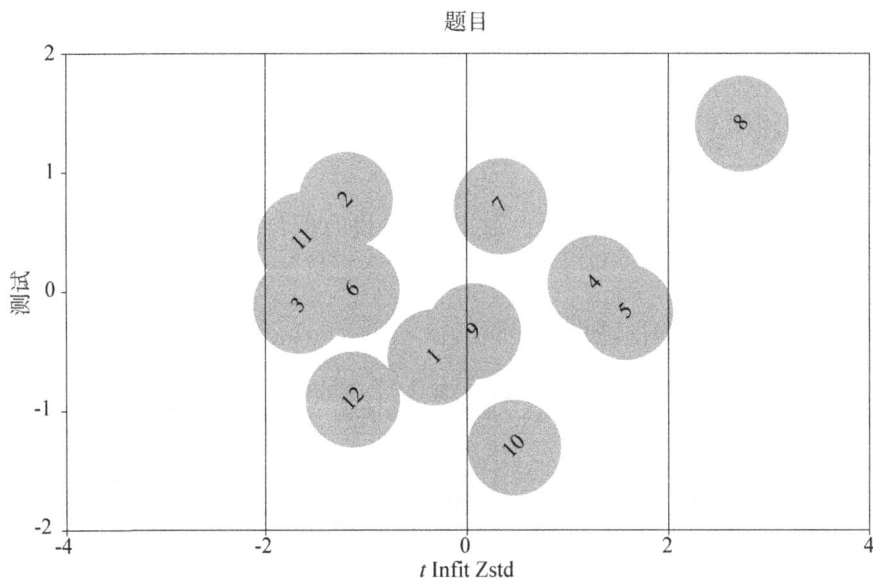

图 4 - 11 小学生科学推理能力测试项目的气泡图(第二次测试)

① 张艳莉,彭康洲.现代信息技术和语言测试研究:方法与应用[M].合肥:安徽大学出版社,2012:83.

### 3. 题目难度—被试能力对应分析

运行 Bond&FoxSteps 软件，可以得到 120 名被试的能力与 12 道题目难度对应的怀特图，如图 4-12 所示。

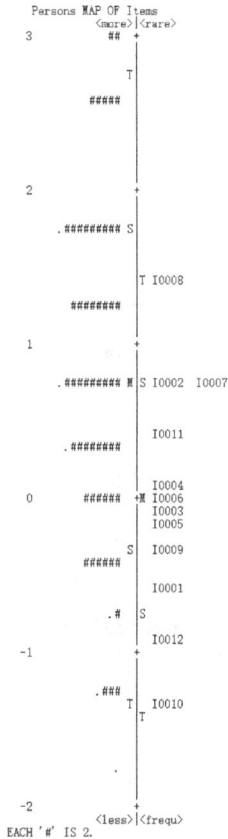

```
         Persons MAP OF Items
              <more><rare>
        3       ##
                T
              #####


        2
              .######### S
                T        I0008
              #########

        1
              .######### M S I0002 I0007
              .#########     I0011
        0     ######     M   I0004
                             I0006
                             I0003
                             I0005
                     S       I0009
              ######         I0001
                 .# S
        -1                   I0012

                 .###
                     T   T   I0010


                 .
        -2
         EACH '#' IS 2.  <less><frequ>
```

图 4-12 小学生科学推理能力测试项目的怀特图（第二次测试）

在图 4-12 中，一个"#"代表 2 名学生，从图中可以看出，这 12 道题目难度都有相应能力大小的学生与之对应。在这 120 名学生中，约有 32 名学生的能力高于题目的难度，没有与之对应的题目。由于本测试属于水平性测试，上述结果符合测试目的。

### 4. 项目的一维性检验

一维性检验的指标用测试项目落在标准残差对比图中的相关系数（contrast loading）表示，如果测试项目的相关系数落在区间[−0.4,0.4]内，表示该项目符合一维性要求,即该项目只测试一种能力。运行 Bond&FoxSteps 软件,得到了本测试中 12 道题目的标准残差对比图(standardized residual contrast)(详见图 4 - 13)。

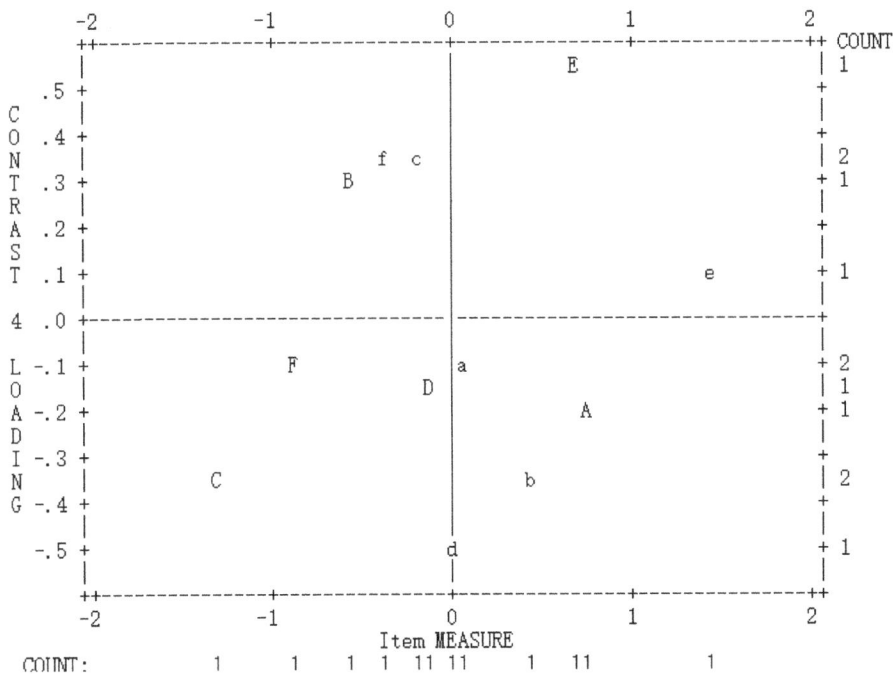

图 4-13　科学推理能力测试项目的一维性检验(标准残差对比图)(第二次测试)

图 4-13 中的字母所代表的题目序号及其相关系数的值如图 4 - 14 所示。

结合图 2 - 13、图 2 - 14 可知,第 7 题和第 6 题的相关系数分别为 0.54 和-0.52,超出了区间[-0.4,0.4],说明这两道题除了测评能力表现的要求外,还可能测评了其他方面的能力。在进行测试项目修订时,要结合其他指标进行综合分析。

第 7 道题目是"根据小明的研究目的和调查结果,小明能得出什么结论(　　)"。这道题确实除了考查学生"得出能解决问题或验证假设的结论"的能力外,还需要学生能区分结果与结论的区别。因为选项"A. 水和柠檬水都被蒸发了"和选项"B. 24 ml 水和 35 ml 柠檬水被蒸发了"都属于结果,不属于

```
+--------+---------+-----------------------------+--------------------+
|CON-    |         |         INFIT OUTFIT        | ENTRY              |
|TRAST   |LOADING  |MEASURE   MNSQ  MNSQ         | NUMBER Item        |
+--------+---------+-----------------------------+--------------------+
|  4     |  .54    |    .72  1.02  1.09          |E       7 I0007      |
|  4     |  .33    |   -.35  1.00  1.06          |f       9 I0009      |
|  4     |  .33    |   -.16  1.15  1.53          |c       5 I0005      |
|  4     |  .30    |   -.56   .96   .80          |B       1 I0001      |
|  4     |  .09    |   1.41  1.26  1.39          |e       8 I0008      |
+--------+---------+-----------------------------+--------------------+
|  4     | -.52    |    .02   .90   .84          |d       6 I0006      |
|  4     | -.37    |  -1.31  1.07   .86          |C      10 I0010      |
|  4     | -.37    |    .42   .88   .80          |b      11 I0011      |
|  4     | -.21    |    .76   .91   .88          |A       2 I0002      |
|  4     | -.15    |   -.11   .85   .77          |D       3 I0003      |
|  4     | -.12    |    .07  1.11  1.19          |a       4 I0004      |
|  4     | -.11    |   -.90   .85   .81          |F      12 I0012      |
+--------+---------+-----------------------------+--------------------+
```

图 4-14　一维性检验中字母代码(第二次测试)

结论,且在题干中对"根据小明的研究目的和调查结果"加了着重号标记,故而本题已经尽力做到一维性的要求,是可以接受的。第 6 道题目是"下面描述的事实指出了小明实验设计中的一个错误,这会使测试不公平,从而使得出的结论不可靠,请你把它找出来(　　)"。这道题目的一维性不符合要求,可能是学生受到选项 A 的影响。选项"A. 玻璃杯中水的体积比碗中柠檬水的体积多",一部分学生选择这一个选项的原因可能是守恒思维发展还不够成熟,因为题干中已经强调了水和柠檬水的体积都是 100 毫升。

### 5. 测试项目的性别差异分析

运行 Bond&FoxSteps 软件,对 120 名学生在 12 道题目上的性别差异进行检验,按性别分类的题目绝对难度值的比较如图 4-15 所示(图中"1"代表男生,"2"代表女生)。

从图 4-15 中可以看出,第 5 道题难度有偏向男生的倾向,第 10 道题的难度有偏向女生的倾向,其他的题目在难度上没有明显的性别倾向。接下来对这 12 道题目性别差异进行 $t$ 检验,结果如图 4-16 所示。

从图 4-16 可以看出,$t$ 值在区间(-2,2)内,说明这些项目没有显著的

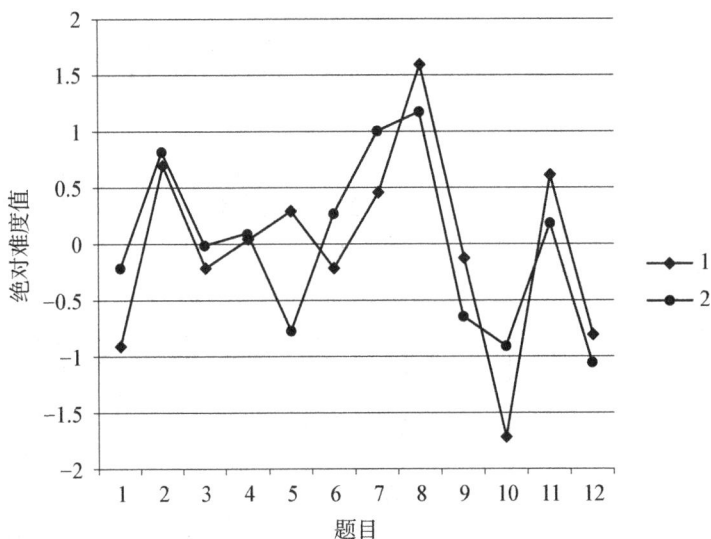

图 4-15　按性别分类的题目绝对难度值(第二次测试)

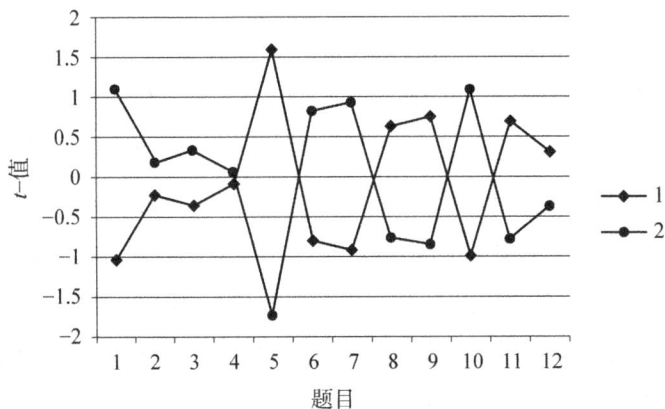

图 4-16　学生科学推理能力测试项目的性别差异检验(第二次测试)

性别差异,即这些题目不会因为学生性别不同而产生不同的答题特征。

　　综上可知,经过修订后的 12 道题目的总体信度是比较理想的。由于这些题目在第一次测试之前就经过专家审定,并请小学生参与了题目的修订,故而具有较高的效度:这 12 道题目的拟合值均符合 Rasch 模型的要求;从一维性看,除个别题目外,大部分题目都只测评一种能力,符合项目反应理论的要求；从性别差异看，这 12 道题目不存在显著的性别差异。因此，修订后的题目可以用于大规模的小学生科学推理能力的测评（最终测试卷见本书附录三第一部分）。修订后的小学生科学推理能力测试项目终测稿试题的结构如表 4-5 所示。

表 4-5　小学生科学推理能力测试项目终测稿试题的结构

| 情景 | 题号 | 测试的内容 |
| --- | --- | --- |
| 制作果冻 | 4 | 提出可以通过调查来回答的问题 |
| | 5 | 得出解决问题或假设的合适的结论 |
| | 6 | 基于观察、证据和科学概念的理解做出有效的推理 |
| | 7 | 根据得出结论所用数据的充分性对调查结果进行评价 |
| | 8 | 用证据和科学理解来支持合理的解释 |
| 液体的蒸发 | 9 | 根据变量是可测量的、可控制方面来描述一项设计良好的科学调查的特征 |
| | 10 | 得出解决问题或假设、证明因果关系的合适的结论 |
| | 11 | 基于观察、证据和科学概念的理解做出有效的推理 |
| 衣服的颜色怎么变了 | 12 | 得出解决问题或假设、证明因果关系的合适的结论 |
| | 13 | 将调查结论应用到新的情景中 |
| | 14 | 基于观察、证据和科学概念的理解做出有效的推理 |
| | 15 | 用证据和科学理解来支持合理的解释 |

### 三、研究对象的选取

上一节通过 Rasch 模型开发了测量小学生科学推理能力的测评项目，本章研究的重要内容是小学生科学推理能力的现状。本部分采用测验法，对三所小学中随机抽取的小学生进行了科学推理能力的测验，欲了解的问题如下：三至六年级的小学生科学推理能力的整体情况如何？三至六年级的小学生在科学推理能力各维度的情况如何？三至六年级小学生科学推理能力是否存在性别差异？这些问题对修订小学科学课程标准、改进小学科学课堂的教学具有重要的意义。

根据研究目的，本研究选取了 2 所重庆市的小学、1 所成都市的小学作为研究对象，将这 3 所小学分别标记为 A 小学、B 小学、C 小学。参加调查的均是三至六年级的学生,所选取的样本分别是:A小学每个年级随机选取3个班的学生,B小学和C小学每个年级随机选取2个班的学生,共计1167名学生参与调查。这些学生的基本情况如表4-6所示。

表4-6　参与小学生科学推理能力调查的学生基本情况

| 年级 | 性别 | A小学人数(人) | B小学人数(人) | C小学人数(人) | 总计(人) |
|---|---|---|---|---|---|
| 三年级 | 男 | 70 | 42 | 41 | 153 |
| | 女 | 70 | 52 | 16 | 138 |
| 四年级 | 男 | 70 | 55 | 48 | 173 |
| | 女 | 59 | 42 | 47 | 148 |
| 五年级 | 男 | 41 | 56 | 41 | 138 |
| | 女 | 44 | 44 | 49 | 137 |
| 六年级 | 男 | 77 | 31 | 42 | 150 |
| | 女 | 58 | 32 | 40 | 130 |
| 合计(人) | | 489 | 345 | 324 | 1 167 |

从表4-6可以看出,A小学参与测验的人数为489人,B小学参与测验的人数为345人,C小学参与测验的人数为324人,共1167名小学生参与。这3所小学参加测验的学生人数占比如图4-17所示。本次共有614名男生和553名女生参与测试,占比如图4-18所示。

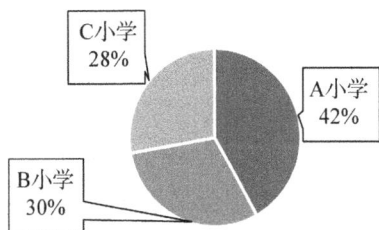

图4-17　各校参与测验的学生构成

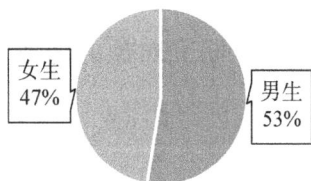

图4-18　参与测验的小学生性别构成

三年级参加测验的学生中男生为153人,女生为138人,其构成百分比如图4-19所示;四年级参加测验的学生中男生为173人,女生为148人,其构成百分比如图4-20所示。

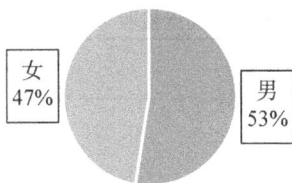

图 4-19　参与测验的三年级学生
性别构成

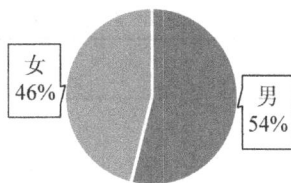

图 4-20　参与测验的四年级学生
性别构成

五年级参加测验的学生中男生为 138 人,女生为 137 人,其构成百分比如图 4-21 所示;六年级参加测验的学生中男生为 150 人,女生为 130 人,其构成百分比如图 4-22 所示。

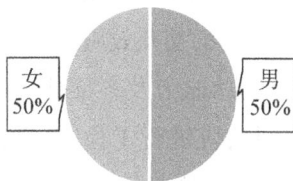

图 4-21　参与测验的五年级学生
性别构成

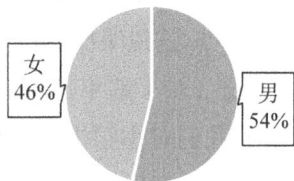

图 4-22　参与测验的六年级学生
性别构成

## 四、研究结果及分析

下面对 1167 名小学生科学推理能力调查结果进行分析。分析思路如下:先整体分析年级和性别对小学生科学推理能力的影响,之后分别分析小学生科学推理能力的年级特征(间接地反映年龄特征)以及小学生科学推理能力的性别特征。

### (一) 年龄及性别对小学生科学推理能力的影响分析

为了探究年级(间接地反映年龄特征)和性别对小学生科学推理能力影响的主效应和交互作用,本研究将三至六年级四个年级被试在"小学生科学推理能力测验"各科学推理维度项目得分及总量表得分,在年级和性别(4×2)两个因素上的差异进行复方差分析(MANOVA),得到年龄和性别对小学生科学推理能力的影响如表 4-7 所示。

表4-7 三至六年级小学生科学推理能力多变量检验

| 效应 | Wilks'λ① | F② | 假设 df | 误差 df | p③ | 效应值 |
|------|----------|-----|---------|---------|-----|--------|
| 性别 | 0.981 | 5.496*** | 4 | 1 155.00 | <0.001 | 0.019 |
| 年龄 | 0.873 | 13.418*** | 12 | 3 056.134 | <0.001 | 0.044 |
| 性别×年龄 | 0.995 | 0.463 | 12 | 3 056.134 | 0.936 | 0.002 |

注: $* p < 0.05, * * p < 0.01, * * * p < 0.001$(下文同)。

从表4-7可以看出,在性别上,$Wilks'λ = 0.981, F = 5.496, p < 0.001$,这说明三至六年级的小学生在科学推理能力方面存在显著的性别差异;在年龄上,$Wilks'λ = 0.873, F = 13.418, p < 0.001$,说明三至六年级的小学生在科学推理能力方面存在显著的年龄差异;在性别×年龄上,$Wilks'λ = 0.995, F = 0.463, p = 0.936$,这说明性别和年龄之间不存在显著的交互效应。

为了更进一步了解年龄和性别对科学推理的总能力及各推理分维度的主体间效应,我们对小学生科学推理能力主体间效应进行了检验,分析结果如表4-8所示。根据结果分析可知:第一,性别因素对三至六年级小学生在科学推理能力测验的推理、得出结论、证明和总得分上均有显著的主效应,在提出问题和设计实验这两方面不存在显著的主效应;第二,年级(年龄)对三至六年级小学生在科学推理能力测验的总得分和科学推理能力的各部分均有显著的主效应;第三,性别和年龄对三至六年级小学生在科学推理能力测验的总得分和科学推理能力的各部分均没有显著的交互效应。

表4-8 三至六年级小学生科学推理能力主体间效应的检验

| 来源 | 因变量 | SS | df | MS | F | p | 效应值 |
|------|--------|-----|-----|-----|-----|-----|--------|
| 性别 | 提出问题 | 0.034 | 1 | 0.034 | 0.143 | 0.705 | 0.000 |
| | 实验设计 | 0.076 | 1 | 0.076 | 0.137 | 0.711 | 0.000 |
| | 推理及得出结论 | 23.006 | 1 | 23.006 | 9.006* | 0.003 | 0.008 |

① $Wilks'λ$ 表示 Wilks 的 lambda 统计量,反映的是组内变异在总变异中的比例。

② $F$ 表示采用 F 检验,又称方差齐性检验(variance test)。

③ $p < 0.05$ 表示有统计学差异,$p < 0.01$ 表示有显著的统计学差异,$p < 0.001$ 表示有极其显著的统计学差异。

续　表

| 来源 | 因变量 | SS | df | MS | F | p | 效应值 |
|---|---|---|---|---|---|---|---|
| 年级 | 证明维度能力 | 7.416 | 1 | 7.416 | 15.082*** | 0.000 | 0.013 |
| | 总分 | 57.946 | 1 | 57.946 | 9.288** | 0.002 | 0.008 |
| | 提出问题 | 17.037 | 3 | 5.679 | 24.257*** | 0.000 | 0.059 |
| | 实验设计 | 30.546 | 3 | 10.182 | 18.360*** | 0.000 | 0.045 |
| | 推理及得出结论 | 328.581 | 3 | 109.527 | 42.875*** | 0.000 | 0.100 |
| | 证明维度能力 | 11.209 | 3 | 3.736 | 7.598*** | 0.000 | 0.019 |
| | 总分 | 959.708 | 3 | 319.903 | 51.275*** | 0.000 | 0.117 |
| 性别×年级 | 提出问题 | 0.097 | 3 | 0.032 | 0.138 | 0.937 | 0.000 |
| | 实验设计 | 0.492 | 3 | 0.164 | 0.296 | 0.829 | 0.001 |
| | 推理及得出结论 | 5.962 | 3 | 1.987 | 0.778 | 0.506 | 0.002 |
| | 证明维度能力 | 0.203 | 3 | 0.068 | 0.137 | 0.938 | 0.000 |
| | 总分 | 4.988 | 3 | 1.663 | 0.266 | 0.850 | 0.001 |
| 误差 | 提出问题 | 271.099 | 1 158 | 0.234 | | | |
| | 实验设计 | 642.183 | 1 158 | 0.555 | | | |
| | 推理及得出结论 | 2 958.219 | 1 158 | 2.555 | | | |
| | 证明维度能力 | 569.434 | 1 158 | 0.492 | | | |
| | 总分 | 7 224.652 | 1 158 | 6.239 | | | |

### (二) 小学生科学推理能力的年龄差异分析

从以上分析可知,三至六年级小学生科学推理能力在年龄方面存在显著的差异,但并不知道这些科学推理能力在各年龄段上的具体差异特征。为此,本研究采用单因素方差分析(one-way ANOVA)来分析三至六年级学生在科学推理能力测验中各项测验及总量表得分的年龄差异,同时还绘制了科学推理各维度和总量表得分的变化趋势图。

在进行单因素方差分析之前,本研究比较了各年级的小学生在科学推理测验各维度及总量表上的平均分和标准差,其结果如表4-9所示。

表4-9    三至六年级小学生科学推理能力测验的平均得分和标准差

| 年级 | | 三年级 | 四年级 | 五年级 | 六年级 |
|---|---|---|---|---|---|
| 人数 | | 291 | 231 | 275 | 280 |
| 提出问题 | M | 0.398 6 | 0.479 8 | 0.703 6 | 0.643 6 |
| | SD | 0.490 46 | 0.500 37 | 0.479 80 | 0.457 50 |
| 设计实验 | M | 0.958 8 | 1.015 6 | 1.290 9 | 1.332 1 |
| | SD | 0.769 02 | 0.717 90 | 0.775 37 | 0.713 69 |
| 推理及得出和 | M | 3.415 8 | 3.601 2 | 4.365 0 | 4.714 3 |
| 应用结论 | SD | 1.623 84 | 1.562 21 | 1.636 92 | 1.594 28 |
| 证明 | M | 1.175 3 | 1.168 2 | 1.312 7 | 1.403 6 |
| | SD | 0.704 82 | 0.743 55 | 0.686 43 | 0.675 74 |
| 总量表 | M | 5.948 5 | 6.264 8 | 7.605 8 | 8.153 6 |
| | SD | 2.435 53 | 2.478 97 | 2.571 63 | 2.536 05 |

　　从总体上看，三至六年级小学生在科学推理能力总得分、提出问题、设计实验、推理及得出和应用结论方面的表现呈现出逐年上升的趋势，在证明维度三年级得分比四年级高，五年级得分比六年级高，说明证明维度能力的发展不是线性的，而是波浪式的发展。

　　接下来分别分析年级(年龄)对科学推理能力各维度和总得分的差异性影响。三至六年级小学生科学推理能力各维度及总得分的单因素方差分析结果如表4-10所示。

表4-10    三至六年级小学生科学推理能力的年龄差异单因素方差分析

| 科学推理能力 | | SS | $df$ | MS | F | $p$ |
|---|---|---|---|---|---|---|
| 提出问题 | 组间 | 17.263 | 3 | 5.754 | 24.663*** | 0.000 |
| | 组内 | 271.351 | 1 163 | 0.233 | | |
| | 总数 | 288.614 | 1 166 | | | |
| 实验设计总分 | 组间 | 31.122 | 3 | 10.374 | 18.756*** | 0.000 |
| | 组内 | 643.265 | 1 163 | 0.553 | | |
| | 总数 | 674.387 | 1 166 | | | |
| 推理及得出和 | 组间 | 329.703 | 3 | 109.901 | 42.764*** | 0.000 |
| 应用结论 | 组内 | 2 986.293 | 1 162 | 2.570 | | |
| | 总数 | 3 315.997 | 1 165 | | | |
| 证明维度能力 | 组间 | 11.329 | 3 | 3.776 | 7.605*** | 0.000 |
| | 组内 | 577.480 | 1 163 | 0.497 | | |

续　表

| 科学推理能力 | | SS | df | MS | F | p |
|---|---|---|---|---|---|---|
| 总分 | 总数 | 588.809 | 1166 | | | |
| | 组间 | 966.045 | 3 | 322.015 | 51.352*** | 0.000 |
| | 组内 | 7 286.546 | 1 162 | 6.271 | | |
| | 总数 | 8 252.591 | 1 165 | | | |

从表 4-10 可知，年龄影响在科学推理能力的各维度之间均达到了显著的差异，但是究竟哪些配对年龄组别之间的差异性达到显著水平还不清楚，这一点需要进行事后比较才能得知。Tukey 检验也称为 Tukey HSD（Honestly Significant Difference）检验，用于比较多个样本均值两组之间的差异性。接下来采用 Tukey HSD 多重比较对科学推理能力在年龄上的差异进行事后分析，结果如表 4-11 所示。

表 4-11　年龄对科学推理能力影响差异的多重比较

| 因变量 | | (I)学生年级 | (J)学生年级 | 均值差(I−J) | SE | p | 95%置信区间 下限 | 上限 |
|---|---|---|---|---|---|---|---|---|
| 提出问题 | Tukey HSD | 三年级 | 四年级 | −0.081 13 | 0.039 10 | 0.162 | −0.181 7 | 0.019 5 |
| | | | 五年级 | −0.245 01*** | 0.040 62 | 0.000 | −0.349 5 | −0.140 5 |
| | | | 六年级 | −0.304 95*** | 0.040 44 | 0.000 | −0.409 0 | −0.200 9 |
| | | 四年级 | 三年级 | 0.081 13 | 0.039 10 | 0.162 | −0.019 5 | 0.181 7 |
| | | | 五年级 | −0.163 89*** | 0.039 69 | 0.000 | −0.266 0 | −0.061 8 |
| | | | 六年级 | −0.223 82*** | 0.039 50 | 0.000 | −0.325 4 | −0.122 2 |
| | | 五年级 | 三年级 | 0.245 01*** | 0.040 62 | 0.000 | 0.140 5 | 0.349 5 |
| | | | 四年级 | 0.163 89*** | 0.039 69 | 0.000 | 0.061 8 | 0.266 0 |
| | | | 六年级 | −0.059 94 | 0.041 01 | 0.461 | −0.165 4 | 0.045 6 |
| | | 六年级 | 三年级 | 0.304 95*** | 0.040 44 | 0.000 | 0.200 9 | 0.409 0 |
| | | | 四年级 | 0.223 82*** | 0.039 50 | 0.000 | 0.122 2 | 0.325 4 |
| | | | 五年级 | 0.059 94 | 0.041 01 | 0.461 | −0.045 6 | 0.165 4 |
| 实验设计 | Tukey HSD | 三年级 | 四年级 | −0.056 81 | 0.060 20 | 0.781 | −0.211 7 | 0.098 1 |
| | | | 五年级 | −0.332 15*** | 0.062 55 | 0.000 | −0.493 1 | −0.171 2 |
| | | | 六年级 | −0.373 38*** | 0.062 26 | 0.000 | −0.533 6 | −0.213 2 |
| | | 四年级 | 三年级 | 0.056 81 | 0.060 20 | 0.781 | −0.098 1 | 0.211 7 |
| | | | 五年级 | −0.275 33*** | 0.061 11 | 0.000 | −0.432 6 | −0.118 1 |
| | | | 六年级 | −0.316 57*** | 0.060 82 | 0.000 | −0.473 0 | −0.160 1 |

| 因变量 | | (I)学生年级 | (J)学生年级 | 均值差(I−J) | SE | p | 95%置信区间 下限 | 上限 |
|---|---|---|---|---|---|---|---|---|
| 推理及得出和应用结论 | Tukey HSD | 五年级 | 三年级 | 0.332 15 *** | 0.062 55 | 0.000 | 0.171 2 | 0.493 1 |
| | | | 四年级 | 0.275 33 *** | 0.061 11 | 0.000 | 0.118 1 | 0.432 6 |
| | | | 六年级 | −0.041 23 | 0.063 14 | 0.914 | −0.203 7 | 0.121 2 |
| | | 六年级 | 三年级 | 0.373 38 *** | 0.062 26 | 0.000 | 0.213 2 | 0.533 6 |
| | | | 四年级 | 0.316 57 *** | 0.060 82 | 0.000 | 0.160 1 | 0.473 0 |
| | | | 五年级 | 0.041 23 | 0.063 14 | 0.914 | −0.121 2 | 0.203 7 |
| | | 三年级 | 四年级 | −0.185 44 | 0.129 76 | 0.481 | −0.519 3 | 0.148 4 |
| | | | 五年级 | −0.949 16 *** | 0.134 95 | 0.000 | −1.296 3 | −0.602 0 |
| | | | 六年级 | −1.298 48 *** | 0.134 20 | 0.000 | −1.643 7 | −0.953 2 |
| | | 四年级 | 三年级 | 0.185 44 | 0.129 76 | 0.481 | −0.148 4 | 0.519 3 |
| | | | 五年级 | −0.763 72 *** | 0.131 85 | 0.000 | −1.102 9 | −0.424 5 |
| | | | 六年级 | −1.113 04 *** | 0.131 09 | 0.000 | −1.450 3 | −0.775 8 |
| | | 五年级 | 三年级 | 0.949 16 *** | 0.134 95 | 0.000 | 0.602 0 | 1.296 3 |
| | | | 四年级 | 0.763 72 *** | 0.131 85 | 0.000 | 0.424 5 | 1.102 9 |
| | | | 六年级 | −0.349 32 | 0.136 23 | 0.051 | −0.699 8 | 0.001 2 |
| | | 六年级 | 三年级 | 1.298 48 *** | 0.134 20 | 0.000 | 0.953 2 | 1.643 7 |
| | | | 四年级 | 1.113 04 *** | 0.131 09 | 0.000 | 0.775 8 | 1.450 3 |
| | | | 五年级 | 0.349 32 | 0.136 23 | 0.051 | −0.001 2 | 0.699 8 |
| 证明 | Tukey HSD | 三年级 | 四年级 | 0.007 03 | 0.057 04 | 0.999 | −0.139 7 | 0.153 8 |
| | | | 五年级 | −0.137 47 | 0.059 26 | 0.094 | −0.289 9 | 0.015 0 |
| | | | 六年级 | −0.228 31 *** | 0.058 99 | 0.001 | −0.380 1 | −0.076 5 |
| | | 四年级 | 三年级 | −0.007 03 | 0.057 04 | 0.999 | −0.153 8 | 0.139 7 |
| | | | 五年级 | −0.144 50 | 0.057 90 | 0.061 | −0.293 5 | 0.004 5 |
| | | | 六年级 | −0.235 35 *** | 0.057 62 | 0.000 | −0.383 6 | −0.087 1 |
| | | 五年级 | 三年级 | 0.137 47 | 0.059 26 | 0.094 | −0.015 0 | 0.289 9 |
| | | | 四年级 | 0.144 50 | 0.057 90 | 0.061 | −0.004 5 | 0.293 5 |
| | | | 六年级 | −0.090 84 | 0.059 82 | 0.427 | −0.244 8 | 0.063 1 |
| | | 六年级 | 三年级 | 0.228 31 *** | 0.058 99 | 0.001 | 0.076 5 | 0.380 1 |
| | | | 四年级 | 0.235 35 *** | 0.057 62 | 0.000 | 0.087 1 | 0.383 6 |
| | | | 五年级 | 0.090 84 | 0.059 82 | 0.427 | −0.063 1 | 0.244 8 |
| 总分 | Tukey HSD | 三年级 | 四年级 | −0.316 34 | 0.202 69 | 0.402 | −0.837 8 | 0.205 1 |
| | | | 五年级 | −1.657 39 *** | 0.210 79 | 0.000 | −2.199 7 | −1.115 1 |
| | | | 六年级 | −2.205 12 *** | 0.209 63 | 0.000 | −2.744 4 | −1.665 8 |
| | | 四年级 | 三年级 | 0.316 34 | 0.202 69 | 0.402 | −0.205 1 | 0.837 8 |
| | | | 五年级 | −1.341 04 *** | 0.205 96 | 0.000 | −1.870 9 | −0.811 2 |

续　表

| 因变量 | (I)学生年级 | (J)学生年级 | 均值差(I−J) | SE | p | 95%置信区间 下限 | 上限 |
|---|---|---|---|---|---|---|---|
| | 五年级 | 六年级 | −1.888 77*** | 0.204 77 | 0.000 | −2.415 6 | −1.362 0 |
| | | 三年级 | 1.657 39*** | 0.210 79 | 0.000 | 1.115 1 | 2.199 7 |
| | | 四年级 | 1.341 04*** | 0.205 96 | 0.000 | 0.811 2 | 1.870 9 |
| | | 六年级 | −0.547 73*** | 0.212 79 | 0.050 | −1.095 2 | −0.000 3 |
| | 六年级 | 三年级 | 2.205 12*** | 0.209 63 | 0.000 | 1.665 8 | 2.744 4 |
| | | 四年级 | 1.888 77*** | 0.204 77 | 0.000 | 1.362 0 | 2.415 6 |
| | | 五年级 | 0.547 73*** | 0.212 79 | 0.050 | 0.000 3 | 1.095 2 |

以上是年龄在三至六年级小学生科学推理能力中各维度及总量表上的描述性统计分析和单因素方差分析的结果,下面逐一分析科学推理能力各维度及总量表得分的年龄差异性。

1. 在提出问题上得分的年龄差异分析

从表 4-10 可知,三至六年级小学生在提出问题上的得分,$F=24.663***$,$p<0.001$,说明小学生在提出问题的能力上存在显著的年龄差异;对表 4-11 中的数据采用 Tukey HSD 方法多重事后分析可知,三年级学生在提出问题能力方面得分低于四年级、五年级和六年级学生,但只与五年级($HSD=-0.245 01***$,$p<0.001$)和六年级($HSD=-0.304 95***$,$p<0.001$)学生存在显著差异;四年级学生在提出问题能力方面高于三年级学生,而低于五年级、六年级学生,但只与五年级($HSD=-0.163 89***$,$p<0.001$)、六年级($HSD=-0.223 82***$,$p<0.001$)的学生存在显著差异;五年级学生在提出问题能力方面得分高于三年级和四年级学生,而低于六年级学生,但只与三年级($HSD=0.245 01***$,$p<0.001$)、四年级($HSD=0.163 89***$,$p<0.001$)学生存在显著差异;六年级学生在提出问题能力方面高于三年级、四年级、五年级学生,但只与三年级($HSD=0.304 95***$,$p<0.001$)、四年级($HSD=0.223 82***$,$p<0.001$)学生存在显著差异。

根据表 4-9 中的数据,将三至六年级学生在提出问题方面的年级平均得分绘制成折线图,目的是直观地反映三至六年级学生在提出问题方面的能力发展趋势,如图 4-23 所示。从图中可以看出,随着年龄的增长,小学生在提出问题方面的得分逐渐提升,并且四年级到五年级学生在提出问题方面的得

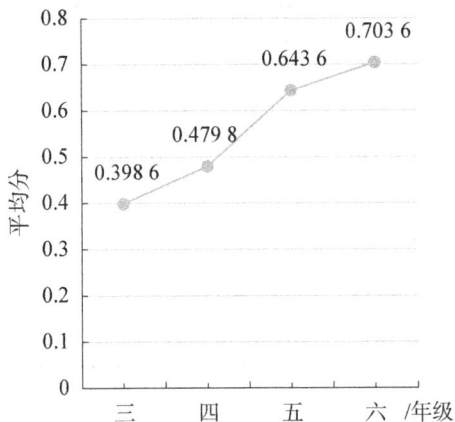

图 4 - 23　提出问题能力的发展趋势图

分增长得最快,次之是三年级至四年级学生,五年级至六年级学生在提出问题方面的得分增长得较为缓慢。

综上所述,从统计学意义上来看,三年级至五年级阶段是学生科学推理能力中提出问题能力迅速提高的时期,五年级至六年级学生科学推理能力中提出问题能力发展缓慢,且三年级至四年级学生,五年级至六年级学生不存在统计学上的显著差异,这说明在三年级至四年级及五年级至六年级这两个区间小学生科学推理能力中提出问题能力分别处于两个相同的水平,四年级与五年级学生在科学推理能力中提出问题能力方面存在显著差异,即四年级至五年级是小学生提出问题能力发展的关键时期。

### 2. 在实验设计上得分的年龄差异分析

从表 4 - 10 可知,三至六年级小学生在实验设计上的得分,$F = 18.756^{***}$,$p < 0.001$,说明小学生在实验设计上的能力上存在显著的年龄差异;对表 4 - 11 中的数据,采用 Tukey HSD 方法进行多重事后分析可知,三年级的学生在实验设计能力方面的得分低于四年级、五年级和六年级学生,但只与五年级($HSD = -0.332\,15^{***}$,$p < 0.001$)和六年级($HSD = -0.373\,38^{***}$,$p < 0.001$)学生存在显著差异;四年级学生在实验设计能力方面的得分高于三年级学生,而低于五年级、六年级学生,但只与五年级($HSD = -0.275\,33^{***}$,$p < 0.001$)、六年级($HSD = -0.316\,57^{***}$,$p < 0.001$)

学生存在显著差异;五年级学生在实验设计能力方面得分高于三年级和四年级学生,而低于六年级学生,但只与三年级(HSD=0.332 15***, $p<0.001$)、四年级(HSD=0.275 33***, $p<0.001$)学生存在显著差异;六年级学生在实验设计能力方面高于三年级、四年级、五年级,但只与三年级(HSD=0.373 38***, $p<0.001$)、四年级(HSD=0.316 57***, $p<0.001$)学生存在显著差异。

根据表4-9中的数据,将三至六年级学生在实验设计方面的年级平均得分绘制成折线图,目的是直观地反映三至六年级学生在实验设计方面的发展趋势图,如图4-24所示。从图中可以看出,随着年龄的增长,小学生在实验设计方面的得分逐渐提高,并且四年级至五年级学生在实验设计方面的得分提高得最快,次之是三年级至四年级的学生,五年级至六年级学生在实验设计方面的得分提升得较为缓慢。

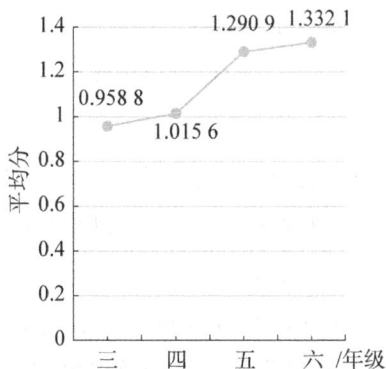

图4-24  实验设计能力的发展趋势图

从统计学意义上来看,三年级至五年级是学生科学推理能力中实验设计能力迅速提高的时期,五年级到六年级学生科学推理能力中实验设计能力发展缓慢,且三年级至四年级及五年级至六年级学生在实验设计方面不存在统计学上的显著差异,这说明三年级至四年级及五年级至六年级这两个区间小学生科学推理能力中实验设计能力的发展分别处于两个相同的水平,且四年级和五年级学生科学推理能力中实验设计能力存在显著差异,因此四年级至五年级是学生科学推理能力中实验设计能力提高的关键年龄阶段。

### 3. 在推理及得出和应用结论上得分的年龄差异分析

由表 4-10 可知,三至六年级学生在进行推理及得出和应用结论的得分上,$F=42.764^{***}$,$p<0.001$,说明小学生在进行推理及得出和应用结论的能力上存在显著的年龄差异。根据表 4-11 中的数据,采用 Tukey HSD 方法进行多重事后分析可知,三年级学生在进行推理及得出和应用结论能力方面得分低于四年级、五年级和六年级学生,但只与五年级($HSD=-0.94916^{***}$,$p<0.001$)和六年级($HSD=-1.29848^{***}$,$p<0.001$)学生存在显著差异;四年级学生在进行推理及得出和应用结论能力方面高于三年级学生,低于五年级、六年级,但只与五年级($HSD=-0.76372^{***}$,$p<0.001$)、六年级($HSD=-1.11304^{***}$,$p<0.001$)学生存在显著差异;五年级学生在进行推理及得出和应用结论能力方面高于三年级和四年级学生,低于六年级学生,但只与三年级($HSD=0.94916^{***}$,$p<0.001$)、四年级($HSD=0.76372^{***}$,$p<0.001$)学生存在显著差异;六年级学生在推理及得出和应用结论能力方面得分高于三年级、四年级、五年级学生,但只与三年级($HSD=1.29848^{***}$,$p<0.001$)、四年级($HSD=1.11304^{***}$,$p<0.001$)学生存在显著差异。

根据表 4-9 中的数据,将三至六年级小学生在推理及得出和应用结论能力方面年级平均得分绘制成折线图,目的是直观地反映三至六年级学生在推理及得出和应用结论方面的发展趋势图,如图 4-25 所示。从图中可以看出,随着年龄的增长,小学生在推理及得出和应用结论能力方面的得分逐渐提升,并且四年级到五年级阶段的学生在推理及得出和应用结论方面的得分提高得最快,三年级至四年级和五年级至六年级这两个阶段的学生在推理及得出和应用结论能力方面的得分提高得较为缓慢。

从统计学意义上来看,四年级至五年级是被试的科学推理能力中推理及得出和应用结论能力迅速提高的时期,三年级至四年级和五年级至六年级这两个阶段被试的科学推理能力推理及得出和应用结论能力发展缓慢,且三年级至四年级及五年级至六年级学生在该能力方面不存在统计学上的显著差异,这说明在三年级至四年级及五年级到六年级这两个区间,小学生科学推理能力中推理及得出和应用结论能力分别处于两个相同的发展水平。综上所述,四年级至五年级是学生科学推理能力中推理及得出和应用结论能力发

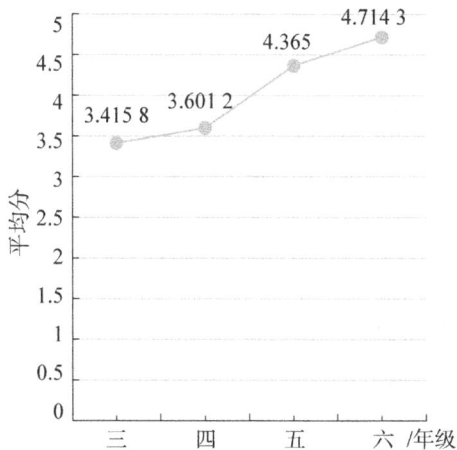

图 4-25　学生推理及得出和应用结论能力的发展趋势图

展的关键时期。

### 4. 在证明上得分的年龄差异分析

从表 4-10 可知，三至六年级学生在证明能力方面的得分上，$F=$ 7.605***，$p<0.001$，说明小学生在证明的能力上存在显著的年龄差异。根据表 4-11 中的数据，采用 Tukey HSD 方法进行多重事后分析可知，三年级学生在证明能力方面的得分高于四年级，低于五年级和六年级，但只与六年级（HSD=−0.228 31***，$p<0.001$）学生存在显著差异；四年级学生在证明能力方面的得分低于三年级、五年级、六年级，但只与六年级（HSD= −0.235 35***，$p<0.001$）学生存在显著差异；五年级学生在证明能力方面的得分高于三年级和四年级学生，低于六年级，但与三年级（HSD=0.137 47，$p>0.05$）、四年级（HSD=0.144 50，$p>0.05$）和六年级（HSD=−0.908 4，$p>0.05$）学生均不存在显著差异；六年级学生在证明能力方面的得分高于三年级、四年级、五年级，但只与三年级（HSD=0.228 31**，$p=0.001$）、四年级（HSD=0.235 35***，$p<0.001$）学生存在显著差异。

根据表 4-9 中的数据，将三至六年级学生在证明方面的年级平均得分绘制成折线图，目的是直观地反映三至六年级学生在证明能力方面的发展趋势，如图 4-26 所示。从图中可以看出，随着年龄的增长，小学生在证明能力方面的得分总体上逐渐提升，三年级至四年级有下降的趋势，并且四年级到五年级的学生在证明能力方面的得分提高得最快，五年级至六年级学生在证明能力方面的得分提升得较为缓慢。

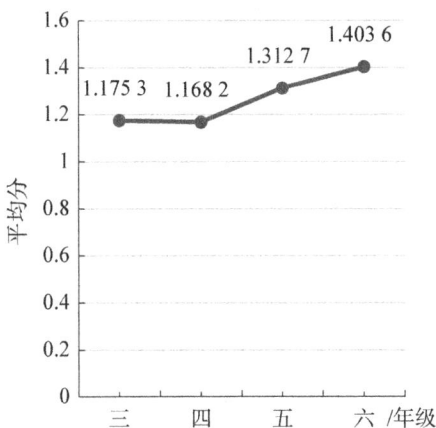

图 4 - 26    学生证明能力的发展趋势图

从统计学意义上看，四年级至五年级是被试的科学推理能力中证明能力迅速提高的时期，五年级到六年级被试科学推理能力中证明能力发展缓慢，且三年级至五年级以及五年级至六年级学生在该能力表现上不存在统计学上的显著差异，这说明三年级至五年级学生、五年级至六年级学生科学推理能力中的证明能力分别处于两个相同的水平，此外，四与六年级学生在这方面得分的显著性差异水平高于三年级与六年级年学生得分的显著性差异水平，这说明四至六年级是小学生科学推理能力中证明能力迅速发展的关键时期。

### 5. 在总量表上得分的年龄差异分析

以上分析了不同年龄组之间科学推理能力各方面之间的差异，接下来分析不同年龄组之间科学推理能力在总量表得分上的差异。

由表 4 - 10 可知，三至六年级学生在科学推理能力测验的总得分上，$F = 51.352^{***}$，$p < 0.001$，说明小学生在科学推理的总能力上存在显著的年龄差异。根据表 4 - 11 中的数据，采用 Tukey HSD 方法的多重事后分析可知，三年级的学生在科学推理的总能力方面得分低于四年级、五年级和六年级学生，但只与五年级（$HSD = -1.657\ 39^{***}$，$p < 0.001$）、六年级（$HSD =$

$-2.205\,12^{***}$，$p<0.001$)学生存在显著差异;四年级学生在科学推理的总能力方面得分高于三年级,低于五年级、六年级学生,但只与五年级(HSD=$-1.341\,04^{***}$，$p<0.001$)、六年级(HSD=$-1.888\,77^{***}$，$p<0.001$)学生存在显著差异;五年级学生在科学推理的总能力方面的得分高于三年级和四年级,而低于六年级学生,且与三年级(HSD=$1.657\,39$，$p<0.001$)、四年级(HSD=$1.341\,04$，$p<0.001$)和六年级(HSD=$-0.547\,73$，$p<0.05$)学生均存在显著差异;六年级学生在科学推理的总能力方面得分高于三年级、四年级、五年级学生,且与三年级(HSD=$2.205\,12^{***}$，$p<0.001$)、四年级(HSD=$1.888\,77^{***}$，$p<0.001$)和五年级(HSD=$0.547\,73$，$p<0.05$)学生均存在显著差异。

根据表4-9中的数据,将三至六年级学生科学推理能力测验总得分的年级平均得分绘制成折线图,目的是直观地反映三至六年级小学生科学推理总能力的发展趋势,如图4-27所示。从图中可以看出,随着年龄的增长,小学生科学推理能力方面的得分总体上逐渐提升,四年级至五年级学生在科学推理能力方面的得分提高得最快,三年级至四年级和五年级至六年级这两个阶段的学生在科学推理能力方面的得分提升得较为缓慢。

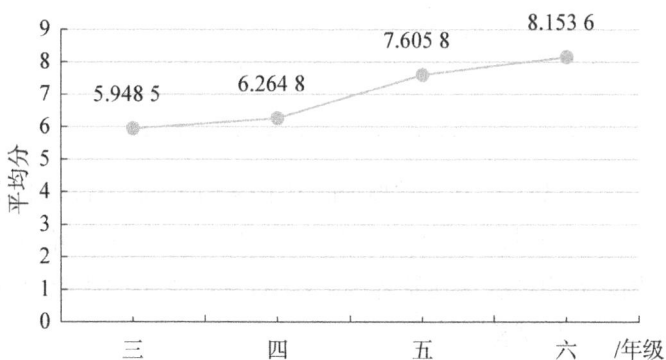

图4-27 小学生科学推理总体能力的发展趋势

从统计学意义上来看,四年级至五年级阶段被试的科学推理能力迅速提高,三年级至四年级、五年级至六年级阶段被试的科学推理能力发展缓慢,且除了三年级与四年级学生在该能力表现上不存在统计学上的显著差异,其他年级学生之间均存在统计学差异，这说明三年级至四年级的小学生科学推理能力处于同一水平，四年级至六年级是小学生科学推理能力发展的关键时期。

**(三) 小学生科学推理能力的性别差异分析**

以上分析了小学生科学推理能力随年龄发展的特点，接下来从性别角度分析科学推理各方面能力及总能力发展的特点。为了分析各年龄段学生的科学推理能力是否存在性别差异，下面采用独立样本 $t$ 检验进行分析。

1. 在提出问题上得分的性别差异分析

三至六年级不同年龄的被试在科学推理能力中提出问题方面得分的性别差异如表 4－12 和图 4－28 所示。

表 4－12　不同年龄组被试在提出问题上得分的性别差异

|  | 性别 | $N$ | $M$ | $SD$ | $t$ | $p$ |
|---|---|---|---|---|---|---|
| 三年级 | 男 | 153 | 0.398 7 | 0.491 24 | 0.002 | 0.998 |
|  | 女 | 138 | 0.398 6 | 0.491 38 |  |  |
| 四年级 | 男 | 173 | 0.474 0 | 0.500 77 | −0.223 | 0.824 |
|  | 女 | 148 | 0.486 5 | 0.501 51 |  |  |
| 五年级 | 男 | 138 | 0.659 4 | 0.475 63 | 0.547 | 0.585 |
|  | 女 | 137 | 0.627 7 | 0.485 18 |  |  |
| 六年级 | 男 | 150 | 0.713 3 | 0.453 72 | 0.383 | 0.702 |
|  | 女 | 130 | 0.692 3 | 0.463 32 |  |  |

从表 4－12 可以看出，在科学推理能力中提出问题能力得分上，除了四年级的女生高于男生外，其他年级皆是男生高于女生；从性别差异的检验来看，各年级中性别差异均没有达到显著水平，这说明在提出问题能力方面，三至六年级学生不存在性别差异。

从图 4－28 可以直观地看出，随着年龄的增长，小学生在提出问题的能力均在不断地提升，除了四年级女生在这方面的能力高于男生外，其余年级皆是男生提出问题的能力高于女生。此外，从图 4－28 中还可以看出，从四年级开始，男生的提问能力发展速度高于女生。

2. 在实验设计上得分的性别差异分析

三至六年级不同年龄的被试在科学推理能力中实验设计能力方面得分

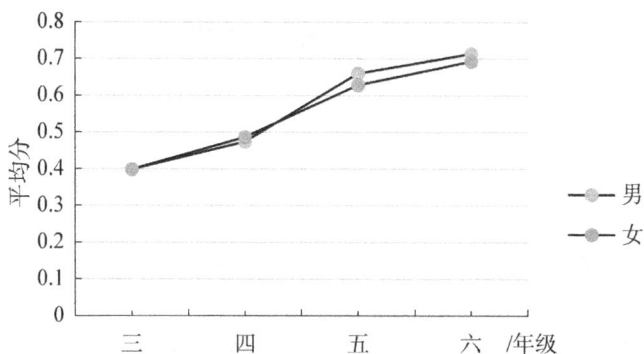

图 4-28 被试在科学推理的提出问题项目中得分的性别差异

的性别差异如表 4-13 和图 4-29 所示。

表 4-13 不同年龄组被试在实验设计上得分的性别差异

| 年级 | 性别 | N | M | SD | t | p |
|------|------|------|--------|---------|--------|-------|
| 三年级 | 男 | 153 | 0.9673 | 0.78152 | 0.200 | 0.842 |
| | 女 | 138 | 0.9493 | 0.75766 | | |
| 四年级 | 男 | 173 | 0.9884 | 0.73127 | -0.732 | 0.465 |
| | 女 | 148 | 1.0473 | 0.70310 | | |
| 五年级 | 男 | 138 | 1.2609 | 0.79510 | -0.644 | 0.520 |
| | 女 | 137 | 1.3212 | 0.75668 | | |
| 六年级 | 男 | 150 | 1.3467 | 0.75072 | 0.365 | 0.715 |
| | 女 | 130 | 1.3154 | 0.67093 | | |

从表 4-13 可以看出,三年级和六年级的被试在实验设计项目的得分上,男生高于女生,但不存在性别差异;四年级和五年级的小学生在实验设计项目的得分上,女生高于男生,但不存在性别差异。

从图 4-29 可以看出,除了三年级和六年级男生在实验设计能力方面的得分高于女生外,四年级和五年级女生在实验设计能力方面的得分都高于男生。从发展趋势来看,男生从四年级开始,实验设计的能力一直处于上升趋势,女生实验设计的能力从三年级至五年级一直处于上升趋势,并且增长速度高于男生,但五年级至六年级则有下降的趋势。

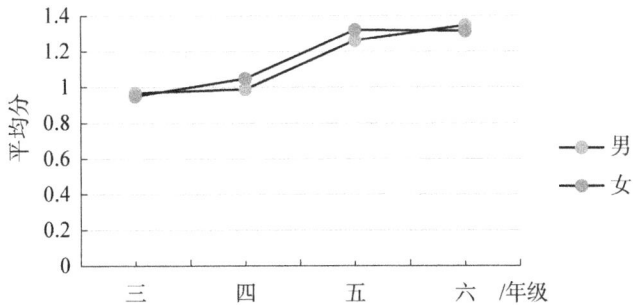

图 4 - 29  被试在科学推理的实验设计项目上得分的性别差异

### 3. 在推理及得出和应用结论上得分的性别差异分析

三至六年级不同年龄被试在科学推理能力的推理及得出和应用结论项目得分的性别差异如表 4 - 14 和图 4 - 30 所示。

表 4 - 14  不同年龄组被试在推理及得出和应用结论上得分的性别差异

| 年级 | 性别 | $N$ | $M$ | $SD$ | $t$ | $p$ |
|------|------|-----|-----|------|-----|-----|
| 三年级 | 男 | 153 | 3.202 6 | 1.619 61 | −2.377* | 0.018 |
|      | 女 | 138 | 3.652 2 | 1.601 33 | | |
| 四年级 | 男 | 173 | 3.572 3 | 1.552 09 | −0.359 | 0.720 |
|      | 女 | 148 | 3.635 1 | 1.578 55 | | |
| 五年级 | 男 | 138 | 4.217 4 | 1.716 13 | −1.507 | 0.133 |
|      | 女 | 136 | 4.514 7 | 1.544 33 | | |
| 六年级 | 男 | 150 | 4.566 7 | 1.758 65 | −1.670 | 0.096 |
|      | 女 | 130 | 4.884 6 | 1.367 59 | | |

从表 4 - 14 可以看出，三至六年级被试在推理及得出和应用结论能力上的得分女生高于男生，三年级学生存在性别差异，其余年级不存在性别差异，这说明三年级女生在这方面的能力高于男生，其他年级的男女生在这方面的能力处于同一水平。

从图 4 - 30 可以看出，三至六年级的学生在推理及得出和应用结论能力方面的得分女生均高于男生；男生在这方面能力的得分从三年级至六年级均处于上升趋势，五年级至六年级阶段上升趋势减缓；女生在这方面能力的得分从三年级至四年级有下降的趋势，从四年级开始一直处于上升的趋势，五年级至六年级阶段上升的趋势减慢。

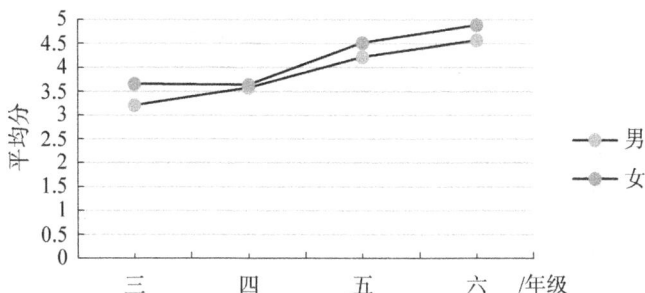

图 4-30　被试科学推理的推理得出和应用结论项目上得分的性别差异

### 4. 在证明能力上得分的性别差异分析

三至六年级不同年龄的被试在科学推理能力中证明方面得分的性别差异如表 4-15 和图 4-31 所示。

表 4-15　不同年龄组被试在证明项目上得分的性别差异

| 年级 | 性别 | N | M | SD | t | p |
|---|---|---|---|---|---|---|
| 三年级 | 男 | 153 | 1.085 0 | 0.742 93 | −2.318* | 0.021 |
|  | 女 | 138 | 1.275 4 | 0.648 05 |  |  |
| 四年级 | 男 | 173 | 1.109 8 | 0.742 85 | −1.525 | 0.128 |
|  | 女 | 148 | 1.236 5 | 0.741 04 |  |  |
| 五年级 | 男 | 138 | 1.239 1 | 0.720 45 | −1.792 | 0.074 |
|  | 女 | 137 | 1.386 9 | 0.644 53 |  |  |
| 六年级 | 男 | 150 | 1.320 0 | 0.707 77 | −2.239* | 0.026 |
|  | 女 | 130 | 1.500 0 | 0.625 68 |  |  |

从表 4-15 可以看出,在三至六年级的学生中,女生在科学推理能力中证明方面得分高于男生;从性别差异来看,三年级及六年级的学生在这方面的能力存在性别差异,四年级及五年级的学生在这方面的能力不存在性别差异,这说明四年级及五年级的男生和女生在这方面的能力处于同一水平。

如图 4-31 所示,男生从三年级开始,在科学推理能力中证明方面的得分一直处于上升趋势;女生在三年级至四年级这一阶段,科学推理能力中证明方面的得分有所下降,从四年级开始,这方面的得分一直处于上升趋势;在任何一个年龄阶段,女生在这方面的得分均高于男生。

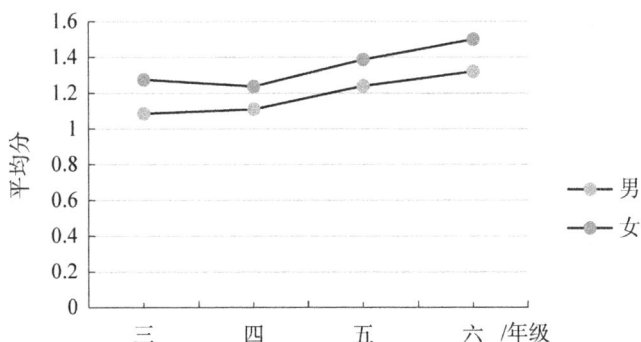

图 4-31　被试科学推理的证明项目得分的性别差异

### 5. 在总量表上得分的性别差异分析

以上分别分析了小学生科学推理能力水平各维度得分的性别差异,接下来分析三至六年级学生在科学推理能力总测验得分上是否存在性别差异,结果如表 4-16 和图 4-32 所示。

表 4-16　不同年龄组被试科学推理能力总测验得分的性别差异

|  | 性别 | $N$ | $M$ | $SD$ | $t$ | $p$ |
|---|---|---|---|---|---|---|
| 三年级 | 男 | 153 | 5.6536 | 2.50084 | −2.189* | 0.029 |
|  | 女 | 138 | 6.2754 | 2.32652 |  |  |
| 四年级 | 男 | 173 | 6.1445 | 2.56019 | −0.940 | 0.348 |
|  | 女 | 148 | 6.4054 | 2.38144 |  |  |
| 五年级 | 男 | 138 | 7.3768 | 2.72914 | −1.488 | 0.138 |
|  | 女 | 136 | 7.8382 | 2.38893 |  |  |
| 六年级 | 男 | 150 | 7.9467 | 2.79209 | −1.469 | 0.143 |
|  | 女 | 130 | 8.3923 | 2.19052 |  |  |

从表 4-16 可以看出,三年级到六年级的男生科学推理能力测验总得分均低于女生,但只有三年级的学生在科学推理能力测验的总得分上存在显著差异,这说明三年级的女生科学推理能力显著高于男生,其余年级的男女生科学推理能力处于同一发展水平。

从图 4-32 可以看出,男生从三年级开始,科学推理能力测验总得分在不断提高,其中,四年级至五年级阶段提升最快,其次是三年级至四年级阶段,

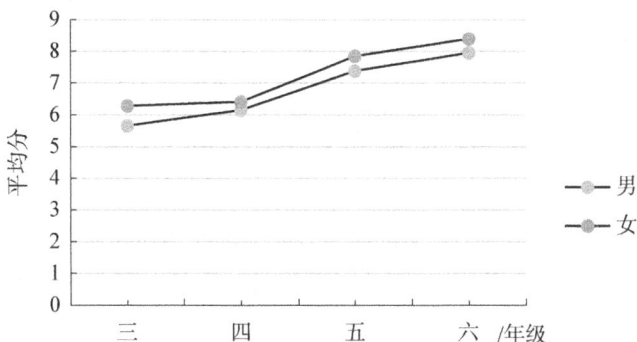

图 4 - 32　学生科学推理测验总得分的性别差异

五年级至六年级阶段提升的趋势渐缓;女生在三年级至四年级阶段的总得分有下降的趋势,四年级至五年级阶段总得分则迅速提升,五年级至六年级阶段提升的趋势渐缓;总体而言,女生的科学推理测验的总得分高于男生。

## 五、研究结论

为了解小学生科学推理能力的情况,本研究首先开发了小学生科学推理能力测验项目;其次,从年龄和性别两个角度对小学生科学推理能力调查结果进行分析,可以得出如下结论:

第一,本研究开发的小学生科学推理能力测验项目具有良好的信效度。经过两轮修订后最终形成的 12 道题目的加权拟合值的区间为[0.85,1.15],在模型要求的区间[0.7,1.3]之内,符合 Rasch 模型的要求,表明这 12 道测试题能较好地反映小学生科学推理能力的测评要求;试卷的总信度系数 $\alpha = 0.90$,说明问卷的信度是非常理想的。此外,本测试卷还经过科学教育专家、小学科学教师和小学生的审读与修订,这保证了项目的效度。

第二,年龄和性别对小学生科学推理能力均有显著的影响,但性别和年龄对小学生科学推理能力没有显著的交互效应。

第三,三至六年级学生科学推理总能力及各分维度的发展存在显著的年龄差异。随着年龄的增长,科学推理总能力及各分维度能力呈现出持续发展的趋势,但是这种发展趋势不是直线上升,而是波浪式上升。具体而言,在科学推理能力的"提出问题""实验设计""推理、得出和应用结论"维度,能力随着年龄的增长而呈现上升趋势,但只有四年级至五年级这一连续阶段存在显著差异,这说明四年级至五年级是小学科学推理能力中这三个维度能力发展的关键时期;在科学推理的"证明"维度,其能力随着年龄的增长呈现出增长的趋势,但只有三年级和六年级以及四年级和六年级之间存在显著差异,这说明四年级至六年级是小学生科学推理能力证明维度迅速发展的关键时期;在科学推理能力测验的总得分上,呈现出随着年级的增长而增加的趋势,除了三年级和四年级之间不存在显著的差异外,其余各年级间均存在显著的差异,这说明四年级至六年级是小学生科学推理总能力迅速发展的关键时期。

第四,三至六年级小学生科学推理能力及其各维度的发展具有性别差异。总体而言,随着年龄的增长,男生和女生的科学推理能力具有增长的趋势,女生科学推理能力的总得分高于男生,但科学推理能力各维度的增长趋势不同。具体而言,在科学推理的"提出问题"维度,除了四年级外,其余年级的男生在这方面的能力高于女生,性别之间不存在显著差异;在科学推理能力的"实验设计"维度,三年级和六年级的男生能力高于女生,而四年级和五年级女生能力高于男生,性别之间不存在显著差异;在科学推理的"推理及得出和应用结论""证明"以及总能力维度,女生的得分高于男生。其中,在科学推理能力的"推理及得出和应用结论"维度和总体能力维度,三年级的男生与女生之间存在显著的性别差异;在科学推理的"证明"维度,三年级和六年级男生与女生之间存在显著的性别差异。

综上所述,四年级及五年级学生科学推理能力的总能力及各分维度均不存在显著的性别差异,三年级学生在科学推理能力的"总能力""推理及得出和应用结论""证明"三个维度存在显著的性别差异,六年级学生在科学推理的"证明"维度存在显著的性别差异;在科学推理能力的"总能力""推理及得出和应用结论""证明"三个维度,女生的能力高于男生;在"提出问题"维度,除四年级女生能力高于男生外,其余三个年级男生能力高于女生;在"实验设计"维度,三年级和六年级男生的能力高于女生,四年级和五年级女生的能力高于男生。

## 第五章

# 小学生科学推理能力的促进者：
# 教师、父母及同伴

在上一章中，通过小学生科学推理能力测验，得出了小学生科学推理能力的发展情况以及性别差异。为了提升小学生科学推理能力，发展小学生的科学素养，还需要了解影响小学生科学推理能力发展的因素。在本章中，首先对文献进行梳理，提出影响小学生科学推理能力发展的因素，并编制小学生科学推理能力影响因素的初测问卷。其次，对小学生科学推理能力进行调查，根据调查结果对问卷进行结构效度和信度的分析，进而修订调查问卷。最后，使用修订后的小学生科学推理能力影响因素问卷进行调查，分析影响小学生科学推理能力的因素，进而从创造良好的学习环境角度为促进小学生科学推理能力的发展提供参考。

## 一、研究目的与方法

本研究的目的是调查影响小学生科学推理能力的外部因素以及这些因素之间的关系。为达到这一目的，首要任务是开发具有较高效度与信度的调查问卷，其次是根据研究目的，使用编制的问卷进行调查，并对调查结果进行分析。

为保证调查问卷的信度与效度，首先，根据已有的文献提取影响小学生科学推理能力的因素；其次，根据提取的因素做出假设并开发调查问卷，并对所开发的问卷进行专家审查、一线小学教师修订及小部分学生试测；再次，使用修订的问卷进行调查，调查对象为某所小学三至六年级的学生，每个年级随机抽取一个班进行调查；最后，用因素分析法对调查问卷进行两轮修订，形成最终的调查问卷。在开发出具有较高信度及效度的调查问卷之后，再进行大规模的调查。

在分析影响小学生科学推理能力的影响因素时，不仅要研究影响因素的构成要素，还要研究这些构成要素对小学生科学推理能力作用的大小及方向。这一研究可以通过结构方程模型来表达，本研究使用 AMOS22.0 软件对影响小学生科学推理能力的因素进行结构方程模型分析。

## 二、小学生科学推理能力促进者模型的初步构建

### (一) 影响因素的选择

影响小学生科学推理能力发展的外部因素主要有哪些？接下来基于已有文献从教师因素、家庭因素及同伴因素三方面进行梳理，以期为小学生科学推理能力影响因素的问卷编制提供参考。

#### 1. 教师教学内容、方式对学生科学推理能力发展的影响

相关研究表明：有必要对学生进行科学推理能力的教学。库恩分析了科学推理这种高阶思维及其教育意蕴后指出，学生的这些高阶推理技能不能在传统课程中自然而然地发展，相反，这些技能本身就应作为合法和重要的教育目标得到重视[1]。在基于科学推理能力和策略文献分析的基础之上，齐默尔曼建议将科学推理能力作为科学学术能力和内容领域进行教学[2]。

安德森和加西亚分析了与科学推理相关的策略，包括提出假设（问题提出，作出假设）、实验设计（设计实验和调查问题空间）、证据评估（解释数据，收集数据并作出推断）、记录数据和检查数据，论证，用元认知来解释科学推理的质量[3]。他们认为，在提出问题方面，教师需要帮助学生将他们关于自然现象的好奇转化为探究问题，这些活动形成一种将给定的好奇转化成可

---

① Kuhn D. Do students need to be taught how to reason? [J]. Educational Research Review, 2009(1):1-6.

② Zimmerman C. The development of scientific reasoning skills [J]. Developmental Review, 2000(1):99-149.

③ Andersen C, Garcia M M. Scientific reasoning during inquiry [M]//Science Education. SensePublishers, 2017:106.

探究问题的方式，任务问题（目标是什么）必须转化成策略问题（达到目标我将做什么）。提出问题是高阶思考能力中的一种，这就明确要求科学教师"鼓励他们的学生提出相关的、在情景中有意义的问题，并坚持锻炼这方面的能力"。此外，他们从实验设计、证据评价、论证等方面分析了学生存在的问题及背后的原因。最后，他们认为当学生决定使用哪种科学推理策略时，元认知起着重要的中介作用，科学推理的发展不仅涉及策略的获取，而且涉及元层次知识的获取。由此可见，教师是否采用科学探究的教学方式，是否对科学推理的元认知层面进行教学，可能是影响学生科学推理能力发展的因素，这需要通过调查来进一步证实。有研究也提出了科学推理涉及一系列复杂的认知和元认知技能，这些能力的发展和巩固需要大量的练习和实践[1]。

陈俊廷和佘晓清等人对有无整合科学推理对科学探究的影响进行了研究，结果表明：整合科学推理的科学探究教学组的学生在科学概念、科学探究、基于概念的科学推理方面的表现均优于没有整合科学推理的控制组[2]；从科学探究实验单来看，实验组能提出更多可检验的假设，且实验组基于证据的解释水平高于控制组。这项研究也间接地说明了探究教学对学生科学推理能力具有影响。

有学者研究了通过建模教学来促进学生科学推理能力的发展。坎特（Kant J M），沙伊特（Scheiter K）等人的研究表明，科学推理能力可以通过技术增强的探究任务或演示如何进行虚拟实验的视频建模示例获得，并且讨论了使用这些教学方法的策略[3]。海恩斯（Heijnes D）等研究了通过绘图建模来促进学生科学推理能力的发展，结果表明基于绘图建模的教学能促进学生科

① Zimmerman C. The development of scientific thinking skills in elementary and middle School [J]. Developmental Review, 2007(2):172-223.
② Chen C T, She H C. The effectiveness of scientific inquiry with/without integration of scientific reasoning [J]. International Journal of Science & Mathematics Education, 2015(1):1-20.
③ Kant J M, Scheiter K, Oschatz K. How to sequence video modeling examples and inquiry tasks to foster scientific reasoning [J]. Learning & Instruction, 2017(4):46-58.

学推理能力的发展①。

有学者比较了直接教学和任务建构(direct instruction and task structuring)对高年级小学生的科学推理能力的提升效果。拉赞德等人的研究表明,直接教学和任务建构同样有效,且优于没有指导的探究活动,同时,这两种教学方式还能让学生形成更多可检验的假设以及进行更有效的推理②。

此外,科学本质是科学推理内容的重要组成部分。在科学推理能力测评量表的开发中,有研究将科学本质作为科学推理能力的组成部分,开发了小学生科学推理能力的量表,这些量表通过了心理测量学的验证③。科学本质作为科学推理能力的重要组成部分也在更多的研究中被证实④。

通过以上分析可以发现,教师开展科学探究教学、科学推理方法的教学、关于科学推理元认知的教学以及科学本质观的教学,都对学生科学推理能力的发展有一定的影响。

### 2. 家庭因素对学生科学推理能力发展的影响

有研究表明,在家庭中父母参与儿童的科学学习对儿童的科学成就具有积极的促进作用。格纳罗(Gennaro E)和劳伦兹(Lawrenz F)开展的家庭中父母参与儿童科学学习的研究项目表明:如果儿童和他们的父母都对在家中学习非常积极,那么在家学习是一种提高小学生科学课程表现的好方法⑤。

家庭在非正式科学学习中起着重要作用,父母如何支持儿童的科学学习呢?切尔(Tscholl M)和林格伦(Lindgren R)研究了在沉浸式、交互式增强现

① Heijnes D, Joolingen W V, Leenaars F. Stimulating scientific reasoning with drawing-based modeling [J]. Journal of Science Education & Technology, 2018(1):45 - 56.

② Lazonder A W, Wiskerke-Drost S. Advancing scientific reasoning in upper elementary classrooms: direct instruction versus task structuring [J]. Journal of Science Education & Technology, 2015(1):69 - 77.

③ Mayer D, Sodian B, Koerber S, et al. Scientific reasoning in elementary school children: assessment and relations with cognitive abilities [J]. Learning & Instruction, 2014(3): 43 - 55.

④ Zimmerman C. The development of scientific thinking skills in elementary and middle school [J]. Developmental Review, 2007(2):172 - 223.

⑤ Gennaro E, Lawrenz F. The effectiveness of take - home science kits at the elementary level [J]. Journal of Research in Science Teaching, 1992(9):985 - 994.

实仿真环境中,父母如何在这种新颖的学习环境中引导孩子的科学推理,如构建解释,强调感性观察作为证据和数据等,这种在环境中支持科学中复杂观点(思想)的学习,增强了父母对儿童感知焦点和身体参与的支持。研究表明:混合现实环境似乎支持显著的社会互动,同时也给孩子提供了有趣和引人入胜的体验。①

在日常的亲子活动中,父母的参与对儿童科学推理能力的发展具有促进作用。克劳利(Crowley K)、卡拉南(Callanan M A)和吉普森(Jipson J L)等人对父母与孩子在博物馆中的互动进行观察,研究表明:父母在日常的非强制性活动中的参与、互动能塑造和支持孩子的科学推理。当孩子和父母一起参加展览时,他们比没有父母参加展览的孩子具有更长、更广证据的探索比较。据观察,互动中父母与孩子们讨论如何选择和编码适当的证据,以及如何在最丰富的证据种类之间进行直接比较。父母有时也扮演解释者的角色,把孩子的经验用因果关系来表达,把经验和先前的知识联系起来,或者引入抽象的原则。研究结果表明:与父母共同进行科学推理的儿童比与同龄或独自进行科学推理的儿童有更多的学习机会,如儿童对证据的探索比没有父母参加展览的儿童更长、更广泛以及更注重相关的比较,父母和孩子讨论识别、形成和解释相关的证据②。

有学者研究了家庭成员在家中参与儿童的科学学习。霍尔(Hall R L)和沙弗里安(Schaverien L)的研究表明:家庭成员参与儿童科学探究有多种方式,包括提供资源、交流以及与儿童合作探究等。此外,当家庭成员一起进行调查时孩子们的思想会更深,这说明在家庭中,如果家庭成员参与儿童的科学学习,与正式的科学学习方式相类似,这对儿童的早期科学学习会产生更大的意义③。

如何在家庭中设计科学学习活动来促进儿童的科学学习呢? 卢斯(Luce

① Tscholl M, Lindgren R. Designing for learning conversations: how parents support children's science learning within an immersive simulation [J]. Science Education, 2016 (5):877 - 902.

② Crowley K, Callanan M A, Jipson J L, et al. Shared scientific thinking in everyday parent-child activity [J]. Science Education, 2000(6):712 - 732.

③ Hall R L, Schaverien L. Families' engagement with young children's science and technology learning at home [J]. Science Education, 2010(4):454 - 481.

M R)和戈德曼(Goldman S)等人设计了一种"随时随地"资源，他们将科学感知(scientific sensemaking)作为一个积极的、寓教于乐的探索过程，在这一过程中家庭成员是共同的参与者。在家庭科学对话中，成人向儿童陈述事实并提出解释，这种方式与传统学校的教学模式形成了鲜明对比。设计这种"随时随地"资源的目的是让家庭成员在户外环境中找到感兴趣的现象，提示家庭成员如何通过感知活动展开对话，并以游戏的方式参与探索。研究表明，在这一过程中，家庭成员们提出了观点和机制过程，做出假设，并通过实验来检验观点和过程。①。

有学者研究了非正式学习环境、教学过程和科学推理的关系。布莱恩(Brian L G)、安妮(Anne M L C)和埃德蒙(Edmund A M)对学生科学推理能力与非正式学习环境的关系以及与课堂实验教学的差异进行了研究，结果表明：非正式学习环境和课堂科学教学对学生的科学推理能力有显著影响，具备丰富的非正式学习环境的学生具有更高的科学推理能力。同理，接受过探究教学的学生科学推理能力比没有接受过探究教学的学生更强，他们建议在科学教育方面要重视并提供更多的非正式学习环境和基于探究的教学②。

在非正式学习环境中提供进行科学推理的机会是非正式科学学习的重要内容③。有学者对家庭参与科技展览活动对儿童科学推理能力的影响进行了研究。基希尔、罗威等人对家庭参与互动动物展对儿童科学推理能力的影响进行了研究，研究表明，参与者(儿童)在参与观察、推断、搜索证据、应用先验知识、提出和检验预测和假设等科学推理能力方面均有提升④。

通过以上的分析可知，在家庭参与儿童的非正式科学学习方式中，父母

---

① Luce M R, Goldman S, Vea T. Designing for family science explorations anytime, anywhere [J]. Science Education, 2017(2):251 - 227.

② Brian L G, Anne M L C, Edmund A M. Relationships among informal learning environments, teaching procedures and scientific reasoning ability. [J]. International Journal of Science Education, 2001(5):535 - 549.

③ National Research Council. Learning science in informal environments: people, places, and pursuits. [M]. Washington, DC: National Academies Press, 2009:5.

④ Kisiel J, Rowe S, Vartabedian M A, et al. Evidence for family engagement in scientific reasoning at interactive animal exhibits [J]. Science Education, 2012(6):1047 - 1070.

与儿童的交流方式、共同参与科学推理以及参观科技展览等方面均对儿童科学推理能力的发展产生了一定的影响。

### 3. 同伴学习对科学推理能力发展的影响

同伴互助学习是指一种基于同伴互相关照的可能性,旨在促进同伴关系和个体认知能力的发展。有学者对同伴互助学习研究现状进行梳理之后指出,同伴互助学习作为一种思维训练的方法受到广大学者的关注①。

同伴之间的协作学习对教学效果的影响很大。协作学习要求学生相互评价和提出解决方案,并提供合理的证据来支持自己提出的方案。维果茨基学派和皮亚杰学派进行的理论分析和实证研究结果都表明,同伴之间的讨论能够促进学生的认知发展并提高其推理能力水平②。

有学者研究了通过合作撰写研究报告来促进学生科学推理能力发展的问题,研究表明:学生能运用推理技巧来评估现有的科学理解模型,进行观察,解释实验结果的意义,并根据他们的数据和相关信息生成新的模型。此外,参与者在写作方面表现出更大的进步,反映了他们推理能力的提升:能得出结论并构建模型;能够进行更有效的对比分析;协作写作能够鼓励学生通过创造一个重视思考、推理和讨论的环境来构建他们对科学概念的理解③。

有学者探究了在社会性科学问题中学生的合作论证。伊娃格鲁(Evagorou M)和奥斯本(Osborne J)的研究表明:参与合作论证的学生具有较高水平的书面论证表现。该研究还指出:作为科学教学一部分的科学性社会问题论证能力的教学应该探索来自不同社会或文化背景的学生是如何理解和认同科学性社会问题的④。

已有研究表明:同伴之间的合作学习对学生科学推理能力的发展具有一

---

① 左璜,黄甫全.国外同伴互助学习的研究进展与前瞻[J].外国教育研究,2010,37(4):53-59.

② 戴蒙,勒纳.儿童心理学手册.第2卷.认知、知觉和语言[M].第6版.林崇德,李其维,董奇,译.上海:华东师范大学出版社,2015:619.

③ Keys C W. The development of scientific reasoning skills in conjunction with collaborative writing assignments: an interpretive study of six ninth-grade students [J]. Journal of Research in Science Teaching, 1994(9):1003-1022.

④ Evagorou M, Osborne J. Exploring young students' collaborative argumentation within a socioscientific issue [J]. Journal of Research in Science Teaching, 2013(2):209-237.

定的促进作用，而同伴的这种合作学习，不仅包括在科学课堂上合作学习，而且应该包括在课外对感兴趣的科学问题展开的合作学习。

## （二）调查问卷的构成

根据以上文献的梳理，结合本研究的目的，构建了影响小学生科学推理能力的因素假设，如表5-1所示：

表5-1　小学生科学推理能力影响因素的假设

| 一级维度 | 二级维度 | | 三级维度 | |
| --- | --- | --- | --- | --- |
| 教师 | 1.1 | 教师的基本信息 | 1.1.1 | 性别、学历、专业、教龄 |
| | 1.2 | 教师的教学方式：探究式教学 | 1.2.1 | 探究式教学 |
| | | | 1.3.1 | 基于证据的问题提出/假设形成 |
| | 1.3 | 教师科学推理内容教学 | 1.3.2 | 设计实验的教学 |
| | 1.4 | 教师科学推理元认知教学 | 1.3.3 | 评估证据的教学 |
| | 1.5 | 教师科学本质观教学 | 1.3.4 | 得出结论的教学 |
| | | | 1.4.1 | 科学推理的元认知教学 |
| | | | 1.5.1 | 对科学看法的教学 |
| | | | 1.5.2 | 科技对生活影响的教学 |
| 家庭 | 3.1 | 获取科学信息的媒介 | 3.1.1 | 电子设备 |
| | 3.2 | 与父母的交流、生活及解决问题方式 | 3.1.2 | 科学类书籍 |
| | | | 3.2.1 | 交流方式 |
| | 3.3 | 投资课外科技兴趣班 | 3.2.2 | 参观科技类场馆 |
| | | | 3.2.3 | 家庭科学实践类活动 |
| | | | 3.3.1 | 报科技辅导班 |
| 同伴 | 4.1 | 讨论与科学课程内容相关的科学问题 | 4.1.1 | 课堂上合作探究 |
| | | | 4.1.2 | 运用所学科学知识论证所遇到的科学问题 |
| | 4.2 | 讨论感兴趣的课外科学问题 | 4.2.1 | 和同伴合作探究感兴趣的科学问题 |
| | | | 4.2.2 | 对某一决策进行论证 |

本研究根据表5-1，开发了小学生科学推理能力影响因素的调查问卷，见附录二中的第二部分。

## （三）调查问卷信效度检验

问卷调查是搜集资料效率比较高的一种调查手段，问卷的效度和信度是问卷的生命线。在形成正式问卷之前,必须对设计的问卷进行试测,检验问卷的信度、效度,并在此基础上修订问卷,从而得到更高质量的问卷。对问卷的效度进行分析的方法很多,问卷的结构效度分析是一种从统计学方面进行效度分析的常用方法,主成分分析方法则是通过估计因素负荷量来进行因素分析的主要方法。在本研究中,对问卷的结构效度分析主要采用主成分分析法。

信度是反映同一份问卷对同一对象进行多次测量表现出的稳定性程度和一致性程度。在当前的社会科学研究中,主要采用的信度分析方法是由克隆巴赫提出的 α 信度系数(Cronbach's Alpha)。

在本研究中,对问卷的效度和信度进行检验时,首先采用主成分分析的方法进行因素分析,根据因子载荷量的大小进行多次的降维处理,同时还要参考当前的已有研究进行逻辑分析,在进行多次降维处理之后,使问卷的结构效度达到统计学要求;其次,对经过修订之后的问卷进行信度分析,主要是对分维度和总量表的信度进行分析,通过删减题项等方式修订,直至达到统计学的要求为止;最后,对最终修订的问卷进行报告。

### 1. 调查对象的基本情况

本次调查对象为 A 小学三至六年级的学生,每年级各一个班,学生的基本情况及问卷情况如表 5-2 所示,一共发放 152 份问卷,收回 130 份有效问卷。

表5-2　小学生科学推理能力影响因素调查问卷初测构成

| 年级 | 发放问卷数/份 | 性别 | | 收回有效问卷/份 | 回收率/% |
| | | 男 | 女 | | |
| --- | --- | --- | --- | --- | --- |
| 三年级 | 42 | 23 | 19 | 33 | 78.57 |
| 四年级 | 40 | 20 | 20 | 35 | 87.50 |
| 五年级 | 37 | 16 | 21 | 32 | 86.49 |
| 六年级 | 33 | 19 | 14 | 30 | 90.91 |
| 总　计 | 152 | 78 | 74 | 130 | 85.53 |

### 2. 因素分析:调查问卷的效度分析

因素分析的目的是分析调查问卷的结构效度。通过因素分析可以提取变量之间的共同因素,从而用较少的因素来代表原来较多赋值的数据结构①。在进行因素分析时,重要的步骤之一是估计因素负荷量。当前,估计因素负荷量常用的方法是主成分分析法。

主成分分析的基本过程如下。首先,判断问卷是否能进行因子分析。社会科学统计软件包(Statistical Package for the Social Sciences, SPSS)提供了四种统计量来衡量问卷是否能进行因子分析,分别是计算相关系数矩阵、计算反映像相关矩阵、巴特利特球度检验和 Kaiser-Meyer-Olkin 检验(KMO 检验)(取样适当性量数)。其中,最经常采用的是巴特利特球度检验和 KMO 检验,这也是本研究用来分析问卷能否进行因素分析的指标。其次,提取共同因子并确定因子的数目,采用主成分分析法来估计因素负荷量,再根据因素负荷量提取共同因子。提取的共同因子可能会很多,一般根据特征值和碎石图来确定共同因子的数目;再次,通过直交旋转对数据进行简化,使提取的因子根据命名具有可解释性。最后,对数据进行多次上述过程筛选,使之符合统计学指标。值得注意的是,在筛选问卷题目时,除了关注统计学指标外,还应该考虑问卷的逻辑性。

(1) 第一轮主成分分析。

将 137 份有效问卷的数据输入 SPSS 中,对因素分析的设置如下:①描述性统计量选择"单变量描述统计量"和"未转轴之统计量",相关系数选择"题目间的相关系数矩阵"和"KMO 和 Bartlett 球形检验";②在提取选择中,提取方法选用"主成分分析法",选用"相关系数矩阵"分析,特征值设置为 1,选择"未转轴因子"和"碎石图"进行显示;③在转轴法选项中,采用"方差极大法旋转",选择"旋转后的因子载荷矩阵"和"载荷散点图"作为输出;④在"产生因素分析"选项中,选择"回归法"和"显示因子得分系数";⑤在"选项"中,选择"除去所有缺失值的个案",在系数显示格式中同时选中"依据负荷量大小排序"和设置不显示"载荷量小于 0.4"的因子。在对 SPSS 因素分析设置完成以后,运行 SPSS 就可以输出结果了。

原始变量的描述性统计如表 5 - 3 所示,其显示了 36 个原始变量的描述性统计结果,包括平均值、标准差和样本数等。

---

① 吴明隆. 问卷统计分析实务:SPSS 操作与应用[M]. 重庆:重庆大学出版社,2010:198.

表5-3 影响因素调查问卷描述性统计表(第一次)

| 题目 | 平均值 | 标准差 | 分析N | 题目 | 平均值 | 标准差ᵃ | 分析N |
|------|--------|--------|-------|------|--------|---------|-------|
| 1 | 3.93 | 0.325 | 130 | 19 | 2.89 | 0.880 | 130 |
| 2 | 2.99 | 0.781 | 130 | 20 | 2.96 | 0.923 | 130 |
| 3 | 2.85 | 0.839 | 130 | 21 | 2.69 | 1.026 | 130 |
| 4 | 2.22 | 1.122 | 130 | 22 | 3.14 | 0.876 | 130 |
| 5 | 2.39 | 0.964 | 130 | 23 | 2.93 | 1.012 | 130 |
| 6 | 2.43 | 0.998 | 130 | 24 | 2.98 | 0.935 | 130 |
| 7 | 2.54 | 1.131 | 130 | 25 | 3.13 | 0.864 | 130 |
| 8 | 1.75 | 0.889 | 130 | 26 | 2.96 | 1.003 | 130 |
| 9 | 2.33 | 1.023 | 130 | 27 | 2.83 | 1.054 | 130 |
| 10 | 2.54 | 0.993 | 130 | 28 | 3.12 | 0.993 | 130 |
| 11 | 1.85 | 0.962 | 130 | 29 | 3.32 | 0.802 | 130 |
| 12 | 2.96 | 0.962 | 130 | 30 | 3.02 | 0.966 | 130 |
| 13 | 2.61 | 0.941 | 130 | 31 | 3.02 | 0.943 | 130 |
| 14 | 2.37 | 0.970 | 130 | 32 | 2.88 | 1.000 | 130 |
| 15 | 2.56 | 0.977 | 130 | 33 | 2.82 | 1.031 | 130 |
| 16 | 2.18 | 0.964 | 130 | 34 | 3.07 | 0.893 | 130 |
| 17 | 2.72 | 0.857 | 130 | 35 | 2.74 | 1.036 | 130 |
| 18 | 2.77 | 1.022 | 130 | 36 | 2.50 | 1.158 | 130 |

从表5-3中可以看出,在36道题目中,共有130份问卷,符合题目与问卷数量比1∶3的要求。从标准差可以看出,变量(题目)4、7、9、10、18、21、23、26、27、33、35、36的标准差大于1,说明可能误差较大,在第二轮分析中将结合其他指标对这些题目进行删减。

KMO和Bartlett球形检验结果如表5-4所示,从表中可以看出,KMO为0.875,大于0.800,说明因素分析的适切性良好,适合进行因素分析;Bartlett的球形检验的显著性为0.00,小于0.05,表示代表总体的相关矩阵间有共同因素存在,适合进行因素分析。

表5-4 KMO与Bartlett检验(第一次)

| 检 验 名 称 | | 检验值 |
|-------------|---|--------|
| Kaiser-Meyer-Olkin取样适切性量数 | | 0.875 |
| Bartlett球形检验 | 近似卡方分布 | 2 260.470 |
| | 自由度 | 630 |
| | 显著性 | 0.000 |

采用直交转轴的最大变异法来抽取主成分的结果分析。从表 5-5 可以看出,所提取的特征值大于 1 的前 8 个因素的累积总变异量为 62.652%,大于 60%,因此可以考虑提取的因素为 8 个。但是,关于提取多少个因素,还应该考虑碎石图。

表 5-5　影响因素调查问卷解释总变异量(第一次)

| 成分 | 起始特征值 | | | 平方和负荷量提取 | | | 转轴平方和负荷量 | | |
|---|---|---|---|---|---|---|---|---|---|
| | 总计 | 方差/% | 累积/% | 总计 | 方差/% | 累积/% | 总计 | 方差/% | 累积/% |
| 1 | 10.162 | 28.227 | 28.227 | 10.162 | 28.227 | 28.227 | 7.176 | 19.932 | 19.932 |
| 2 | 4.265 | 11.848 | 40.075 | 4.265 | 11.848 | 40.075 | 3.408 | 9.467 | 29.399 |
| 3 | 1.847 | 5.130 | 45.205 | 1.847 | 5.130 | 45.205 | 2.898 | 8.050 | 37.449 |
| 4 | 1.539 | 4.274 | 49.479 | 1.539 | 4.274 | 49.479 | 2.655 | 7.374 | 44.823 |
| 5 | 1.455 | 4.041 | 53.520 | 1.455 | 4.041 | 53.520 | 1.983 | 5.509 | 50.332 |
| 6 | 1.217 | 3.381 | 56.901 | 1.217 | 3.381 | 56.901 | 1.726 | 4.794 | 55.126 |
| 7 | 1.046 | 2.905 | 59.806 | 1.046 | 2.905 | 59.806 | 1.529 | 4.248 | 59.374 |
| 8 | 1.025 | 2.846 | 62.652 | 1.025 | 2.846 | 62.652 | 1.180 | 3.278 | 62.652 |

提取方法:主成分分析。

碎石图检验可以直观地帮助我们决定选择提取因素(因子)的数目。图 5-1 是碎石图检验的结果。从图 5-1 中可以看出,从第 7 个因素开始,特征值变化缓慢,说明后面的成分并不是很重要,因此可以考虑将因素(因子)的提取数量确定为 6 个。

旋转后的因子载荷矩阵分析。从表 5-6 中的因子载荷矩阵可以看出,因子 7 只包含 2 道题目,因子 8 只包含 1 道题目,所包含题目的因子较少的因子应该舍弃,这正好与碎石图检验的结果相一致,故而在第二次分析中可以首先考虑删除第 12 题。第 10 题在因子 3 和因子 7 中的因子载荷量分别为 0.467 和 0.458,这两个载荷量非常接近,说明该题目可能包含多个变量,在第二次分析中应该考虑删除。同理,第 31 题在因子 1 和因子 2 中的因子载荷量分别为 0.467 和 0.464,在第二次分析中应该考虑删除。在本次测量中,样本量为 137,样本大小介于 120~150 之间,因子载荷量选取的临界值为 0.500

比较合适[1],故考虑在第二次分析中删除第36题。

陡坡图

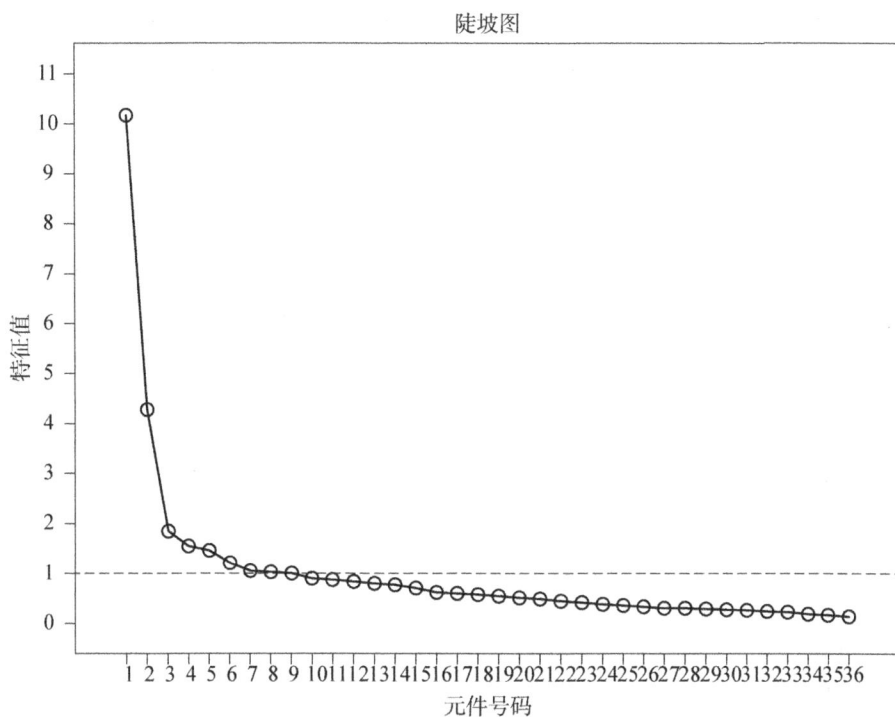

图 5-1　影响因素调查问卷主成分分析碎石图(第一次)

表 5-6　影响因素主成分分析旋转后的因子载荷矩阵(第一次)

| 题目 | 组件(因子) | | | | | | | |
| --- | --- | --- | --- | --- | --- | --- | --- | --- |
| | 1 | 2 | 3 | 4 | 5 | 6 | 7 | 8 |
| 18 | 0.782 | | | | | | | |
| 24 | 0.770 | | | | | | | |
| 20 | 0.743 | | | | | | | |
| 22 | 0.731 | | | | | | | |
| 19 | 0.728 | | | | | | | |
| 23 | 0.698 | | | | | | | |
| 21 | 0.630 | | | | | | | |

---

[1] 吴明隆.问卷统计分析实务:SPSS 操作与应用[M].重庆:重庆大学出版社,2010:200-201.

| 题目 | 组件(因子) | | | | | | | |
|---|---|---|---|---|---|---|---|---|
| | 1 | 2 | 3 | 4 | 5 | 6 | 7 | 8 |
| 25 | 0.619 | | | | | | | |
| 33 | 0.611 | | | | | | | |
| 32 | 0.606 | | | | | | | |
| 26 | 0.598 | 0.423 | | | | | | |
| 27 | 0.538 | | | | | | | 0.499 |
| 17 | 0.502 | | | | | | | |
| 31 | 0.467 | 0.464 | | | | | | |
| 36 | 0.464 | | | | | | | |
| 28 | | 0.699 | | | | | | |
| 30 | | 0.668 | | | | | | |
| 35 | | 0.616 | | | | | | |
| 29 | | 0.606 | | | | | | |
| 34 | 0.460 | 0.565 | | | | | | |
| 15 | | | 0.771 | | | | | |
| 14 | | | 0.707 | | | | | |
| 16 | | | 0.612 | | | | | |
| 13 | | | 0.593 | | | | | |
| 10 | | | 0.467 | | | | 0.458 | |
| 6 | | | | 0.779 | | | | |
| 7 | | | | 0.674 | | | | |
| 5 | | | | 0.599 | | | | |
| 8 | | | | 0.593 | | | | |
| 4 | | | | | 0.716 | | | |
| 9 | | | | | 0.640 | | | |
| 11 | | | | | 0.604 | | | |
| 1 | | | | | | 0.688 | | |
| 3 | | | | | | 0.650 | | |
| 2 | | | | | | 0.635 | | |
| 12 | | | | | | | 0.793 | |

注:萃取方法是主成分分析法。旋转方法是含 Kaiser 正态化的最大变异法(转轴收敛于 12 个迭代)。

（2）第二次主成分分析。

通过第一次主成分分析后，根据统计学指标将第 10、12、31、36 题删除，然后进行第二次主成分分析，SPSS 主成分分析的设置与第一次主成分分析相同。

原始变量的描述性统计。从表 5-7 中可以看出，32 道题目中共有 130 份有效问卷，符合题目与样本的比例 1∶3，其中，第 7 题的标准差较大，这可能导致问卷的误差较大，但这也可能是样本量较少导致的，要结合后面的其他指标考虑是否删除该题。

表 5-7　影响因素调查问卷描述性统计表（第二次）

| 题目 | 平均值 | 标准差 | 分析 N | 题目 | 平均值 | 标准差 | 分析 N |
|---|---|---|---|---|---|---|---|
| 1 | 3.93 | 0.334 | 130 | 19 | 2.91 | 0.893 | 130 |
| 2 | 2.99 | 0.783 | 130 | 20 | 2.99 | 0.919 | 130 |
| 3 | 2.85 | 0.840 | 130 | 21 | 2.72 | 1.027 | 130 |
| 4 | 2.24 | 1.126 | 130 | 22 | 3.17 | 0.864 | 130 |
| 5 | 2.41 | 0.970 | 130 | 23 | 2.97 | 0.996 | 130 |
| 6 | 2.46 | 1.005 | 130 | 24 | 3.00 | 0.932 | 130 |
| 7 | 2.55 | 1.142 | 130 | 25 | 3.15 | 0.867 | 130 |
| 8 | 1.76 | 0.896 | 130 | 26 | 2.98 | 0.996 | 130 |
| 9 | 2.34 | 1.016 | 130 | 27 | 2.83 | 1.072 | 130 |
| 11 | 1.86 | 0.978 | 130 | 28 | 3.13 | 0.999 | 130 |
| 13 | 2.64 | 0.956 | 130 | 29 | 3.34 | 0.803 | 130 |
| 14 | 2.41 | 0.970 | 130 | 30 | 3.04 | 0.968 | 130 |
| 15 | 2.58 | 0.979 | 130 | 32 | 2.88 | 1.019 | 130 |
| 16 | 2.19 | 0.965 | 130 | 33 | 2.83 | 1.043 | 130 |
| 17 | 2.74 | 0.868 | 130 | 34 | 3.06 | 0.904 | 130 |
| 18 | 2.79 | 1.017 | 130 | 35 | 2.73 | 1.048 | 130 |

KMO 和 Bartlett 球形检验结果如表 5-8 所示，KMO 为 0.864，大于 0.800，说明因素分析适切性良好，适合进行因素分析；Bartlett 球形检验的显著性为 0.00，小于 0.05，表示代表总体的相关矩阵间有共同因素存在，适合进行因素分析。

表 5-8  KMO 与 Bartlett 球形检验(第二次)

| 检 验 名 称 | | 检验值 |
|---|---|---|
| Kaiser-Meyer-Olkin 取样适切性量数 | | 0.864 |
| Bartlett 球形检验 | 近似卡方分布 | 1 956.827 |
| | 自由度 | 493 |
| | 显著性 | 0.000 |

采用直交转轴的最大变异法来抽取主成分的结果分析。从表 5-9 可以看出,所提取的特征值大于 1 的前 6 个因素的累积总变异量为 59.983%,近似 60%,因此可以考虑提取的因素为 6 个。但是,关于提取多少个因素,还应该结合碎石图。

表 5-9  影响因素调查问卷解释总变异量(第二次)

| 组件 | 起始特征值 | | | 撷取平方和载入 | | | 循环平方和载入 | | |
|---|---|---|---|---|---|---|---|---|---|
| | 总计 | 变异/% | 累加/% | 总计 | 变异/% | 累加/% | 总计 | 变异/% | 累加/% |
| 1 | 9.423 | 29.446 | 29.446 | 9.423 | 29.446 | 29.446 | 6.931 | 21.661 | 21.661 |
| 2 | 3.858 | 12.058 | 41.504 | 3.858 | 12.058 | 41.504 | 2.960 | 9.250 | 30.911 |
| 3 | 1.824 | 5.701 | 47.204 | 1.824 | 5.701 | 47.204 | 2.763 | 8.635 | 39.546 |
| 4 | 1.489 | 4.653 | 51.857 | 1.489 | 4.653 | 51.857 | 2.500 | 7.811 | 47.357 |
| 5 | 1.276 | 3.987 | 55.844 | 1.276 | 3.987 | 55.844 | 2.059 | 6.433 | 53.790 |
| 6 | 1.100 | 4.139 | 59.983 | 1.100 | 3.439 | 59.283 | 1.758 | 5.493 | 59.283 |

注:撷取方法为主成分分析法。

碎石图检验可以直观地帮助我们决定选择提取因素的数目。如图 5-2 所示,从第 7 个因素开始,特征值变化缓慢,说明后面的成分并不是很重要,因此可以考虑将因素的提取数量确定为 6 个。

如表 5-10 所示,分析旋转后的因子载荷矩阵。在 6 个因子中,都至少包含 3 道题目,第 26 题分别属于因子 1 和因子 2,但在因子 2 中的因子载荷量为 0.423,小于 0.5,且大大低于在因子 1 中的因子载荷量,故而考虑将其归入因子 1;同理,题目 34,在因子 1 中的因子载荷是 0.489,在因子 2 中的因子载荷是 0.532,故将 34 题纳入因子 2 中;同理,第 16、9 题分别纳入因子 4 和因子 5

陡坡图

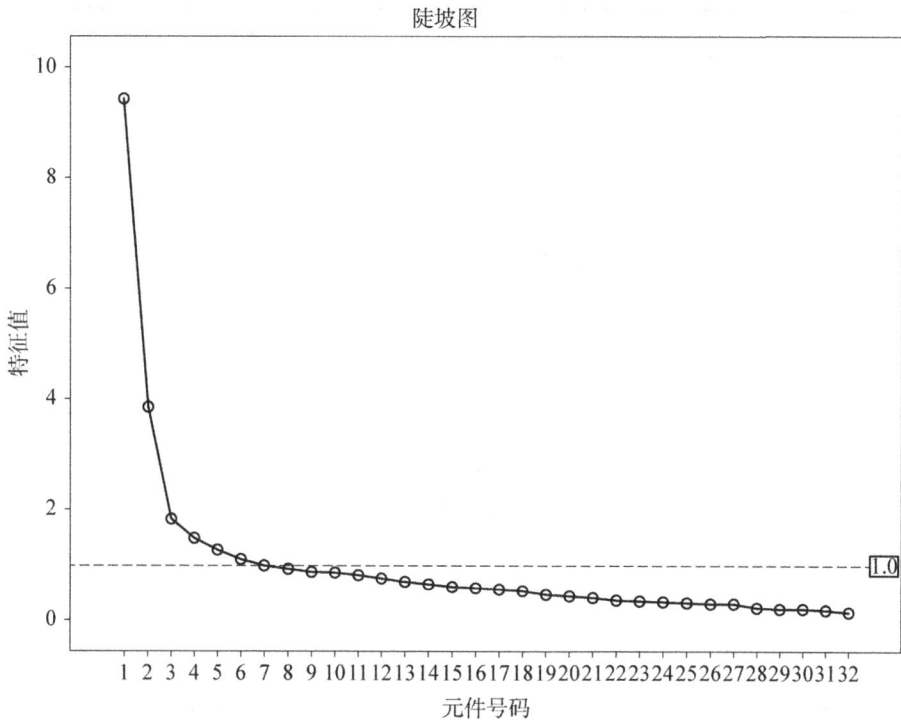

图 5-2　影响因素调查问卷主成分分析碎石图(第二次)

表 5-10　影响因素主成分分析旋转后的因子载荷矩阵(第二次)

| 题目 | 元　件 | | | | | |
|---|---|---|---|---|---|---|
| | 1 | 2 | 3 | 4 | 5 | 6 |
| 24 | 0.784 | | | | | |
| 18 | 0.769 | | | | | |
| 19 | 0.744 | | | | | |
| 22 | 0.741 | | | | | |
| 20 | 0.731 | | | | | |
| 23 | 0.680 | | | | | |
| 25 | 0.661 | | | | | |
| 32 | 0.639 | | | | | |
| 21 | 0.626 | | | | | |
| 26 | 0.618 | 0.423 | | | | |
| 33 | 0.617 | | | | | |

续　表

| 题目 | 元　件 | | | | | |
|---|---|---|---|---|---|---|
|  | 1 | 2 | 3 | 4 | 5 | 6 |
| 27 | 0.570 | | | | | |
| 17 | 0.512 | | | | | |
| 28 | | 0.715 | | | | |
| 30 | | 0.657 | | | | |
| 29 | | 0.626 | | | | |
| 35 | | 0.580 | | | | |
| 34 | 0.489 | 0.532 | | | | |
| 6 | | | 0.832 | | | |
| 5 | | | 0.699 | | | |
| 7 | | | 0.616 | | | |
| 8 | | | 0.603 | | | |
| 15 | | | | 0.770 | | |
| 14 | | | | 0.700 | | |
| 13 | | | | 0.606 | | |
| 16 | | | | 0.573 | 0.436 | |
| 4 | | | | | 0.701 | |
| 9 | | | 0.454 | | 0.603 | |
| 11 | | | | | 0.580 | |
| 3 | | | | | | 0.684 |
| 2 | | | | | | 0.652 |
| 1 | | | | | | 0.644 |

中。这是统计学上的因子提取,对于具体的影响因素的划分还需要结合逻辑分析和已有的研究成果来进行。

　　通过分析因子 5 和因子 6 的题目可以发现:因子 5 所包含的题目 4、9、11 是关于科普图书的购买、存储量和投资课外科技类兴趣班,因子 6 包含的第 1、2、3 题是关于学生获取科技信息所需要的电子设备,故而可以将 1、2、3、4、9 和 11 题归结为一个因子,把它命名为"获取科学信息的家庭投资";因子 4 包括的是第 15、14、13、16 题,通过原有假设,可将这 4 道题组成的因素命名为"与同伴的交流";因素 3 由题目 5、6、7、8 组成,根据原有假设,可将这一个因子命名为"与父母的交流";通过对因子 1 和因子 2 所涉及的题目进行分析可以发现,这些题目都涉及教师关于科学推理内容和科学本质观的教学,故而可将其归为一个因子,命名为"教师科学教学方式、科学推理内容和科学推理本质观的教学"。综上所述,基于主成分分析的统计学指标和逻辑分析,将影响科学推理能力的因素归结为四个主要因素,这些因子下面所包含的问题如表 5-11 所示。

表 5-11　提取的影响因子命名及对应的问卷题目

| 因子 | 命　　名 | 题目 |
|---|---|---|
| 1 | 教师科学教学方式、科学推理内容和科学推理本质观的教学 | 17~30,32~35 |
| 2 | 与父母的交流 | 5、6、7、8 |
| 3 | 与同伴的交流 | 13、14、15、16 |
| 4 | 获取科学信息的家庭投资 | 1、2、3、4、9、11 |

### 3. 信度检验

接下来对第二次主成分分析之后的问卷进行信度分析。在本研究中,我们采用内部一致性信度进行分析,并使用克隆巴赫 α 信度系数表示。首先分析整份问卷的信度,其次分析各因子的信度。由于本书内容是一般探索性研究,故将信度系数的临界值设置如下:因子的信度系数的最小值为 0.5 为可接受,整份问卷信度系数的最小值为 0.7 为可接受[1]。

(1)问卷的总信度分析(见表 5-12)。

表 5-12　修订后问卷的总信度分析

| Cronbach's Alpha | 以标准化项目为准的 Cronbach's Alpha | 项目个数 |
|---|---|---|
| 0.912 | 0.909 | 32 |

从表 5-12 可以看出,修订后的问卷共涉及 32 道题目,其信度系数为 0.912,高于 0.900,说明问卷的信度是理想的。

(2)因素 1"教师科学教学方式、科学推理内容和科学推理本质观的教学"

---

[1] 吴明隆. 问卷统计分析实务:SPSS 操作与应用[M]. 重庆:重庆大学出版社,2010:243.

分问卷的信度分析如表 5 - 13 所示。

表 5 - 13　修订后因素 1 问卷的信度分析

| Cronbach's Alpha | 以标准化项目为准的 Cronbach's Alpha | 项目个数 |
|---|---|---|
| 0.932 | 0.933 | 18 |

从表 5 - 13 可以看出,修订后因素 1 的问卷共涉及 18 道题目,其信度系数为 0.932,大于 0.900,说明因素 1 问卷的信度是理想的。

(3) 因素 2"与父母的交流"问卷的信度分析如表 5 - 14 所示。

表 5 - 14　修订后因素 2 问卷的信度分析

| Cronbach's Alpha | 以标准化项目为准的 Cronbach's Alpha | 项目个数 |
|---|---|---|
| 0.773 | 0.776 | 4 |

从表 5 - 14 可以看出,修订后因素 2 的问卷共涉及 4 道题目,其信度系数为 0.773,大于 0.700,说明因素 2 问卷的信度较好。

(4) 因素 3"与同伴的交流"问卷的信度分析如表 5 - 15 所示。

表 5 - 15　修订后因素 3 问卷的信度分析

| Cronbach's Alpha | 以标准化项目为准的 Cronbach's Alpha | 项目个数 |
|---|---|---|
| 0.794 | 0.793 | 4 |

从表 5 - 15 可以看出,修订后因素 3 的问卷共涉及 4 道题目,其信度系数为 0.794,大于 0.700,说明因素 3 问卷的信度较好。

(5) 因素 4"获取科学信息的家庭投资"问卷的信度分析如表 5 - 16 所示。

表 5 - 16　修订后因素 4 问卷的信度分析

| Cronbach's Alpha | 以标准化项目为准的 Cronbach's Alpha | 项目个数 |
|---|---|---|
| 0.577 | 0.554 | 6 |

从表 5 - 16 可以看出,修订后因素 4 的问卷共涉及 6 道题目,其信度系数为 0.577,大于 0.500,虽然因素 4 问卷的信度较低,但由于它是总问卷的一个

分量表，且在可接受的最低信度范围之内，故因素 4 问卷的信度是可接受的。

综上所述，经过修订后的调查问卷具有较高的信度，可以将其作为大规模调查的工具。

### (四) 修订后的问卷

对问卷进行二次因素分析和信度检验后，形成了最终的"小学生科学推理能力影响因素调查问卷"，其结构如表 5-17 所示，具体题目见本书附录三中的第二部分(注：在问卷中，从题号为 16 的题目开始对每个问题进行编号，故调查问卷共由 37 个问题构成)。

表 5-17　小学生科学推理能力影响因素调查问卷构成(修订)

| 一 级 维 度 | 二 级 维 度 | | 题目 |
| --- | --- | --- | --- |
| 教师科学推理的教学内容与教学方式 | 1.1 | 教师的基本信息 | 33~37 |
| | 1.2 | 教师的教学方式：探究式教学 | 15 |
| | 1.3 | 教师科学推理内容教学 | 16~28 |
| | 1.4 | 教师科学推理元认知教学 | 29~30 |
| | 1.5 | 教师科学本质的教学 | 31~32 |
| 与父母进行科学相关内容的交流与实践 | 2.1 | 与父母进行科学相关内容的交流 | 5、6 |
| | 2.2 | 与父母进行科学相关内容的实践 | 7、8 |
| 同伴互助与协作学习 | 3.1 | 讨论与科学课程内容相关的科学问题 | 11、12 |
| | 3.2 | 讨论感兴趣的课外科学问题 | 13、14 |
| 获取科学信息的家庭投资 | 4.1 | 获取科学信息的媒介 | 1、2、3、4 |
| | 4.2 | 投资课外科技兴趣班 | 9、10 |

### (五) 影响因素结构方程模型的构建

结构方程模型(structural equation modeling, SEM)由测量模型(measured model)和结构模型(structural model)两部分组成。测量模型由潜在变量和观察变量组成。其中，观察变量是指量表或问卷等测量工具测出来的数据；潜在变量是指观察变量间所形成的特质，这种特质无法直接测量，需要通过观察变量测出来的数据进行反映。在结构方程模型中，一般用长方形表示观察变量，用椭圆形表示潜在变量。结构模型用来表示潜在变量之间的因果关系，其中，作为因的潜在变量称为潜在自变量，作为果的潜在变量称为潜在因变量。

**1. 测量模型的构建**

在本研究中，共有 4 个测量模型：科学推理能力的测量模型（其观察变量构成见表 5 - 17），同伴协作测量模型、教师教学测量模型和家庭投资与参与测量模型，其观察变量的构成详见小学生科学推理能力影响因素调查问卷（附录三中第二部分）。

**2. 结构模型的构建**

在本书中，通过对已有文献的梳理，假设同伴协作、教师科学推理教学、家庭投资与参与这三个潜在变量为潜在自变量，小学生科学推理能力这一潜在变量为潜在因变量。此外，假设潜在自变量对潜在因变量具有正向作用。

## 三、调查对象的选取

本研究选取了重庆市的 2 所小学、成都市的 1 所小学作为调查对象，将这三所小学分别标记为 A 小学、B 小学、C 小学。每一所小学参加调查的对象都是三至六年级的学生，A 小学每个年级随机选取 3 个班的学生，B 小学和 C 小学每个年级随机选取 2 个班的学生，共计 1 167 名学生参与调查。这些学生的构成情况与第四章的相同（参见第四章第三部分）。

## 四、小学生科学推理能力促进者模型的验证

调查数据分析：首先，对建构的小学生科学推理能力影响因素的结构方程模型进行估计识别；其次，从模型基本适配指标、整体模型适配度指标和模型内在结构适配度三个方面对识别的结构方程模型进行评价；最后，从自变量对因变量的标准化总效果、直接效果和间接效果这三个方面分析潜在变量之间的作用效果。

### (一) 影响因素结构方程模型的估计

将小学生科学推理能力影响因素的结构方程模型假设绘制于AMOS22.0软件的 Amos Graphics 窗口中,如图5-3所示。

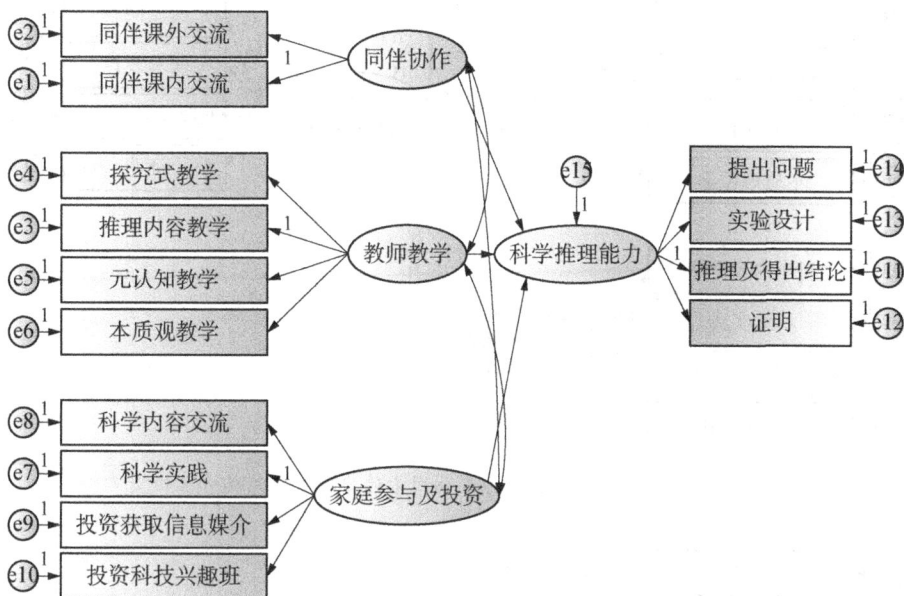

图5-3　小学生科学推理能力影响因素的结构方程模型假设

将调查的结果输入 AMOS22.0 进行运算,得到小学生科学推理能力影响因素的结构方程模型,非标准化的结构方程模型如图5-4所示,标准化的结构方程模型如图5-5所示。

在非标准化结构方程模型中,图5-4中双向箭头上的数值表示的是两个变量之间的协方差,观察变量(e)上的数值表示每个潜在自变量的方差,潜在自变量和误差项上的数值皆为它们的方差。从图5-4中可以看出,所有误差的方差都为正数,说明模型界定没有问题。

在图5-5中,潜在因变量之间的数值表示的是积差相关系数,潜在因变量对潜在自变量的单箭头上的数值表示的是路径系数,即标准化回归系数,潜在变量与观察变量之间的数值表示的是因素(子)负荷量。从结构模型中可以看出,同伴协作与交流、教师教学和家庭参与及投资这三个外因潜在变

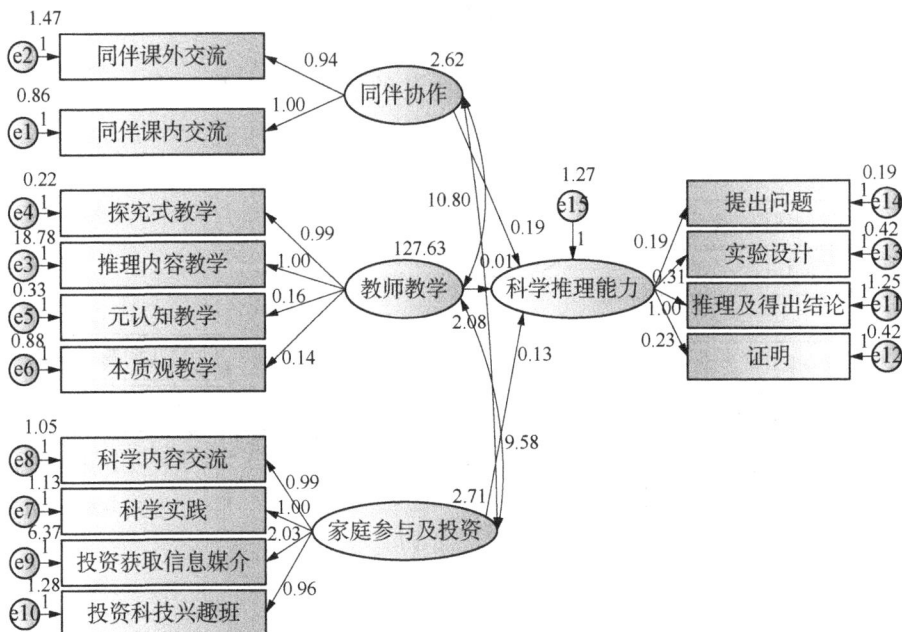

图 5-4 小学生科学推理能力影响因素的非标准化结构方程模型

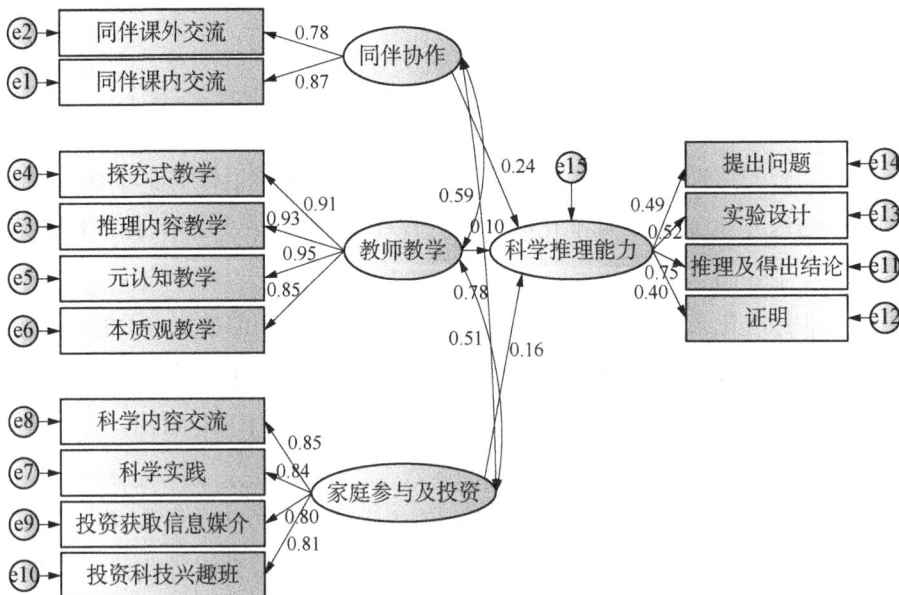

图 5-5 小学生科学推理能力影响因素的标准化结构方程模型

量对小学生科学推理能力具有正向的促进作用，与此同时，这三个潜在外因变量之间存在相互影响的关系。

### (二) 影响因素结构方程模型的评价

#### 1. 整体模型基本适配指标评估

模型基本适配度指标是指模型的检验适配指数有无"违犯估计"(offending estimate)。巴戈齐和伊(Bagozzi&Yi)于1988年基于误差方差、误差变异、相关系数、因素负荷量和标准误差这5个方面提出了模型基本适配指标检验的标准①。

通过运行 AMOS22.0，可以得出潜在变量之间、潜在变量与观察指标的参数估计以及观测变量的测量误差，其结果如表5-18和表5-19所示。

表5-18　潜在变量之间、潜在变量与观察指标的参数估计

| | | | 非标准化估计 | 标准误差 | $t$值 | $P$ | 标准化估计 |
|---|---|---|---|---|---|---|---|
| 科学推理能力 | ← | 同伴协作 | 0.187 | 0.059 | 3.150 | 0.002 | 0.240 |
| 科学推理能力 | ← | 教师教学 | 0.011 | 0.005 | 2.293 | 0.022 | 0.102 |
| 科学推理能力 | ← | 家庭参与及投资 | 0.126 | 0.052 | 2.440 | 0.015 | 0.165 |
| 课内交流 | ← | 同伴协作 | 1.000 | — | — | — | 0.868 |
| 课外交流 | ← | 同伴协作 | 0.938 | 0.034 | 27.338 | *** | 0.781 |
| 推理内容教学 | ← | 教师教学 | 1.000 | — | — | — | 0.934 |
| 探究式教学 | ← | 教师教学 | 0.091 | 0.002 | 55.398 | *** | 0.911 |
| 元认知教学 | ← | 教师教学 | 0.158 | 0.002 | 64.331 | *** | 0.952 |
| 本质观教学 | ← | 教师教学 | 0.136 | 0.003 | 45.779 | *** | 0.852 |
| 科学实践 | ← | 家庭参与及投资 | 1.000 | — | — | — | 0.840 |

———————————

① Bagozzi R P, Yi Y. On the evaluation of structural equation models [J]. Journal of the academy of marketing science, 1988(1):74-94.

续　表

| | | 非标准化估计 | 标准误差 | $t$ 值 | $P$ | 标准化估计 |
|---|---|---|---|---|---|---|
| 科学交流 | ← 家庭参与及投资 | 0.994 | 0.029 | 34.532 | *** | 0.847 |
| 投资媒介 | ← 家庭参与及投资 | 2.033 | 0.064 | 31.711 | *** | 0.798 |
| 投资科技兴趣班 | ← 家庭参与及投资 | 0.960 | 0.029 | 32.548 | *** | 0.831 |
| 推理及得出结论 | ← 科学推理能力 | 1.000 | — | — | — | 0.749 |
| 证明 | ← 科学推理能力 | 0.226 | 0.022 | 10.376 | *** | 0.402 |
| 实验设计 | ← 科学推理能力 | 0.312 | 0.025 | 12.343 | *** | 0.518 |
| 提出问题 | ← 科学推理能力 | 0.195 | 0.016 | 12.008 | *** | 0.494 |

表 5-19　观测变量的测量误差统计表

| 观测变量的误差名称 | 方差 | 标准误差 | $t$ 值 | $P$ |
|---|---|---|---|---|
| e15 | 1.272 | 0.128 | 9.917 | *** |
| e1 | 0.859 | 0.077 | 11.091 | *** |
| e2 | 1.473 | 0.086 | 17.129 | *** |
| e3 | 18.785 | 1.115 | 16.845 | *** |
| e4 | 0.218 | 0.011 | 19.049 | *** |
| e5 | 0.330 | 0.024 | 13.962 | *** |
| e6 | 0.884 | 0.041 | 21.443 | *** |
| e7 | 1.132 | 0.063 | 18.029 | *** |
| e8 | 1.054 | 0.060 | 17.648 | *** |
| e9 | 6.369 | 0.324 | 19.684 | *** |
| e10 | 1.282 | 0.067 | 19.188 | *** |
| e11 | 1.250 | 0.117 | 10.715 | *** |
| e12 | 0.423 | 0.019 | 22.088 | *** |
| e13 | 0.423 | 0.021 | 20.005 | *** |
| e14 | 0.187 | 0.009 | 20.551 | *** |

根据巴戈齐等人提出的模型基本适配指标将表 5-18 和表 5-19 进行对比,其结果如表 5-20 所示。从表 5-20 中可以看出,本研究建立的小学生科学推理能力影响因素模型与观测数据达到基本适配标准要求。

表 5-20　模型基本适配指标检验表

| 检验指标 | 模型的指标 | 结果 |
| --- | --- | --- |
| 无负的误差方差 | 由表 5-19 可知,误差的方差皆为正 | 适配 |
| 误差变异达到显著性水平($t>$1.96) | 由表 5-19 可知,$t>9.917$,均达到显著水平 | 适配 |
| 标准化系数绝对值不大于 1 且不能太接近 1 | 由图 5-5 可知,标准化估计系数最小值是 0.102,最大值是 0.952 | 适配 |
| 无很大的标准误差 | 由表 5-18 和表 5-19 可知,除 e3 的标准误差 1.115 外,其余的标准误差较小 | 适配 |

### 2. 模型外在质量的评估

运行 AMOS22.0 以后,将模型各项适配度指标进行整理,并详细列在表 5-21 中。

表 5-21　小学生科学推理能力影响因素结构模型的各项适配度指标

| 统计检验量 | 适配的标准或临界值 $P$ | 检验结果数据 | 模型适配判断 |
| --- | --- | --- | --- |
| 绝对适配度指标 | | | |
| $\chi^2$ 值 | $>0.05$(未达显著水平) | 212.341($P=0.000<$0.05) | 否(参考指标) |
| RMSEA 值 | $<0.08$($<0.05$,优良;$<0.08$,良好) | 0.041 | 是 |
| GFI | $>0.90$(以上) | 0.974 | 是 |
| AGFI | $>0.90$(以上) | 0.962 | 是 |
| 增值适配度指标 | | | |
| NFI | $>0.90$(以上) | 0.980 | 是 |
| RFI | $>0.90$(以上) | 0.974 | 是 |
| IFI | $>0.90$(以上) | 0.986 | 是 |
| TLI | $>0.90$(以上) | 0.982 | 是 |
| CFI | $>0.90$(以上) | 0.986 | 是 |
| 简约适配度指标 | | | |
| PGFI | $>0.50$(以上) | 0.659 | 是 |

续　表

| 统计检验量 | 适配的标准或临界值 $P$ | 检验结果数据 | 模型适配判断 |
| --- | --- | --- | --- |
| PNFI | >0.50(以上) | 0.764 | 是 |
| PCFI | >0.50(以上) | 0.770 | 是 |
| CN | >200 | 504($\alpha<0.05$) | 是 |
| $\chi^2$ 自由度比 | <2.00(良好),<3.00(普通) | 2.991 | 是 |
| CAIC | 理论模型值小于独立模型值,且同时小于饱和模型值 | 486.455<10 511.879<br>486.455<846.530 | 是 |

从表 5-21 中可以看出,小学生科学推理能力影响因素模型的整体适配度的卡方值等于 212.341($P=0.000$,小于 0.05),没有满足整体模型适配度检验。在整体模型适配度的判别时,由于卡方值易受样本大小的影响,样本观察值越大,模型卡方值也会变大,此时显著性概率 $p$ 值会变得很小,容易形成拒绝虚无假设的结论,故而若是样本数较大,在整体模型适配度的判别方面,应再参考其他适配度统计量,而不应只从卡方值判断[①]。在本书的研究中,参与调查的样本数量为 1 167 名小学生,数量较大,所以卡方值只作为参考,并不作为检验是否通过的指标。

从其他适配度指标来看,卡方自由度比值为 2.991<3.000,标准平方根残差 RMSEA=0.041<0.05,拟合指数 GFI 值为 0.974($>0.90$),调整拟合指数 AGFI 值为 0.962>0.90,这些指标皆达到了模型可以接受的标准。综合其他适配度指标,从绝对适配度指标、增值适配度指标、简约适配度指标来看,小学生科学推理能力影响因素的理论因果模型图与实际数据可以适配。

### 3. 模型内在结构适配度的评估

模型内在结构适配度的评价包括测量模型的评价和结构模型的评价这两个部分。测量模型的评价关注测量变量是否可以反映其相对应的潜在变量,其目的是了解潜在结构的效度和信度;结构模型评价的目的是了解理论建构阶段所界定的因果关系是否成立,这可以从路径系数的显著性与否来评判。

---

① 吴明隆.结构方程模型:AMOS 的操作与应用[M].重庆:重庆大学出版社,2009:311.

测量模型的评价可以通过观测标量与潜在变量的组合信度和平均方差抽取量进行评价。组合信度主要用于评估观察变量与潜在变量的信度，其计算公式如下：

$$\rho_c = \frac{(\sum \lambda)^2}{[(\sum \lambda)^2 + \sum(\theta)]} = \frac{(\sum 标准化因素负荷量)^2}{[(\sum 标准化因素负荷量)^2 + \sum(\theta)]}$$

平均方差抽取量用于评估整体模型的聚合效度，其计算公式如下：

$$\rho_v = \frac{(\sum \lambda^2)}{[(\sum \lambda^2) + \sum(\theta)]} = \frac{(\sum 标准化因素负荷量^2)}{[(\sum 标准化因素负荷量^2) + \sum(\theta)]}$$

运行 AMOS 22.00 软件，根据标准化因素负荷量和观察变量的测量误差，分别计算出组合信度和平均方差抽取量，将其结果汇总于表 5-22。

表 5-22　小学生科学推理能力影响因素结构方程模型信效度检验

| 潜在变量 | 观察变量 | 因素负荷量 | 信度系数 | 测量误差 | 组合信度 | 平均方差抽取量 |
|---|---|---|---|---|---|---|
| 教师教学 | 探究式教学 | 0.911 | 0.830 | 0.170 | | |
| | 推理内容教学 | 0.934 | 0.872 | 0.128 | | |
| | 元认知教学 | 0.952 | 0.906 | 0.094 | | |
| | 本质观教学 | 0.852 | 0.727 | 0.273 | | |
| | | | | | 0.952 | 0.834 |
| 家庭参与及投资 | 科学内容交流 | 0.847 | 0.718 | 0.282 | | |
| | 科学实践 | 0.840 | 0.705 | 0.295 | | |
| | 投资获取信息媒介 | 0.798 | 0.638 | 0.362 | | |
| | 投资科技兴趣班 | 0.813 | 0.661 | 0.339 | | |
| | | | | | 0.895 | 0.680 |
| 同伴协作 | 同伴课外交流 | 0.781 | 0.610 | 0.390 | | |
| | 同伴课内交流 | 0.868 | 0.753 | 0.247 | | |
| | | | | | 0.810 | 0.682 |

在模型内在结构适配度方面，本研究主要根据巴戈齐和伊(1988)提出的标准进行检验：观察变量的项目信度在 0.5 以上；潜在变量的组合信度在 0.6 以上；潜在变量的平均方差抽取量大于 0.5；所有参数统计量的估计值均达显

著水平($t$ 值绝对值$>1.96$；或 $p<0.05$)①。根据这些检验指标，将模型内在结构适配度检验结果整理到表 5-23 中。

表 5-23　模型内在适配度指标检验

| 检验指标 | 模 型 指 标 | 结果 |
|---|---|---|
| 观察变量的项目信度在 0.5 以上 | 从表 5-22 可知，观察变量的信度系数最小值为 0.610 | 适配 |
| 潜在变量的组合信度在 0.6 以上 | 从表 5-22 可知，组合信度最小值为 0.810 | 适配 |
| 潜在变量的平均方差抽取量 | 从表 5-22 可知，平均方差抽取量最小值为 0.682 | 适配 |
| 所有参数统计量的估计值均达显著水平 | 从表 5-18 和表 5-19 可知，影响因素的所有参数统计量的估计值均达到显著水平 | 适配 |

　　结构模型的评价：根据表 5-18，除了四个参照指标设置为 1 不予估计外，其他 $t$ 值最小值为 2.293，均大于 1.96，这表示所有路径系数达到显著水平。此外，同伴协作、家庭参与及投资、教师教学这三个潜在外因变量对科学推理能力潜在内因变量的路径系数皆为正数，说明原假设是成立的，即同伴协作、家庭参与及投资、教师教学共同促进小学生科学推理能力的发展。

　　综上所述，根据模型基本适配度指标、模型外在质量的评估以及模型内在质量的研究结果，本研究构建的小学生科学推理能力影响因素是有效合理的，说明同伴交流协作、家庭参与及投资以及教师关于科学推理的教学能有效促进小学生科学推理能力的发展，本书中的影响因素调查问卷具有较高的信效度。

### (三) 影响因素结构方程模型中潜在变量的效果分析

　　本部分主要分析潜在变量之间以及潜在变量与观察变量之间影响的作用效果，主要从标准化的总效果、直接效果和间接效果三个方面来进行分析。运行 AMOS 22.0，分别得出标准化的总效果、直接效果和间接效果，将对应结果分别整理于表 5-24、表 5-25 和表 5-26。

---

① 吴明隆. 结构方程模型：AMOS 的操作与应用[M].重庆：重庆大学出版社，2009:54.

表5-24　潜在变量之间标准化的总效果值

| | 家庭参与及投资 | 教师教学 | 同伴协作 | 科学推理能力 |
|---|---|---|---|---|
| 科学推理能力 | 0.165 | 0.102 | 0.240 | 0.000 |

表5-25　潜在变量之间、潜在变量与观察变量之间标准化的直接效果值

| | 家庭参与及投资 | 教师教学 | 同伴协作 | 科学推理能力 |
|---|---|---|---|---|
| 科学推理能力 | 0.165 | 0.102 | 0.240 | 0.000 |
| 提出问题 | 0.000 | 0.000 | 0.000 | 0.494 |
| 实验设计 | 0.000 | 0.000 | 0.000 | 0.518 |
| 证明 | 0.000 | 0.000 | 0.000 | 0.402 |
| 推理及得出结论 | 0.000 | 0.000 | 0.000 | 0.749 |
| 投资科技兴趣班 | 0.813 | 0.000 | 0.000 | 0.000 |
| 投资获取信息媒介 | 0.798 | 0.000 | 0.000 | 0.000 |
| 父母科学内容交流 | 0.847 | 0.000 | 0.000 | 0.000 |
| 父母科学实践 | 0.840 | 0.000 | 0.000 | 0.000 |
| 教师科学本质观教学 | 0.000 | 0.852 | 0.000 | 0.000 |
| 科学推理元认知教学 | 0.000 | 0.952 | 0.000 | 0.000 |
| 教师探究式教学 | 0.000 | 0.911 | 0.000 | 0.000 |
| 教师科学推理内容教学 | 0.000 | 0.934 | 0.000 | 0.000 |
| 同伴课外交流 | 0.000 | 0.000 | 0.781 | 0.000 |
| 同伴课内交流 | 0.000 | 0.000 | 0.868 | 0.000 |

表5-26　潜在外因变量与潜在内生变量及其观察变量之间标准化的间接效果值

| | 家庭参与及投资 | 教师教学 | 同伴协作 | 总科学推理能力 |
|---|---|---|---|---|
| 总科学推理能力 | 0.000 | 0.000 | 0.000 | 0.000 |
| 提出问题 | 0.123 | 0.050 | 0.119 | 0.000 |
| 实验设计 | 0.085 | 0.053 | 0.180 | 0.000 |
| 证明 | 0.066 | 0.041 | 0.096 | 0.000 |
| 推理及得出结论 | 0.081 | 0.076 | 0.124 | 0.000 |

　　由表5-24可以看出，家庭参与及投资、教师教学和同伴协作与交流这三个外因潜在变量对科学推理能力这一内因潜在变量的总效果值为正，说明这三个外因潜在变量对科学推理能力的发展具有促进作用，这与模型构建的原

有假设相符合。父母与小学生交流科学相关内容、进行科学实践以及投资获取科技信息的媒介和科技兴趣班将对小学生的科学推理能力的发展具有积极的促进作用；科学教师采用探究式教学、进行科学推理内容（方法）的教学、科学推理元认知教学以及科学本质观的教学都对小学生科学推理能力的发展具有积极的促进作用；同伴课内外交流科学内容及进行科学实践对小学生的科学推理能力的发展具有积极的促进作用。

接下来分析潜在变量与各自观察变量的直接作用效果。从表 5 - 25 可以看出，所有潜在变量对各自的观察变量的直接作用效果值均为正数，说明所有的观察变量都能有效地反映潜在变量。

如表 5 - 26 所示，三个潜在外因变量（家庭参与及投资、教师教学、同伴协作交流）对潜在内因变量（科学推理能力的四个观察变量）的间接效果值均为正，表示这些潜在外因变量对潜在内因变量的各观察变量具有积极的促进作用。其中，家庭参与及投资对科学推理能力的提出问题维度的促进作用大于其余三个方面；教师教学对科学推理能力的推理及得出结论维度的促进作用大于其余三个方面，对证明维度的促进作用相对较小；同伴协作与交流对科学推理能力的实验设计维度的促进作用大于其余三个方面。此外，除提出问题能力维度外，同伴协作与交流对科学推理能力各维度的作用效果大于其余两个影响因素。

## 五、研究结论

本章通过对科学推理能力影响因素已有研究的梳理，分别从家庭参与及投资、教师教学和同伴协作与交流这三个因素探讨其对小学生科学推理能力的影响，并运用结构方程模型检验了这三个因素的作用方向及大小。本次调查研究得出以下结论：

（1）对影响小学生科学推理能力的因素提取进行两次主成分分析及修订表明，最终形成的小学生科学推理能力影响因素调查问卷具有较好的信效度。

（2）对结构方程模型的模型基本适配度指标、模型外在质量的评估及模型内在质量的检验表明：本研究所构建的小学生科学推理能力影响因素的结构方程模型能较好地与理论假设相匹配，即小学生科学推理能力受到家庭参与及投资、教师教学及同伴协作因素的影响，这三个因素对小学生科学推理能力的发展具有积极的作用，并且这三个影响因素具有相互作用的效果。

（3）三个潜在外因变量对科学推理能力的主要促进作用不同。家庭参与及投资获取科学信息的媒介以及投资兴趣班对"提出问题"这一维度的科学推理能力促进作用相对较大，教师教学对"推理及得出结论"这一维度的科学推理能力促进作用相对较大，同伴交流与协作对"实验设计"这一维度的科学推理能力促进作用相对较大。此外，除"提出问题"能力维度外，同伴之间的协作与交流对科学推理能力其他三个维度能力影响的作用力相对大于其余两个因素。

以上研究结论对探讨提升小学生科学推理能力的策略具有重要的启示意义，这将在之后的章节进行讨论。

# 第六章

# 小学生科学推理能力测评研究结论、
# 启示与展望

通过科学教育提升青少年认知能力是提高一般智力能力的有效方法。

本研究首先通过对已有文献的梳理及专家咨询，界定了科学推理的内涵；其次，对国际核心素养框架、国际科学教育质量监测框架及小学科学课程标准进行梳理，得出小学生科学推理能力表现的基本假设，并通过专家咨询对这些能力假设进行确认，最终形成小学生科学推理能力表现的要求；再次，分析了国际科学教育质量监测项目中科学推理能力的测试项目，并结合小学生科学推理能力表现的要求开发出小学生科学推理能力测试项目；从次，通过测验探究出三至六年级小学生科学推理能力的特点；最后，从家庭参与及投资、教师教学及同伴协作与交流三个方面探究其对小学生科学推理能力发展的影响。本章将在总结本研究结论的基础之上，讨论本研究结论对小学生科学推理能力培养的启示，进而对本研究进行评价，同时对今后的研究方向进行展望。

## 一、研究结论

### （一）关于小学生科学推理能力表现的结论

本研究将科学推理理解为是一种个体有目的的科学知识探索和使科学理论与证据协调的高级思维活动，是个体为修正和重构他们关于世界认识的理论而进行探究的思维活动；科学推理主要关注科学实践中的三个过程：发展科学理论，收集用于检验科学理论的经验数据，批判性地协调和评估证据。科学推理应用科学探究的方法或原则进行推理或问题解决，因此，科学推理涉及提出、测验和修正理论，并对科学知识获取和改变进行反馈的过程。

根据国际数学与科学学习趋势项目 TIMSS 项目和澳大利亚 NAP－SL 项目中关于小学生科学推理能力的测评框架，本研究从"提出问题""实验设计""证据评估""推理、得出及应用结论"和"证明"五个维度构建小学生科学推理能力表现的框架，再在此框架下，通过对主要国际组织和发达国家的核心素养框架、科学课程标准及教育质量监测框架中对小学生科学推理能力表现的要求进行分析，提出了 16 条小学生科学推理能力表现的假设，并通过专家咨询对其进行修订。修订后的小学生科学推理表现共有 13 条(详见第三章第四节的第三部分)。

### (二) 关于三至六年级小学生科学推理能力特点的结论

小学生科学推理能力的测评项目能较好地反映科学推理能力表现的要求，具有较高的信度和良好的效度。本研究的测验项目主要源自 TIMSS 和 NAP－SL 项目，基于项目反应理论的 Rasch 模型，根据小学生科学推理能力表现要求进行改编，再运用 Bond&FoxSteps 软件对测试项目进行两轮评估及修订。结果表明：修订后的题目加权拟合值的区间为[0.85,1.15]，在模型要求的区间[0.7,1.3]内，符合 Rasch 模型的要求，能较好地反映小学生科学推理能力的测评要求；试卷的总信度系数 $\alpha=0.90$，说明问卷的信度非常理想。此外，本测试卷还经过科学教育专家、小学科学教师及小学生的审读与修订，这保证了本测试项目的效度。

年龄和性别对小学生的科学推理能力均有显著的影响。本研究选取了 1 167 名三至六年级的学生参与调查，并应用 SPSS22.0 软件对调查结果进行统计分析。研究结果如下：①对 4 个年级组被试的科学推理能力测验在年级和性别(4×2)两个因素上的差异进行复方差分析(MANOVA)表明，三至六年级小学生的科学推理能力在性别($Wilks'\lambda=0.981,F=5.495,p<0.001$)和年龄($Wilks'\lambda=0.873,F=13.418,p<0.001$)上存在显著的差异，但性别和年龄之间不存在显著的交互效应(性别×年龄，$Wilks'\lambda=0.995,F=0.463,p=0.936$)；②采用单因素方差分析(Oneway-ANOVA)对三至六年级学生科学推理能力的年龄差异进行分析表明，年龄对科学推理能力各维度及总能力均存在显著性差异，采用多重事后分析(Tukey HSD)得分随年级增长

的变化趋势可知，四年级至五年级是小学科学推理能力中"提出问题能力""实验设计""推理及得出和应用结论"能力发展的关键年龄阶段，四至六年级是小学生科学推理能力的"证明"和"总体能力"迅速发展的关键年龄阶段。③采用独立样本 $t$ 检验对三至六年级学生科学推理能力的性别差异进行分析表明，四年级和五年级小学生科学推理能力的总能力及各维度均不存在显著的性别差异，三年级学生在"总能力""推理及得出和应用结论""证明"三个维度存在显著的性别差异，六年级的学生在"证明"维度存在显著的性别差异。

**（三）关于小学生科学推理能力影响因素的结论**

　　小学生科学推理能力影响因素调查问卷的具有良好的信度和效度。关于小学生科学推理能力影响因素调查问卷的开发，本研究在已有研究的基础之上，运用 SPSS 22.0 软件对影响因素进行了两次主成分分析，最终形成家庭参与及投资、教师教学和同伴协作交流三个主要影响因素。其中，家庭参与及投资包括父母参与科学内容交流、父母参与科学实践、投资获取科学信息媒介和投资科技兴趣班四个方面；教师教学包括探究式教学、科学推理内容教学、科学推理元认知教学和科学本质观教学四个方面；同伴协作交流包括讨论与科学课程内容相关的科学问题以及讨论感兴趣的课外科学问题两个方面。通过两次主成分分析的修订所构建的影响因素指标具有较高的结构效度。修订后的问卷共涉及 32 道题目，其总信度系数 $\alpha = 0.912$，大于 0.900，说明问卷的信度是理想的。

　　小学生科学推理能力影响因素的调查结果与理论假设相匹配，不同的影响因素对小学生科学推理能力各维度的作用效果不同。模型基本适配度指标、模型外在质量的评估及模型内在质量的检验表明，小学生科学推理能力影响因素的调查结果与理论假设相匹配，即家庭参与及投资、教师教学和同伴协作交流三个影响因素对小学生科学推理能力具有正向的促进作用：家庭参与及投资获取科学信息的媒介以及投资兴趣班对"提出问题"这一维度的科学推理能力促进作用相对较大，教师教学对"推理及得出结论"这一维度的科学推理能力促进作用相对较大，同伴交流与协作对"实验设计"这一维度的科学推理能力促进作用相对较大；除"提出问题"能力维度外，同伴之间的协作与交流对科学推理能力其他三个维度能力的影响作用力相对大于其余两个因素。

## 二、研究启示

以上研究结论对小学生科学推理能力的培养有三个方面的启示:研制科学推理的学习进阶,促进小学生科学推理能力的连贯性发展;构建立体式的科学教育环境,促进小学生科学推理能力的发展;加强科学推理能力的测评,促进小学科学教学的重心转移。

### (一) 研制科学推理能力的学习进阶,实现其连贯性发展

根据三至六年级小学生科学推理能力的调查可知,小学生科学推理能力的发展具有显著的年龄差异,这说明小学生科学推理能力的发展具有阶段性特征。如何在关照小学生这一发展特点的同时,促进小学生科学推理能力的连贯性发展呢? 近年来科学教育领域新兴的研究课题"学习进阶"可以为解决这一问题提供方向。

学习进阶是一条由小学到高中的、有逻辑的、符合学生发展规律的"概念序列"(这里所指的概念包括公式、定量、定律、科学实践等),首次出现在美国国家研究理事会的研究报告《国家科学评价体系》中,并指出学习进阶是促进课程标准、课堂教学与考试评价三者一致性的有效工具[1]。在此理念的指导下,美国于 2013 年颁布的国家科学课程标准的主要特点之一就是以学习进阶的形式来呈现学习内容,实现了科学课程内容的整合与发展。学习进阶理念认为,学习是一个逐渐累积、不断演进的过程,学生对某一内容主题的理解存在多个不同的中间水平,在学习某个内容主题相当长的时间段中,学生对该内容的理解和思考将日趋成熟、不断深入[2]。可以说,学习进阶刻画的是学生思维的发展过程[3],它不仅关注学生的认知发展,还关注学生的生活经验。学

---

[1] National Research Council. Systems for state science assessment [M]. Washington, D C: National Academies Press, 2005:3.

[2] 张颖之. 理科课程设计新理念:"学习进阶"的本质、要素与理论溯源[J]. 课程·教材·教法,2016,36(6):115-120.

[3] 姚建欣,郭玉英. 为学生认知发展建模:学习进阶十年研究回顾及展望[J]. 教育学报,2014,10(5):35-42.

习进阶包括学习目标、进阶变量、成就水平、学习表现、评价等要素。需要指出的是，学习进阶的制定和完善需要与实践相结合，在实践检验中不断完善，从而使学习进阶的假设更加符合学生身心的发展。

由学习进阶的内涵可以看出，学习进阶的研究将有助于课程方案的制定，有助于指导教师的教学及专业发展，同时也将为学生学业成就测评提供参考。然而，不论是课程方案的设计、教师的课堂教学，还是学业成就的测评，其最终目的都是促进学生能力的发展。如果课程内容能按照有效的学习进阶进行组织，这将促进学生能力的连贯性发展。

本书对三至六年级小学生科学推理能力特点的研究结果表明，研制小学生科学推理能力的学习进阶是可行的、必要的。小学生科学推理能力学习进阶的研究将为小学科学课程标准的修订、课堂教学和测评提供参考，实现小学生科学推理能力培养的连贯性。那么，小学生科学推理能力的学习进阶怎么研制呢？学习进阶研究的一般思路如下：首先，建构学习进阶的假设；其次，开发学习进阶测量工具；最后，验证学习进阶。需要说明的是，学习进阶的研制是一个不断循环的过程，需要多轮修订，还需要在教学实践中不断检验。首先，基于当前小学生思维发展特点以及对科学推理要素、过程的认识构建小学生科学推理能力的假设。其次，开发小学生科学推理能力测量工具，一方面要克服经典测量理论对测试样本的依赖性，用项目反应理论来指导测验项目的编制及检验；另一方面，由于科学推理能力属于高阶思维，为了更加真实地将学生思维过程展现出来，应该尽可能开发具有真实情境的测评项目，而不仅仅是纸笔测试。最后，对小学生科学推理能力进阶的验证需要通过两方面的验证：一方面是根据使用测评工具测评的结果来验证，另一方面是来自课堂教学实践的验证。其中，来自测评工具测评结果验证的难点是如何使测验等值化，即一般情况下，测验试题会根据小学生的不同阶段（如小学可分为三个阶段：一至二年级，三至四年级，五至六年级）设置不同的测验项目，这就需要在不同阶段的测试项目中设置锚试题，即在相连的阶段设置部分相同的测验项目，用这些项目作为不同阶段测试项目等值化的基准；来自课堂教学实践验证的挑战是如何克服因教师个人风格的不同而增加检验效果的变量，这需要对参与研究的教师进行培训，尽可能地使参与研究的教师教学风格保持一致。

然而，研制小学生科学推理能力的学习进阶还存在两个方面的挑战：一方面是来自科学推理能力本身的挑战，另一方面是学习进阶研究本身的挑战。科学推理能力本身并不像科学知识那样容易表征，具有动态性特点，这增大了科学推理能力学习进阶研究中成就水平确定的难度；学习进阶本质上是对现有学生认知及思维发展特点的一种假设，这种假设需要在实践中不断完善。以上两方面的挑战要求我们对小学生科学推理能力学习进阶的研究必须与科技哲学学者、科学教育工作者、心理学家、教育测评专家以及小学一线科学教师协作，首要任务是对科学推理的内涵、本质达成共识，以此作为小学生科学推理能力学习进阶研究的起点。与此同时，对小学生科学推理能力学习进阶的研制应进行多次的实践及修订，唯有如此，才能保证研制出的科学推理能力学习进阶符合小学生的认知发展规律，从而有效地指导关于科学推理能力的小学科学课程设计、课堂教学以及学业成就测评，最终促进小学生科学推理能力的连贯性发展。

**（二）构建立体式的科学教育环境，促进科学推理能力的发展**

本书对三至六年级小学生科学推理能力影响因素的研究显示，同伴协作交流、教师教学、家庭参与及投资这三方面的因素都对小学生科学推理能力具有正向的促进作用，这启示我们对小学生科学推理能力的培养在注重学校科学教育的同时，也要重视校外的非正式科学教育，通过构建校内外相结合的立体式的科学教育环境来促进小学生科学推理能力的发展。

指导我国科学教育体系的指导文件有两个：一是指导校内科学教育的文件，主要是由教育部颁布的中小学科学教育标准；二是指导校外科学教育的文件，即由国务院印发的《全民科学素质行动计划纲要》。当前指导校外科学教育的文件是由国务院 2006 年印发的《全民科学素质行动计划纲要（2006—2010—2020 年）》（以下简称"纲要"）。为了实现 2020 年全民科学素质工作目标，进一步明确"十三五"期间全民科学素质工作的重点任务和保障措施，国务院于 2016 年印发了《全民科学素质行动计划纲要实施方案（2016—2020年）》。纲要对未成年人科学素质行动部分提出的主要措施有："开展课外科技活动，引导未成年人增强创新意识和实践能力；提高母亲的科学素质，重视家庭教育在提高未成年人科学素质中的重要作用；整合校外科学教育资源，建立校外科技活动场所与学校科学课程相衔接的有效机制。"①这为构建校内外相结合的立体式科学教育环境提供了依据。

非正式学习(informal learning)是相对学校课堂教学而提出的，这类学习可能发生在教室及学校以外的物理环境或互联网虚拟环境中，学习可能是在无事先计划、无确定的评价方案甚至不为人意识到的情境下达成的。非正式学习的类型非常多样化，包括场馆学习(博物馆、科技馆、动物园、植物园等)、日常生活学习(看电视、发展个人兴趣、读书、购物等)和课外小组学习(科技活动小组)等②，同时还包括父母参与的亲子活动。非正式学习能够激发和维持人们终身学习科学的兴趣和习惯，让人们在非正式科学学习过程中促进其科学思维的发展，从而提升其科学素养，对实现科学教育的目标具有重要的意义。

然而，构建良好的非正式科学学习环境，使之与学校科学教育形成互补的良性系统还面临着巨大的挑战。这些挑战主要有：教育评价主要评价学生对科学知识体系的掌握，对科学推理能力的评价较弱；在当前评价观的引导下，家庭对学生课外学习的投资主要集中在考试科目的补习上，较少关注课外科技活动；科学教师对科学课程资源的开发与利用主要用于课堂教学，较少利用校外科学课程资源；基于互联网开发的虚拟科学学习环境良莠不齐，小学生很难分辨其优劣；从事非正式科学教育的人员专业化程度低。

基于对以上问题的分析提出的改善策略如下。首先，学校、家庭和社会应树立发展学生核心素养的育人目标观念。学校以发展学生核心素养为育人理念，教师教学中在注重科学知识传授的同时，应更加注重科学推理能力的培养；在学生学业评价中，突出对学生科学推理能力的测评；在校园文化建设上，开展丰富多彩的科技活动，让学生在"做科学中"提升自身的科学推理能力。家长应该树立发展学生核心素养的理念，不再将孩子在学校的测评成绩作为评价孩子的唯一标准，支持孩子多参加课外科学实践活动。社会树立发展学生核心素养的理念，形成合理的人才评价观，一方面会促进社会构建

① 中华人民共和国国务院. 公民科学素质行动计划纲要(2006—2010—2020 年)[EB/OL][2018 - 2 - 26]. http://www. gov. cn/zhengce/content/2008-03/28/content_5301. htm.
② 张宝辉. 非正式科学学习研究的最新进展及对我国科学教育的启示[J]. 全球教育展望，2010(9)：90 - 92.

更加多元的科学学习环境,另一方面也能为学校教育、家庭教育的育人理念营造氛围。其次,要加强对科学教育工作者的培养及在职培训,提升科学教育工作者的专业素养。具体而言,包括加大师范院校科学教师的培养,以应对小学科学教师及科技馆展教人员严重短缺的局面;对在职小学科学教师及科技馆展教人员进行培训,提升他们培养小学生科学推理能力的教学能力以及展教品开发能力。最后,制定虚拟科学学习环境的行业标准,摒弃劣质的网络科学学习资源。

综上所述,构建立体式的科学教育环境,使学校科学教育和非正式科学教育形成互为补充的关系,促进小学生科学推理能力的发展是一项系统性的工程,需要学校、家庭、社会的多方联动。

**(三) 加强科学推理能力的测评,促进教学重心转移**

进入 21 世纪以来,为了迎接全球化、信息化与知识时代所带来的挑战,世界各国际组织和国家纷纷对新时代应该培养什么样的人以适应未来的发展这一问题进行了研讨,当前针对这一问题的讨论聚焦于对学生发展核心素养的研究。学生发展核心素养是指学生为适应终身发展和社会发展需要的必备品格和关键能力。学生发展核心素养将从多个方面引导整个教育系统的变革,比如作为课程设计、检验和评价教育质量的依据,引导学生学习以及指导教师教学等。

我国教育部组织核心素养研究课题组对中国学生发展核心素养进行了深入的研究,其成果是"中国学生发展核心素养"框架。该框架以"全面发展的人"为核心,分为文化基础、自主发展、社会参与三个方面,综合表现为人文底蕴、科学精神、学会学习、健康生活、责任担当、实践创新六大素养。其中科学精神素养是指学生在学习、理解、运用科学知识和技能等方面所形成的价值标准、思维方式和行为表现,具体包括理性思维、批判质疑、勇于探究等基本要点[①]。这是我国科学教育的指导思想。学生发展核心素养需要依托学科课程的教学来实现。小学科学课程是小学阶段落实学生发展核心素养中科学精神这一维度素养的主要课程。

--------

① 核心素养研究课题组.中国学生发展核心素养[J].中国教育学刊,2016(10):1-3.

　　新课标指出了小学科学课程的总目标是培养学生的科学素养，通过科学课程的学习来发展学生的学习能力、思维能力、实践能力和创新能力等①。科学素养可以认为是小学科学课程的学科核心素养②。科学推理能力作为科学素养的核心组成部分，应该成为小学科学课程教学的重要内容。然而，当前我国小学科学课程的教学现状仍不容乐观。有调查研究指出："由于对小学科学课程重视不够等，有些地区虽然在课程计划中有设置科学课程，但经常被其他课程所占用。"③④此外，小学科学课堂教学更加注重科学知识的教学，较少关注科学推理能力的培养。根据我国教学的实际情况，教学质量评价仍是促进教学的有力抓手，故而本研究提出通过加强小学生科学推理能力的评价来促进小学科学教学，在强调基本知识与技能的同时要注重对小学生科学推理能力的教学。

　　现有的国际教育质量监测项目和发达国家的教育质量监测项目可以分为两类：一类是以经合组织为代表的 PISA 测评项目，这类测评项目测评学生运用知识和技能迎接现实生活挑战的能力；另一类是以国际教育成就评价协会为代表组织实施的 TIMMS 测评项目，这类测评项目是以学校实施的课程为基础。这两类测评项目都关注学生在新情景中解决科学相关问题的能力，反映出对科学推理能力测评的重视。有些测评项目还直接规定了科学推理能力测评内容要求以及测评项目关于这方面能力的测评比例，这为我国小学科学教育质量评价提供了参考。

　　教学质量评价的内容一直以来是我国基础教育改革和发展的风向标，应在科学教学质量评价中加强对科学推理能力的测评力度，从而促进科学课堂教学的重心由注重科学知识的传授转向科学推理能力的培养。地方教研室是指导当地教育教学、评价的重要科研机构。一方面。在平时的小学科学教师培训过程中，应该更新教师的教学观念，将课堂教学的重心由注重科学知

---

① 中华人民共和国教育部. 义务教育小学科学课程标准[M]. 北京：北京师范大学出版社，2017：3 - 6.
② 钟启泉. 学科教学的发展及其课题：把握"学科素养"的一个视角[J]. 全球教育展望，2017，46(1)：11 - 23.
③ 邵君梅. 黔东南州小学科学课程实施及影响因素研究[D]. 重庆：西南大学，2016.
④ 李月红. 桓台县农村小学科学教学现状分析及对策[D]. 济南：山东师范大学，2012.

识的传授转移到知识传授与促进小学生科学推理能力发展并重上来;另一方面,在教学质量评价上,突出对小学生科学推理能力的测评,通过测评来促进小学科学教师在课堂上注重小学生科学推理能力的培养。

那么,如何对小学生科学推理能力进行测评呢? 科学推理能力更加注重的是在新情境中发现可探究的科学问题,设计实验来收集证据,并对所收集的证据进行分析得出结论,与此同时还应该对收集的证据做出评价,最终做出决策。因此,科学推理能力涉及的能力较多,在测评中可以根据教学进度有侧重地测评,不必每次测评都面面俱到。另外,还应该改变单一的纸笔测验方式。教师可以以项目的形式,让小学生以小组为单位对特定的科学事件/问题展开讨论,并鼓励学生汇报他们最终的决策,同时,请其他小组的同学对其决策进行评价。

应该指出的是,通过加强小学生科学推理能力的测试来促进教师的教学,要避免增加小学生学业负担的风险。首先,小学科学教师应该具有正确的评价观,避免为了应付测评而进行题海战术;其次,小学科学教师要根据教学内容,循序渐进地进行科学推理能力培养的教学,避免增加学生的认知负担;最后,小学教师应该注重小学生科学推理能力的元认知教学,提高小学生的学习效率,避免小学生因长时间的低效学习而增加学业负担。

### 三、研究总结及展望

对本书中的研究进行反思可作为今后研究的起点。下面从创新之处、存在的问题两个方面对本研究进行总结,同时对今后要研究的方向进行展望。

#### (一) 创新之处与存在的问题

本研究主要有以下三点创新之处:

(1) 选题新。科学教育的最终目的不是让学生掌握固化的、系统化的科学知识,而是通过科学课程的学习,使学生能像科学家一样地思考来解决生活中遇到的问题,即培养学生的科学推理能力。在国外,对小学生科学推理能力的研究已经取得了丰富的成果,但我国对小学生科学推理能力的研究还相对较少,在这样的情况之下,本书对我国小学生科学推理能力进行研究,选题具有一定的新颖之处。此外,在以核心素养理念为指导深化课程改革的背景下对小学生科学推理能力进行研究,对丰富科学课程的学科核心素养具有较强的现实参考意义。

(2)研究视角新。当前国内对学生科学推理能力的测评研究主要采用的是 LCTSR 科学推理能力测试卷,该测试卷主要关注的是学生的形式逻辑思维能力,没有考虑到科学推理不只是逻辑上的推理在科学中的应用,而是科学推理实践内部自发产生的这一特性,与国内现有的科学推理能力测评研究相比,本书从科学推理过程的角度对小学生科学推理能力进行研究,不仅关注科学推理的逻辑性,而且关照科技哲学观,这与国际科学教育中对科学推理能力的研究内容接轨,因此研究视角较为新颖。

(3)研究方法新。对小学生科学推理能力测验试题的检验采用 Rasch 模型,克服了对经典测验理论的样本依赖性,这是研究方法的一个创新之处。此外,本研究对影响小学生科学推理能力发展因素的研究采用结构方程模型的方法,不仅验证了影响因素的方向,还分析了影响力的大小,这是研究方法的另一创新之处。

然而,虽然在研究过程中力争使研究完善,但还是存在一些不足之处。首先,本次调查的对象虽然选取了大样本,但是只选取了重庆、成都地区的 3 所小学的部分小学生进行调查,样本覆盖率不够广,调查结论还有待更多的调查数据支持;其次,关于学生科学推理能力的研究主要集中在国外,国内在这方面进行深入研究的较少,这增加了本研究的难度,使得本研究的一些术语、对研究内涵的认识可能还存在一些需要改进的地方;最后,本研究采用纸笔测验,对科学思维这种高阶思维的测量,应该在更加真实的情境中进行,为增强测试情境的真实性,可采用计算机创设情境来进行测试。

## (二) 后续研究展望

为了让小学生科学推理能力的研究成果更加有效地指导教学和评价,使学校、家庭和社会所构成的立体式科学教育环境和谐发展,最终促进小学生科学推理能力的发展,在后续的研究中,一方面要继续改进以上研究的不足,另一方面还将在以下几个方面进行拓展研究。

(1)小学生科学推理能力的认知诊断研究。认知诊断(cognitive diagnosis

assessment)是指对个体认知过程、加工技能或知识结构进行的诊断评估,它是通过测验获得被试在测验上可观察的反应模式(observed response pattern, ORP)推知被试不可观察的反应模式(knowledge state, KS),更加强调测验/测量要深入考查被试内部的心理加工过程。因此,开展小学生科学推理能力的认知诊断研究,将有助于指导小学科学课堂教学和评价。在教育中的认知诊断测验应测量以下三个方面的认知特性:第一,特定认知领域中较重要的技能或知识(这些技能或知识是更高层次能力构建的基础);第二,知识结构。知识结构不仅表明知识、技能的数量或多少,而且表明人们是如何对这些知识、技能进行组织的;第三,认知过程。在今后的研究中,首先,将从科技哲学、心理学、学科教学等综合性角度,更加科学地研制小学生科学推理能力的表现;其次,结合小学科学教学实践,研究小学生科学推理能力的表征;最后,开展小学生科学推理能力的认知过程研究。为了保证研究的科学性,需要进行大样本的数据调查,可以通过计算机自适应测验(computerized adaptive testing, CAT)来收集数据,从而使大样本的研究成为可能。

(2) 基于社会性科学议题的科学推理能力培养研究。社会性科学议题(socio-scientific issue, SSI)是指由于科学技术的发展与应用,而对社会产生冲击和影响的议题,这些科学议题常与经济、民生、环保以及社会伦理道德等层面密切相关,如核电利用、基因工程、垃圾焚烧等。人们解决这些问题需要综合考虑科学、社会、经济、道德等多方面因素,进行非正式科学推理。人们在解决社会性科学议题时有不同的推理模式,如果在决策时主要考虑科学上是否可行或有益,则称为科学取向的推理模式;如果主要考虑在经济上是否可行,则称为经济取向的推理模式①。在科学课堂教学中,设计基于社会性科学议题的教学,不仅可以改善学生的科学本质观,而且还可以促进科学推理能力这一高阶科学思维的发展。在设计基于社会性科学议题的科学推理能力的科学教学时,课程资源的选择应该更加贴近学生当地的生活实际;与此同时,还要考虑到与教学内容的关联性,不应该为了发展学生的科学推理能力而选择超标的课程内容进行教学。

---

① 许翔杰,陈李娜. 高中生的社会性科学议题解决能力及其与科学本质观的关系[J]. 教育学报,2016,12(4):29-38.

（3）基于证据的立体式科学教育环境建设的政策研究。从本研究中可以看出，学校科学教育和非正式科学教育均对小学生科学推理能力具有正向的促进作用。目前我国虽然存在着大量的甚至是优质的非正式科学教育环境，但是还没有专门的政策以保障这些非正式科学教育环境健康发展。在制定政策之前，需要弄清立体式科学教育环境的构成要素，并理顺各要素之间的关系。与此同时，为了保证所制定政策的质量，还需要正确的政策制定理论的指导。当前，基于证据的（evidence-based）政策制定是一种新理念，在研制立体式科学教育环境建设的政策时，应该以该理念为指导。在基于证据的政策制定中，首要任务是收集证据并对证据质量进行分析。具体到科学教育政策制定中，政策制定者主要是教育部以及科协，这两大部门要多方联动，调动教育系统和科协系统的研究者对有效配置、有效利用科学教育资源进行研究。与此同时，还要参考国外的先进做法，在综合权衡各种证据的情况下制定出科学的政策，为立体式科学教育环境建设提供保障。

（4）在 STEM 教育中培养小学生的科学推理能力。STEM 是 science、technology、engineering、mathematics 四个英文单词首字母的缩写，最早出现在 1986 年美国国家科学研究委员会发表的《本科的科学、数学和工程教育》报告中。尽管随着研究的深入，有学者将 STEM 扩展为"STEAM"，甚至"STEM+"，但是本书研究认为，STEM 是其他延伸内涵的根基，且符合其小写"stem（干细胞）"的含义，因为干细胞可以分化成不同的细胞，故而在本研究中，仍沿用"STEM"。STEM 教育是一种以项目学习、问题解决为导向的课程组织方式，它整合了科学、技术、工程、数学等学科，用以应对学科割裂所造成的无法创造性地解决真实、复杂的科学技术问题这一困境，有利于学生创新能力的培养，是当前国内外科教课程倡导的教学理念之一。已有的文献表明，科学推理能力的培养是 STEM 教育的关键。例如，2009 年美籍华人俄亥俄州立大学包雷教授在国际顶级期刊《科学》（*Science*）杂志发表的研究成果指出，"科学推理能力是 STEM 教育的重要内容"，詹森（Jensen J L）、尼利（Neeley S）、哈奇（Hatch J B）等人的研究成果则指出，"科学推理能力的学习是 STEM 教育的核心"。今后的小学科学教学，在开展 STEM 跨学科教学时，应将小学生科学推理能力的培养作为科学思维的核心目标。

# 附 录

## 附录一 科学推理概念及其能力表现调查问卷

尊敬的老师：

您好！我是西南大学科学教育研究中心的博士研究生，现正在做一项关于小学生科学推理能力测评的研究。我通过对 TIMSS、PISA、NAEP 等大型国际测评项目以及美国、英国、澳大利亚、新西兰等十个国家或地区的小学科学课程标准的梳理，提取了一些关于科学推理概念和小学生科学推理能力表现的描述，鉴于您对科学教育领域长期的研究，特征求您对这些描述的看法。

本调查只作为研究使用，不会对您造成任何影响，请您放心作答。您真实的想法就是我所需要的。

1~6 题是关于您的基本信息，7~8 题是关于科学推理概念的描述，9~10 题是关于小学生科学推理能力表现的描述，请根据您的实际情况作答。

1. 您的性别:[单选题][必答题]

○男 ○女

2. 您的最高学历是[单选题][必答题]

○大学专科 ○大学本科 ○硕士研究生 ○博士研究生

3. 您目前所从事的工作是[单选题][必答题]

○小学一线科学教师 ○教研员 ○大学教师 ○教育研究院(所)研究人员

4~6 题请根据您现有的职称选择其中一题进行作答

4. 如果您是小学科学教师，您的职称是[单选题]

○三级教师　○二级教师　○一级教师　○高级教师　○正高级教师

5. 如果您是教研员，您的职称是[单选题]

○一级教师　○高级教师　○正高级教师

6. 如果您是大学教师或教科研单位人员，您的职称是[单选题]

○助教（实习研究员）　○讲师（助理研究员）

○副教授（副研究员）　○教授（研究员）

7. 下面是关于科学推理（scientific reasoning）内涵的叙述，请根据您的专业理解作出选择[矩阵量表题][必答题]

| | 非常不同意 | 不同意 | 不确定 | 同意 | 非常同意 |
|---|---|---|---|---|---|
| ● 科学推理可以理解为一种像科学家一样理性地解决科学问题的思维活动 | ○ | ○ | ○ | ○ | ○ |
| ● 科学推理是有目的地探寻知识和协调理论与证据的思维过程 | ○ | ○ | ○ | ○ | ○ |
| ● 科学推理是个人修正和重构科学理论所进行探究的思维过程 | ○ | ○ | ○ | ○ | ○ |
| ● 科学推理是知识命题和推理规则的结合 | ○ | ○ | ○ | ○ | ○ |
| ● 科学推理就是理解和评价我们在大众杂志、报纸、新闻杂志以及一些普通的专业出版物中见到的科学发现 | ○ | ○ | ○ | ○ | ○ |
| ● 科学推理是通过分析部分/整体和相似/差异来构建模式（pattern-making），作出预测，证明结论，以及得出因果关系的推理 | ○ | ○ | ○ | ○ | ○ |
| ● 科学推理可以理解为应用科学探究的方法或原则进行推理或问题解决，这涉及提出、检验和修订理论，并反馈科学知识获得和转变的过程 | ○ | ○ | ○ | ○ | ○ |
| ● 科学推理能力涉及实验设计、证据评估和得出科学知识的推理能力 | ○ | ○ | ○ | ○ | ○ |
| ● 科学推理能力是一种概括、检验、修订理论和假设，并反思这些过程的能力 | ○ | ○ | ○ | ○ | ○ |
| ● 科学推理可以分为提出问题/作出假设、设计调查（实验）、协调理论-证据、证明等主要阶段 | ○ | ○ | ○ | ○ | ○ |

续 表

| | 非常<br>不同意 | 不同意 | 不确定 | 同意 | 非常<br>同意 |
|---|---|---|---|---|---|
| ● 具体的形式逻辑推理(形式逻辑推理方法包括归纳、演绎和类比,以及由此衍生出具体用于科学认识活动的推理方法:守恒、控制变量、组合推理、比例推理、相关推理和概率推理)贯穿于科学推理的各环节中 | ○ | ○ | ○ | ○ | ○ |
| ● 科学推理既需要关照形式逻辑,同时也需要心理活动的参与 | ○ | ○ | ○ | ○ | ○ |
| ● 科学推理除了服从形式逻辑规则,还受到科学基本观念的约束 | ○ | ○ | ○ | ○ | ○ |
| ● 科学推理不只是逻辑问题,还可能是事实问题或经验问题 | ○ | ○ | ○ | ○ | ○ |

8. 关于科学推理概念的描述,您认为还需要修正或补充的是[填空题]

9. 下面是关于小学生科学推理能力表现的描述,请根据您的专业理解作出选择[矩阵量表题]

[必答题]

| | 非常<br>不同意 | 不同意 | 不确定 | 同意 | 非常<br>同意 |
|---|---|---|---|---|---|
| ● 提出可以通过调查(科学探究)来回答的问题 | ○ | ○ | ○ | ○ | ○ |
| ● 根据调查(科学探究)设计的信息来预测调查结果 | ○ | ○ | ○ | ○ | ○ |
| ● 基于科学知识(科学观念)、经验知识、观察和/或科学信息的分析提出可检验的假设 | ○ | ○ | ○ | ○ | ○ |
| ● 用证据和科学知识(科学观念)预测条件改变所带来的影响 | ○ | ○ | ○ | ○ | ○ |
| ● 设计合适的调查(科学探究)方案来解决科学问题或检验假设 | ○ | ○ | ○ | ○ | ○ |
| ● 从变量是可测量的、可控制的和变量间的因果关系等方面来描述一项设计良好的科学调查 | ○ | ○ | ○ | ○ | ○ |

续　表

| | 非常<br>不同意 | 不同意 | 不确定 | 同意 | 非常<br>同意 |
|---|---|---|---|---|---|
| ● 根据得出结论所用数据的充分性（可靠性、客观性）对调查的结果进行评估 | ○ | ○ | ○ | ○ | ○ |
| ● 评估来自不同资源（如报纸、互联网和期刊）的科学论证（观点、论点） | ○ | ○ | ○ | ○ | ○ |
| ● 通过权衡可选择的方案和材料的优缺点来作出选择 | ○ | ○ | ○ | ○ | ○ |
| ● 评价其他的（可选择的）解释 | ○ | ○ | ○ | ○ | ○ |
| ● 基于观察、证据和科学知识（科学观念）作出有效的推理 | ○ | ○ | ○ | ○ | ○ |
| ● 得出能解决问题或验证假设的结论 | ○ | ○ | ○ | ○ | ○ |
| ● 将调查（研究）结论应用到新的情境中 | ○ | ○ | ○ | ○ | ○ |
| ● 识别模式（模式指事情发生、发展、完成的方式） | ○ | ○ | ○ | ○ | ○ |
| ● 开发和使用模型 | ○ | ○ | ○ | ○ | ○ |
| ● 用证据和科学理解来支持解释、问题解决和调查结论的合理性 | ○ | ○ | ○ | ○ | ○ |

10. 关于小学生科学推理能力表现的描述，您认为还需要修正或补充的是［填空题］

本问卷到此结束，感谢您的支持！祝您工作顺利，生活愉快！

# 附录二 小学生科学推理能力及影响因素调查(初测稿)

亲爱的小朋友:

在科学课堂上,你们像科学家一样研究了一些有趣的科学问题,今天就让我们用这些方法来研究其他的科学现象吧! 你拿到的这个小册子包含两个部分的内容:第一部分是小学生科学推理能力测试卷,请将你认为正确的答案按要求填写在相应的位置;第二部分是关于哪些因素会影响你科学推理能力的调查,这部分的内容没有对错之分,请在你认为最符合你实际情况的地方打"√"。本调查结果仅供研究使用,不会对你造成任何影响,请你放心作答。感谢你的参与!

请填写你的基本信息。性别:_____;年级(班级):_____

## 第一部分 小学生科学推理能力的测验

### 第一题 制作果冻

可口的果冻是我们喜爱的食品,你知道果冻是怎么制作的吗? 今天,我们来学习一种简单的制作果冻的方法吧! 果冻制作的过程如下图所示:第 1 步,将果冻晶体放入热水中;第 2 步,进行搅拌,使果冻晶体溶化。溶化后的混合物冷却后就可以使果冻成型,果冻成型后就可以食用了。

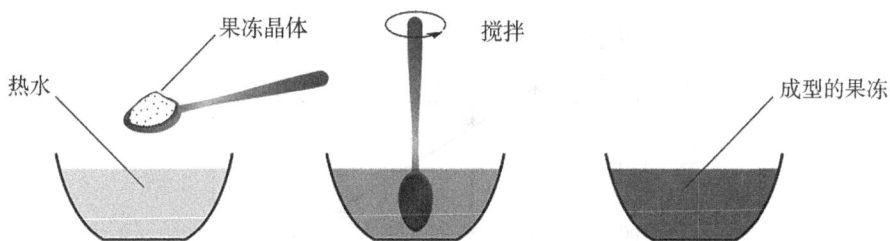

下面是小聪用科学课上所学的科学方法研究制作果冻的过程,请回答相关问题。

小聪用 5 个碗来做果冻,他的步骤如下:

第 1 步,在每个碗中加入两杯热水;第 2 步,在每只碗中加入果冻晶体;第 3 步,搅拌这些混合物;第 4 步,把碗盖上并把它们放入冰箱中。

他测量了每只碗中果冻成型所需要的时间，并将结果记录如下表。

| 碗的编号 | 果冻晶体的量(汤匙) | 成型需要的时间(分钟) |
|---------|------------------|-------------------|
| 1 | 2 | 210 |
| 2 | 4 | 185 |
| 3 | 6 | 没记录 |
| 4 | 8 | 115 |
| 5 | 10 | 90 |

1-1. 小聪想研究的问题是(　　　)。

A. 热水的多少是否会影响果冻成型所需要的时间

B. 有没有搅拌是否会影响果冻成型所需要的时间

C. 有没有冰箱是否会影响果冻成型所需要的时间

D. 果冻晶体数量的多少是否会影响果冻成型所需要的时间

1-2. 根据小聪研究的问题和调查数据，可以得出的结论是(　　　)。

A. 热水的温度增高，果冻成型所需要的时间缩短

B. 搅拌果冻晶体会使果冻成型所需要的时间缩短

C. 果冻晶体的数量增加，果冻成型所需要的时间缩短

D. 如果没有冰箱，果冻成型所需要的时间将变长

1-3. 小聪根据调查结果做了一个统计图表，如下图所示。

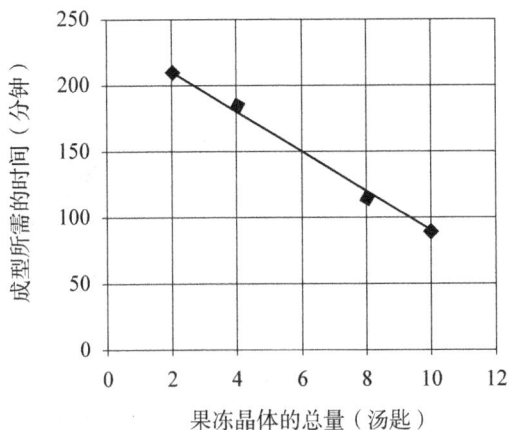

小聪忘了记录 3 号碗中果冻成型的时间。根据统计图的结果可以推测 3 号碗中果冻成型的时间是( )分钟。

A. 210　　B. 115　　C. 150　　D. 不知道

你的理由：_____。

1-4. 小聪可用下列( )方法使调查的结果更可信。

A. 用冷水加速溶化果冻晶体　　B. 把果冻混合物放入不同的冰箱中成型

C. 在每个碗中加入不同的果冻晶体　　D. 重复试验获得更多的实验数据

1-5. 我们在吃果冻时要用勺子划碎慢慢吃，不能一口吞食。下列关于这一要求的解释，最合理的是( )

A. 划碎了的果冻更有利于我们消化　　B. 防止果冻块过大而堵塞呼吸道

C. 这样更卫生，使我们不易得病　　D. 用勺子更容易把果冻划碎

**第二题　哪种液体蒸发得更快？**

临睡前小明在床边放了一杯水以备口渴时喝，但他一直没有喝，几天后他注意到杯子里的水少了。他知道这是因为水被蒸发了。

小明想弄清楚水和柠檬水谁蒸发得更快，他设计了一个实验：第 1 步，在一个杯子里加入 100 毫升水，在一个碗里加入 100 毫升柠檬水（如下图所示）；第 2 步，把两个容器放在窗台上静置 5 天；第 3 步，每天记录两容器中剩下液体的水平高度并对其进行比较。

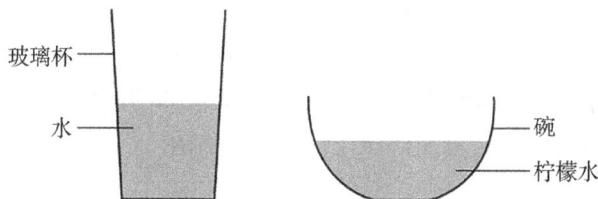

2-1. 下面描述的一个事实指出了小明实验设计中的一个错误，这会使测试不公平，从而导致得出的结论不可靠，它是( )。

A. 玻璃杯中水的体积比碗中柠檬水的体积大

B. 装柠檬水的碗口比玻璃杯的杯口大

C. 在窗台上放置的时间太长了

D. 把两个容器都放在了窗台上

2-2.在科学调查中,进行公平的测试是很重要的,这是( )

A. 为了进行多次测量

B. 为了方便获取数据

C. 为了使获取的数据更准确

D 为了便于推测调查的结果是由什么原因造成的

小明改正了他的方法,使他的实验设计更合理。他每天上午9点测量杯中剩余水和柠檬水的体积,持续观察了五天,并将结果记录在下面的表格中。

**五天中剩余水和柠檬水的体积**

| 天 | 水(ml) | 柠檬(ml) |
| --- | --- | --- |
| 1 | 100 | 100 |
| 2 | 96 | 94 |
| 3 | 82 | 88 |
| 4 | 80 | 73 |
| 5 | 76 | 65 |

2-3.根据研究目的和调查结果,小明能得出的结论是( )。

A. 水和柠檬水都被蒸发了    B. 水比柠檬水蒸发得快

C. 柠檬水比水蒸发得快    D. 24毫升水和35毫升柠檬水被蒸发了

2-4.假如第6天的天气和前5天的变化不大,那么小明最有可能观察到水和柠檬水剩余的体积分别是( )毫升。

A. 76,65    B. 0,0    C. 71,56    D. 60,60

2-5.从小明的研究结果可以看出,第3天液体的蒸发量超过了其他任何一天。请根据生活经验,推测造成这一现象的原因。

答:_____。

### 第三题  衣服的颜色怎么变了?

小聪和小明去服装店买了一件橙色的衣服。在回家的路上,他们打开包给朋友展示新买的橙色衣服。这时,他们惊奇地发现,衣服看起来是红色的,而不是橙色的。小聪认为商店给错了衣服的颜色,但是小明认为衣服的颜色看起来不同是因为阳光和商店的灯光不同导致的。他们决定做一次调查来看看谁说得对。

调查1:调查新衣服的颜色

小聪和小明拿来了四种颜色的电灯,分别是白色、红色、黄色和蓝色。他们将买到的衣服放在不同的灯光下观察新衣服的颜色。下图表示了他们在不同灯光下所看到的新衣服的颜色。

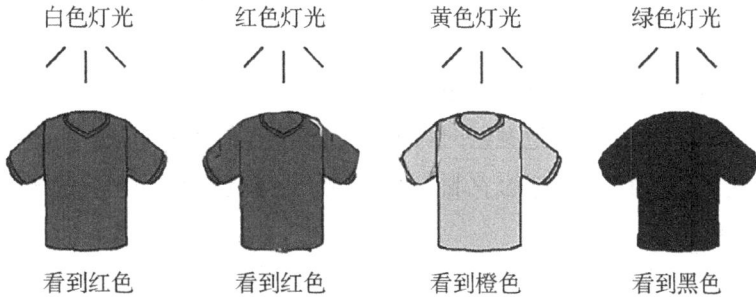

| 白色灯光 | 红色灯光 | 黄色灯光 | 绿色灯光 |
|---|---|---|---|
| 看到红色 | 看到红色 | 看到橙色 | 看到黑色 |

3-1.商店的服务员给错衣服了吗?(　　　)

A. 是的　　B. 没有

请解释你的答案:_____

_____

3-2.根据调查结果,商店的灯光应该是什么颜色的?(　　　)

A. 红色　B. 绿色　C. 黄色　D. 白色

调查2:调查白色的衣服

小聪和小明还想知道其他颜色的衣服在不同颜色灯光下会是什么样的颜色。他们将白色的衣服放在不同的灯光下进行观察,下图表示了他们所看到的颜色。

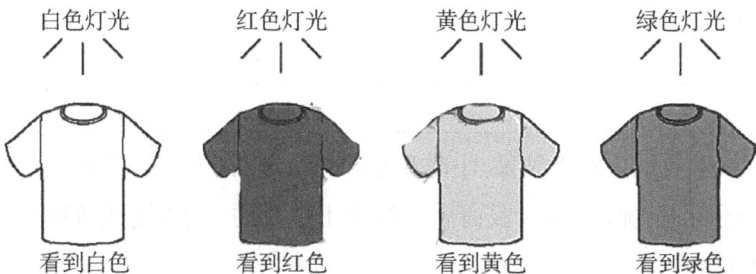

| 白色灯光 | 红色灯光 | 黄色灯光 | 绿色灯光 |
|---|---|---|---|
| 看到白色 | 看到红色 | 看到黄色 | 看到绿色 |

3-3.根据以上调查结果,小聪和小明能得出的结论是(　　　)。

A. 在白色灯光下,白色衣服看起来是白色的

B. 白色衣服在什么颜色的灯光下看起来就是什么颜色

C. 在红色灯光下,红色衣服看起来是红色的

D. 在黄色灯光下,白色衣服看起来是绿色的

3-4.根据上面所得出的结论,你认为白色衣服在蓝色灯光下看起来是( )。

A. 红色    B. 绿色    C. 蓝色    D. 白色

3-5.为了弄清楚其他颜色的衣服在不同灯光下所看到的颜色,小聪和小明之后又拿来了其他颜色的衣服进行探究。在白色光下,它看起来是蓝色的,如下图所示。

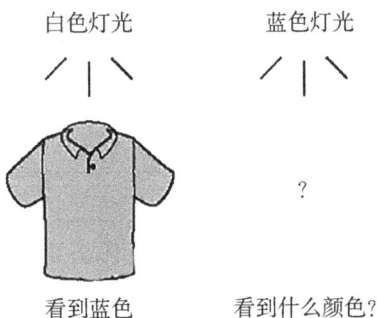

你认为这件衣服在蓝色灯光下看起来是什么颜色? 请用小聪和小明两次调查所得出的结论解释你的答案。(提示:请先回忆以上两个调查的结果,根据调查所得出的结论推断这件衣服的颜色。在得出这件衣服的颜色之后,再次结合两次调查的结果,就能得出这件衣服在蓝色灯光下看到是什么颜色了)

答:_____

_____。

3-6.根据以上调查结果,小聪和小明一致认为,为了避免在买衣服的时候出现类似的情况,建议衣服商店的灯光用白色的。你同意他们的建议吗?请说明理由。

答:_____

_____。

## 第二部分　小学生科学推理能力的影响因素调查

请你想一想你的爸爸妈妈的主要职业并填写,如学校老师、商店营业员、销售经理、厨师、农民等。(如果他们现在未工作,请写出他们从事的最后一份工作)

1-1.你爸爸的主要职业是＿＿＿＿＿＿＿＿＿＿＿＿＿＿＿＿＿＿。

1-2.你妈妈的主要职业是＿＿＿＿＿＿＿＿＿＿＿＿＿＿＿＿＿＿。

2-1.你爸爸的学历是(　　　)

A. 高中或中专及以下　　B. 大学专科

C. 大学本科　　　　　　D. 硕士研究生及以上

2-2.你妈妈的学历是(　　　)

A. 高中或中专及以下　　B. 大学专科

C. 大学本科　　　　　　D. 硕士研究生及以上

3-1.你家里有多少个(本)下列物品,请在相应方框内打"√"

| 物品 | 没有 | 一个 | 两个 | 三个及以上 |
|---|---|---|---|---|
| a. 手机 | ☐ | ☐ | ☐ | ☐ |
| b. 电视机 | ☐ | ☐ | ☐ | ☐ |
| c. 电脑 | ☐ | ☐ | ☐ | ☐ |

3-2.你家里有与科学相关的书(不含课本、辅导书)有(　　　)。

A. 5本以下　B. 6~10本　C. 11~20本　D. 20本以上

4-1.下列是关于在日常生活中你和爸爸、妈妈交流、解决问题或游玩的描述,请选择发生的频次(每一行只选一个方框打"√")

| 描　　述 | 几乎从不 | 有时 | 经常 | 几乎总是 |
|---|---|---|---|---|
| a. 当你遇到生活中感兴趣的科学问题时,爸爸、妈妈会教你如何查找证据来回答 | ☐ | ☐ | ☐ | ☐ |
| b. 当你问爸爸、妈妈不知道的科学问题时,他们会和你一起上网或者查阅书籍来查找答案 | ☐ | ☐ | ☐ | ☐ |
| c. 爸爸、妈妈和你一起种植植物/饲养小动物,并讨论如何使它们健康成长 | ☐ | ☐ | ☐ | ☐ |

续　表

| 描　　述 | 几乎从不 | 有时 | 经常 | 几乎总是 |
|---|---|---|---|---|
| d. 爸爸、妈妈和你一起在家里做科学小实验 | ☐ | ☐ | ☐ | ☐ |
| e. 爸爸、妈妈给你买与科学相关的图书 | ☐ | ☐ | ☐ | ☐ |
| f. 当你和爸爸、妈妈对某件事有不同看法时,你们会通过讨论来统一意见(看法) | ☐ | ☐ | ☐ | ☐ |
| g. 爸爸、妈妈给你报课外科技类兴趣班(如:机器人制作、模型制作、科学实验兴趣班、科学体验营等) | ☐ | ☐ | ☐ | ☐ |

4-2. 爸爸、妈妈带你去参观科技馆/自然博物馆/植物园的频次是(　　)。

　A. 从来没有　B. 一月一次　C. 三个月一次　D. 一年一次

5. 你和同学一起做下面所描述的事情,发生的频次是多少?(每一行只选一个方框打"√")

| 描　　述 | 几乎从不 | 有时 | 经常 | 几乎总是 |
|---|---|---|---|---|
| a. 在课堂上,你和同学一起讨论科学问题 | ☐ | ☐ | ☐ | ☐ |
| b. 在生活中遇到科学问题时,你会和同学用所学的科学知识来讨论 | ☐ | ☐ | ☐ | ☐ |
| c. 如果做某件事有多种方案,你会和同学通过讨论来作出决定 | ☐ | ☐ | ☐ | ☐ |
| d. 课后,你会和同学就感兴趣的科学问题展开调查研究 | ☐ | ☐ | ☐ | ☐ |

6. 你的科学课上发生下列事情的频次是多少?(每一行只选一个方框打"√")

| 描　　述 | 没有或几乎没有 | 在有些课上有 | 在大部分课上有 | 在所有课上都有 |
|---|---|---|---|---|
| a. 科学课上,你们一起观察物体或做实验 | ☐ | ☐ | ☐ | ☐ |
| b. 科学老师让你们有根据地提出问题或作出假设 | ☐ | ☐ | ☐ | ☐ |

| 描 述 | 没有或<br>几乎没有 | 在有些<br>课上有 | 在大部分<br>课上有 | 在所有<br>课上都有 |
|---|---|---|---|---|
| c. 科学老师让你们根据所要解决的问题来设计观察或实验的方案 | ☐ | ☐ | ☐ | ☐ |
| d. 科学老师让你们根据观察或实验的结果来回答问题或验证假设 | ☐ | ☐ | ☐ | ☐ |
| e. 你们会用观察或实验得出的结论来预测(推测)将来会发生什么 | ☐ | ☐ | ☐ | ☐ |
| f. 科学老师给你们讲解科学观察/科学实验的设计方法 | ☐ | ☐ | ☐ | ☐ |
| g. 科学老师与你们一同分析哪些方面(因素)会影响所要解决的问题 | ☐ | ☐ | ☐ | ☐ |
| h. 当遇到很多方面(因素)会影响一个问题的结果时,科学老师给你们讲解如何设计实验来研究每一个方面(因素)的作用 | ☐ | ☐ | ☐ | ☐ |
| i. 科学老师会让你们对同一物体进行多次观察/测量,并记录结果 | ☐ | ☐ | ☐ | ☐ |
| j. 科学老师会指出你实验设计中存在的问题 | ☐ | ☐ | ☐ | ☐ |
| k. 科学老师会让你们对自己的实验设计或调查结果进行评价 | ☐ | ☐ | ☐ | ☐ |
| l. 科学老师会让你们填写(设计)科学记录单 | ☐ | ☐ | ☐ | ☐ |
| m. 在科学课堂上,老师会让你们交流观察/实验结果 | ☐ | ☐ | ☐ | ☐ |
| n. 在科学课堂上,老师会让你说一说其他人的实验设计或结果的优点或不足 | ☐ | ☐ | ☐ | ☐ |
| o. 当你的观察结果或科学实验结果与其他人不一致时,老师会与你一起来分析(讨论)原因 | ☐ | ☐ | ☐ | ☐ |
| p. 当你遇到感兴趣的科学问题时,科学老师会告诉你为什么需要查找证据来回答 | ☐ | ☐ | ☐ | ☐ |
| q. 科学老师会给你们讲解在实验设计时,除了要研究的方面(因素)外,为什么要保持其他方面不变 | ☐ | ☐ | ☐ | ☐ |

| 描 述 | 没有或几乎没有 | 在有些课上有 | 在大部分课上有 | 在所有课上都有 |
|---|---|---|---|---|
| r. 科学老师给你们讲每一种现象都具有一个或多个原因 | ☐ | ☐ | ☐ | ☐ |
| s. 科学老师会告诉你们,在将来现有的科学结论可能会变 | ☐ | ☐ | ☐ | ☐ |
| t. 科学老师和你们讨论科学技术的应用经常会对你们的生活产生影响 | ☐ | ☐ | ☐ | ☐ |

下面的问题请你的老师和你一起回答:

7-1. 你的科学老师的性别是( )。

A. 男   B. 女

7-2. 你的科学老师的学历是( )。

A. 大学专科   B. 大学本科   C. 硕士研究生   D. 博士研究生

7-3. 你的科学老师大学最初的专业类别是( )。

A. 文史哲(文科)   B. 理工农医(理科)   C. 音乐、美术、体育类

7-4. 你的老师已上科学课( )。

A. 2 年以下   B. 3~5 年   C. 6~10 年   D. 10 年以上

本次调查到此结束,感谢你的参与。

祝你学习进步!

# 附录三　小学生科学推理能力及影响因素调查(终测稿)

亲爱的小朋友:

　　在科学课堂上,你们像科学家一样研究了一些有趣的科学问题,今天就让我们用这些方法来研究其他的科学现象吧! 你拿到的这份卷子包含两个部分的内容:第一部分为小学生科学推理能力测试卷,请将你认为正确的答案按要求填写在相应的位置;第二部分是关于哪些因素会影响你科学推理能力的调查,这部分的内容没有对错之分,请选择最符合你实际情况的选项。本调查结果仅供研究使用,不会对你造成任何影响,请你放心作答。感谢你的参与!

　　1. 你的性别是:[单选题][必答题]

　　○男　○女

　　2. 你现在上(　　)年级了。[单选题][必答题]

　　○小学三年级　○小学四年级　○小学五年级　○小学六年级

　　3. 你现在就读的小学是:[单选题][必答题]

　　○北碚区朝阳小学　　　　　○天台岗小学

　　○重庆高新区第一实验小学　○成都市北新实验小学

## 第一部分　小学生科学推理能力的测验

### 第一题　制作果冻

可口的果冻是我们喜爱的食品,你知道果冻是怎么制作的吗? 今天,我们来学习一种简单的制作果冻的方法吧! 果冻制作的过程如下图所示:第1步,将果冻晶体放入热水中;第2步,进行搅拌,使果冻晶体溶化。溶化后的混合物冷却后就可以使果冻成型,果冻成型后就可以食用了。

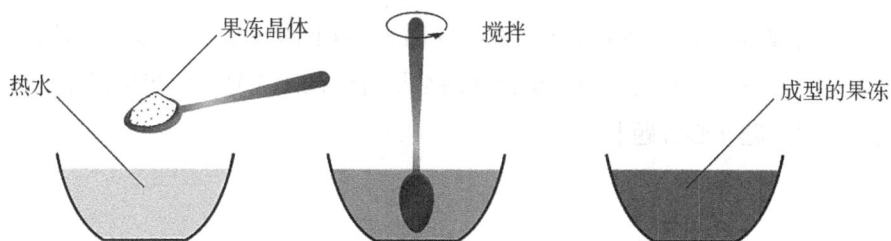

下面是小聪用科学课上所学的科学方法研究制作果冻的过程,请回答4~8题。

小聪用5个碗来做果冻,他的步骤如下:

第1步,在每个碗中加入两杯热水;第2步,在每只碗中加入果冻晶体;第3步,搅拌这些混合物;第4步,把碗盖上并把它们放入冰箱中。

他测量了每只碗中果冻成型所需要的时间,并将结果记录如下表。

| 碗的编号 | 果冻晶体的量(汤匙) | 成型需要的时间(分钟) |
| --- | --- | --- |
| 1 | 2 | 210 |
| 2 | 4 | 185 |
| 3 | 6 | 没记录 |
| 4 | 8 | 115 |
| 5 | 10 | 90 |

4. 小聪想研究的问题是:[单选题][必答题]

○热水的多少是否会影响果冻成型所需要的时间

○有没有搅拌是否会影响果冻成型所需要的时间

○有没有冰箱是否会影响果冻成型所需要的时间

○果冻晶体数量的多少是否会影响果冻成型所需要的时间

5. 根据小聪研究的问题和调查数据,可以得出的结论是:[单选题][必答题]

○热水的温度增高,果冻成型所需要的时间缩短

○搅拌果冻晶体会使果冻成型所需要的时间缩短

○如果果冻晶体的数量增加,果冻成型所需要的时间会缩短

○如果没有冰箱,果冻成型所需要的时间将变长

6. 小聪根据调查结果做了一个统计图表,如下图所示。小聪忘了记录3号碗中果冻成型的时间。根据统计图的结果可以推测3号碗中果冻成型的时间是:[单选题][必答题]

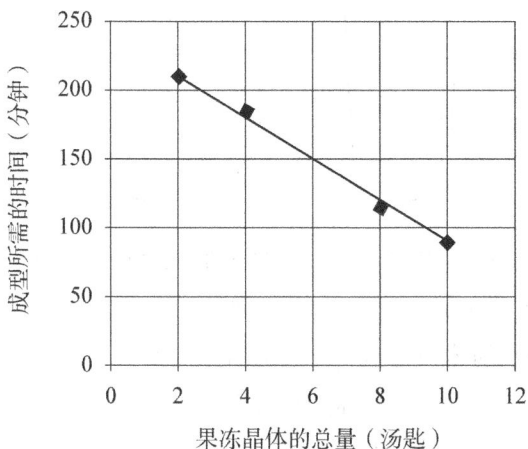

○210 分钟　　○100 分钟　　○150 分钟　　○80 分钟

7. 为了使调查结果更可信(即更有说服力),小聪可以:[单选题][必答题]

○用冷水加速溶化果冻晶体

○把果冻混合物放入不同的冰箱中成型

○在每个碗中加入不同的果冻晶体

○重复试验来获得更多的实验数据

8. 我们在吃果冻时要用勺子划碎慢慢吃,不能一口吞食。下列关于这一要求的解释中,最合理的是:[单选题][必答题]

○划碎了的果冻更有利于我们消化　　○防止果冻块过大而堵塞呼吸道

○这样更卫生,使我们不易得病　　○用勺子更容易把果冻划碎

**第二题　哪种液体蒸发得更快?**

临睡前小明在床边放了一杯水以备口渴时喝,但他一直没有喝,几天后他注意到杯子里的水少了。他知道这是因为水被蒸发了。

小明想弄清楚水和柠檬水谁蒸发得更快,他设计了一个实验:第1步,在一个杯子里加入 100 毫升水,在一个碗里加入 100 毫升柠檬水(如下图所示);第2步,把两个容器放在窗台上静置 5 天;第3步,每天记录两容器中剩下液体的水平高度并对其进行比较。

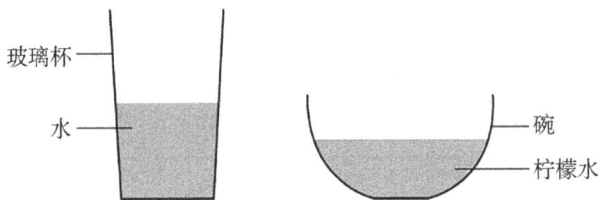

9. 下面描述的一个事实指出了小明实验设计中的一个错误，这会使测试不公平，从而导致得出的结论不可靠，它是：[单选题][必答题]

○玻璃杯中水的体积比碗中柠檬水的体积大

○装柠檬水的碗口比玻璃杯的杯口大

○在窗台上放置的时间太长了

○把两个容器都放在了窗台上

10. 小明改正了他的方法，使他的实验设计更合理。他每天上午 9 点测量杯中剩余水和柠檬水的体积，持续观察了五天，并将结果记录在下面的表格中。

**五天中剩余水和柠檬水的体积**

| 天 | 水（ml） | 柠檬（ml） |
|---|---|---|
| 1 | 100 | 100 |
| 2 | 96 | 94 |
| 3 | 82 | 88 |
| 4 | 80 | 73 |
| 5 | 76 | 65 |

根据研究目的和调查结果，小明能得出的结论是：[单选题][必答题]

○水和柠檬水都被蒸发了　　○水比柠檬水蒸发得快

○柠檬水比水蒸发得快　　○24 毫升水和 35 毫升柠檬水被蒸发了

11. 根据第 10 题中统计表的数据，假如第 6 天的天气和前 5 天的变化不大，那么小明最有可能观察到水和柠檬水剩余的体积是：[单选题][必答题]

○75 毫升，62 毫升　　○0 毫升，0 毫升

○71 毫升，56 毫升　　○60 毫升，60 毫升

### 第三题　衣服的颜色怎么变了?

小聪和小明去服装店买了一件橙色的衣服。在回家的路上,他们打开包给朋友展示新买的橙色衣服。这时,他们惊奇地发现,衣服看起来是红色的,而不是橙色的。小聪认为商店给错了衣服的颜色,但是小明认为衣服的颜色看起来不同是因为阳光和商店的灯光不同导致的。他们决定做一次调查来看看谁说得对。

调查1:调查新衣服的颜色

小聪和小明拿来了四种颜色的电灯,分别是白色、红色、黄色和蓝色。他们将买到的衣服放在不同的灯光下观察新衣服的颜色。下图表示了他们在不同灯光下所看到的新衣服的颜色。

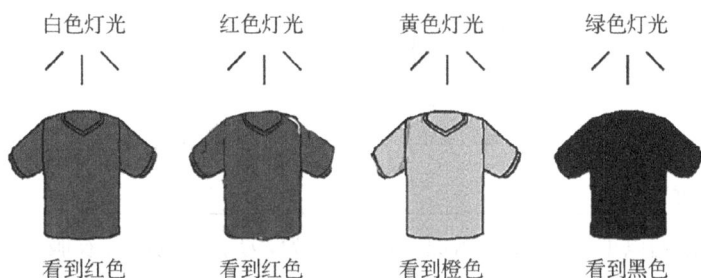

| 白色灯光 | 红色灯光 | 黄色灯光 | 绿色灯光 |
|---|---|---|---|
| 看到红色 | 看到红色 | 看到橙色 | 看到黑色 |

12. 商店的服务员给错衣服了吗? 请用调查结果解释你的答案。(提示:请先作出判断,再进行解释)[填空题][必答题]

---

调查2:调查白色的衣服

小聪和小明还想知道其他颜色的衣服在不同颜色灯光下会是什么样的颜色。他们将白色的衣服放在不同的灯光下进行观察。下图表示了他们所看到的颜色。

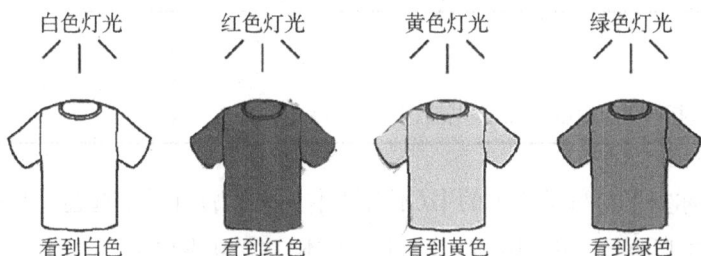

| 白色灯光 | 红色灯光 | 黄色灯光 | 绿色灯光 |
|---|---|---|---|
| 看到白色 | 看到红色 | 看到黄色 | 看到绿色 |

13. 根据上面的调查结果，你认为白色衣服在蓝色灯光下看起来是：[单选题][必答题]

　○红色　○绿色　○蓝色　○白色

14. 为了弄清楚其他颜色的衣服在不同灯光下所看到的颜色，小聪和小明之后又拿来了其他颜色的衣服进行探究。在白色光下，它看起来是蓝色的，如下图所示。你认为这件衣服在蓝色灯光下看起来是什么颜色？请用小聪和小明两次调查所得出的结论来解释你的答案。[填空题][必答题]

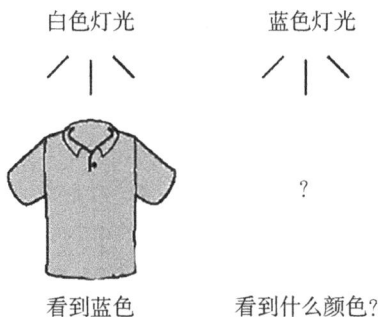

白色灯光　　　蓝色灯光

看到蓝色　　　看到什么颜色？

　　答：_____

15. 根据以上调查结果，小聪和小明认为，为了避免在买衣服的时候出现类似的情况，建议衣服商店的灯光用白色。你同意他们的建议吗？请说明理由。[填空题][必答题]

　　答：_____

## 第二部分　小学生科学推理能力的影响因素调查

小提示：这部分的内容没有对错之分，请选择最符合你实际情况的选项。

16. 你家里有多少个下列物品，请选择。[矩阵量表题][必答题]

|  | 0 | 1 | 2 | 3 个及以上 |
|---|---|---|---|---|
| ● 手机 | ○ | ○ | ○ | ○ |
| ● 电视机 | ○ | ○ | ○ | ○ |
| ● 电脑(包括台式机电脑、笔记本电脑、平板电脑) | ○ | ○ | ○ | ○ |

17. 你家里与科学相关的书(不含课本、辅导书)有：[单选题][必答题]

　○5 本以下　○6～10 本　○11～20 本　○20 本以上

18. 下列是关于在日常生活中你和爸爸、妈妈交流、解决问题或游玩的描述，请选择发生的频次：[矩阵量表题][必答题]

|  | 几乎从不 | 有时 | 经常 | 几乎总是 |
|---|---|---|---|---|
| • 当你遇到生活中感兴趣的科学问题时，爸爸、妈妈会教你如何查找证据来回答 | ○ | ○ | ○ | ○ |
| • 当你问爸爸、妈妈不知道的科学问题时，他们会和你一起上网或者查阅书籍来查找答案 | ○ | ○ | ○ | ○ |
| • 爸爸、妈妈和你一起种植植物/饲养小动物，并讨论如何使它们健康成长 | ○ | ○ | ○ | ○ |
| • 爸爸、妈妈和你一起在家里做科学小实验 | ○ | ○ | ○ | ○ |
| • 爸爸、妈妈给你买与科学相关的图书 | ○ | ○ | ○ | ○ |
| • 爸爸、妈妈给你报课外科技类兴趣班（如：机器人制作、模型制作、科学实验兴趣班、科学体验营等） | ○ | ○ | ○ | ○ |

19. 你和同学一起做下面所描述的事情的频次：[矩阵量表题][必答题]

|  | 几乎从不 | 有时 | 经常 | 几乎总是 |
|---|---|---|---|---|
| • 在课堂上，你和同学一起讨论科学问题 | ○ | ○ | ○ | ○ |
| • 在生活中遇到科学问题时，你会和同学用所学的科学知识来讨论 | ○ | ○ | ○ | ○ |
| • 如果做某件事有多种方案，你会和同学通过讨论来作出决定 | ○ | ○ | ○ | ○ |
| • 课后，你会和同学就感兴趣的科学问题展开调查研究 | ○ | ○ | ○ | ○ |

20. 你的科学课上发生下列事情的频次：[矩阵量表题][必答题]

| 描　　述 | 几乎从不 | 有时 | 经常 | 几乎总是 |
|---|---|---|---|---|
| • 科学课上，你们一起观察物体或做实验 | ○ | ○ | ○ | ○ |
| • 科学老师让你们有根据地提出问题或作出假设 | ○ | ○ | ○ | ○ |
| • 科学老师让你们根据所要解决的问题来设计观察或实验的方案 | ○ | ○ | ○ | ○ |

| 描　述 | 几乎从不 | 有时 | 经常 | 几乎总是 |
|---|---|---|---|---|
| ● 科学老师让你们根据观察或实验的结果来回答问题或验证假设 | ○ | ○ | ○ | ○ |
| ● 你们会用观察或实验得出的结论来预测（推测）将来会发生什么 | ○ | ○ | ○ | ○ |
| ● 科学老师给你们讲解科学观察/科学实验的设计方法 | ○ | ○ | ○ | ○ |
| ● 科学老师与你们一同分析哪些方面（因素）会影响所要解决的问题 | ○ | ○ | ○ | ○ |
| ● 当遇到很多方面（因素）会影响一个问题的结果时，科学老师给你们讲解如何设计实验来研究每一个方面（因素）的作用 | ○ | ○ | ○ | ○ |
| ● 科学老师会让你们对同一物体进行多次观察/测量，并记录结果 | ○ | ○ | ○ | ○ |
| ● 科学老师会指出你实验设计中存在的问题 | ○ | ○ | ○ | ○ |
| ● 科学老师会让你们对自己的实验设计或调查结果进行评价 | ○ | ○ | ○ | ○ |
| ● 科学老师会让你们填写（设计）科学记录单 | ○ | ○ | ○ | ○ |
| ● 在科学课堂上，老师会让你们交流观察/实验结果 | ○ | ○ | ○ | ○ |
| ● 在科学课堂上，老师会让你说一说其他人的实验设计或结果的优点或不足 | ○ | ○ | ○ | ○ |
| ● 当你遇到感兴趣的科学问题时，科学老师会告诉你为什么需要查找证据来回答 | ○ | ○ | ○ | ○ |
| ● 科学老师会给你们讲解在实验设计时，除了要研究的方面（因素）外，为什么要保持其他方面不变 | ○ | ○ | ○ | ○ |
| ● 科学老师给你们讲每一种现象都具有一个或多个原因 | ○ | ○ | ○ | ○ |
| ● 科学老师会告诉你们，在将来现有的科学结论可能会变 | ○ | ○ | ○ | ○ |

下面的问题请你的老师和你一起回答。

21. 你的科学老师的性别：[单选题][必答题]

○男　　○女

22. 你的科学老师的学历：[单选题][必答题]

○大学专科　　○大学本科　　○硕士研究生　　○博士研究生

23. 你的科学老师大学最初的专业类别:[单选题][必答题]

○文史哲(文科)　○理工农医(理科)　○音乐、美术、体育类

24. 你的科学教师已上科学课:[单选题][必答题]

○2 年以下　○3～5 年　○6～10 年　○10 年以上

本次调查到此结束,感谢你的参与。

祝你学习进步!

# 参考文献

[ 1 ] 阿瑟·S. 雷伯. 心理学词典[M]. 上海:上海译文出版社,1996.

[ 2 ] 蔡曙山. 科学发现的心理逻辑模型[J]. 科学通报,2013,58(34):3530 - 3543.

[ 3 ] 陈悦,陈超美,刘则渊,等. CiteSpace 知识图谱的方法论功能[J]. 科学学研究,2015
(2):242 - 253.

[ 4 ] 戴海琦. 基于项目反应理论的测验编制方法研究[J]. 考试研究,2006(4):31 - 44.

[ 5 ] 冯廷勇,李宇,李红,等. 3～5 岁儿童表面与结构相似性类比推理的实验研究[J]. 心理
科学杂志,2006(5):1091 - 1095.

[ 6 ] 冯秀梅,包雷,余子侠. 中美大学生科学推理能力的性别差异探讨[J]. 高等教育研究,
2013,34(7):70 - 74.

[ 7 ] 郭金彬,黄长平. 哥德尔不完全性定理的科学推理意义[J]. 自然辩证法通讯,2010,32
(2):15 - 20.

[ 8 ] 郝苑,孟建伟. 回归平衡的理性:图尔明对科学合理性危机的诊治[J]. 科学技术与辩
证法,2008(6):21 - 25,111.

[ 9 ] 核心素养研究课题组. 中国学生发展核心素养[J]. 中国教育学刊,2016(10):1 - 3.

[10] 侯旎. 科学推理研究的程序范式探析[J]. 自然辩证法研究,2016,32(10):16 - 22.

[11] 胡卫平. 科学教育的研究趋势与展望[J]. 华东师范大学学报(教育科学版),2007(4):
44 - 51.

[12] 胡卫平. 科学思维培育学[M]. 北京:科学出版社,2004.

[13] 胡竹菁,朱丽萍. 人类推理的心理学研究[M]. 北京:高等教育出版社,2007.

[14] 黄翔. 探索科学实践中认知规范的历史性:评哈金的科学推理风格理论[J]. 自然辩证
法研究,2012,28(4):12 - 17.

[15] 李红. 中国儿童推理能力发展的初步研究[J]. 心理与行为研究,2015,13(5):637 -
647.

[16] 李力舟,魏昕,郭玉英. 民族地区中学生科学推理能力的研究[J]. 内蒙古师范大学学
报(教育科学版),2013(12):129 - 132.

[17] 李为. 概念组织进化:图尔明对科学理性问题的解决[J]. 自然辩证法研究,2007(8):
99 - 102.

[18] 林崇德. 21 世纪学生发展核心素养研究[M]. 北京:北京师范大学出版社,2016.

[19] 罗纳德·N. 吉尔,约翰·比克尔,罗伯特·F. 莫尔丁. 理解科学推理[M]. 邱惠丽,张
成岗,译. 北京:科学出版社,2010.

[20] 罗照盛. 项目反应理论基础[M]. 北京:北京师范大学出版社,2012.

[21] 洛林·W. 安德森. 布卢姆教育目标分类学:分类学视野下的学与教及其测评[M]. 蒋
小平,张琴美,罗晶晶,译. 北京:外语教学与研究出版社,2009.

[22] 美国科学促进协会. 面向全体美国人的科学[M]. 中国科学技术协会,译. 北京:科学

普及出版社,2001.

[23] 尼古拉斯·布宁,余纪元. 西方哲学英汉对照辞典[M]. 北京:人民出版社,2001.

[24] 任唯,刘东方. 科学推理能力的构成及其考查研究[J]. 化学教学,2015(3):63-66.

[25] 佟秀丽,莫雷,Zhe Chen. 国外儿童科学思维发展的新探索[J]. 心理科学杂志,2005 (4):933-936.

[26] 王墨耘. 当代推理心理学[M]. 北京:科学出版社,2013.

[27] 王晓华,文剑冰. 项目反应理论在教育考试命题质量评价中的应用[J]. 教育科学, 2010(3):20-26.

[28] 吴国盛. 什么是科学[M]. 广州:广东人民出版社,2016.

[29] 吴明隆. 问卷统计分析实务:SPSS操作与应用[M]. 重庆:重庆大学出版社,2010.

[30] 吴明隆. 结构方程模型:AMOS的操作与应用[M]. 重庆:重庆大学出版社,2009.

[31] Damon W, Lerner R M. 儿童心理学手册. 第二卷. 认知、知觉和语言[M]. 第6版. 林崇德,李其维,董奇,译. 上海:华东师范大学出版社,2015.

[32] 徐斌艳. 数学学科核心能力研究[J]. 全球教育展望,2013(6):67-74.

[33] 严文法,李彦花. 初中生控制变量能力发展研究[J]. 现代中小学教育,2013(9):78-81.

[34] 晏子. 心理科学领域内的客观测量:Rasch模型之特点及发展趋势[J]. 心理科学进展, 2010(8):1298-1305.

[35] 杨涛,李曙光,姜宇. 国际基础教育质量监测实践与经验[M]. 北京:北京师范大学出版社,2015.

[36] 姚建欣,郭玉英. 为学生认知发展建模:学习进阶十年研究回顾及展望[J]. 教育学报, 2014,10(5):35-42.

[37] 袁薇薇,吴庆麟. 科学思维的心理学探索[J]. 心理科学杂志,2008,31(4):956-959.

[38] 张宝辉. 非正式科学学习研究的最新进展及对我国科学教育的启示[J]. 全球教育展望,2010(9):90-92.

[39] 张厚粲,龚耀先. 心理测量学[M]. 杭州:浙江教育出版社,2012.

[40] 张艳莉,彭康洲. 现代信息技术和语言测试研究:方法与应用[M]. 合肥:安徽大学出版社,2012.

[41] 张颖之. 理科课程设计新理念:"学习进阶"的本质、要素与理论溯源[J]. 课程·教材·教法,2016,36(6):115-120.

[42] 赵守盈,何妃霞,陈维,等. Rasch模型在研究生入学考试质量分析中的应用[J]. 教育研究,2012(6):61-65.

[43] 郑海燕,莫雷. 多类别情境中类别特征的相似性与竞争性对特征推理的影响[J]. 心理科学,2010,33(4):789-792.

[44] 钟启泉. 学科教学的发展及其课题:把握"学科素养"的一个视角[J]. 全球教育展望, 2017,46(1):11-23.

[45] 周思琪. 中学生科学推理能力的比较和分析[D]. 武汉:华中师范大学,2012.

[46] Abrahamsen A, Bechtel W. Diagrams as tools for scientific reasoning [J]. Review of Philosophy & Psychology, 2014(1):117-131.

[47] Baillargeon R, Scott R M, Bian L. Psychological reasoning in infancy [J]. Annual Review of Psychology, 2015(1):79-150.

[48] Bao L, Cai T, Koenig K, et al. Learning and scientific reasoning [J]. Science, 2009 (1):227-237.

[49] Chen C T, She H C. The effectiveness of scientific inquiry with/without integration of scientific reasoning [J]. International Journal of Science & Mathematics Education, 2015(1):1-20.

[50] Drummond C, Fischhoff B. Development and validation of the scientific reasoning scale [J]. Journal of Behavioral Decision Making, 2017(1):26–38.

[51] Erin L. Beatty, Valerie A. Thompson. Effects of perspective and belief on analytic reasoning in a scientific reasoning task [J]. Thinking & Reasoning, 2012(4):1–20.

[52] Evagorou M, Osborne J. Exploring young students' collaborative argumentation within a socioscientific issue [J]. Journal of Research in Science Teaching, 2013(2):209–237.

[53] Graaf J V D, Segers E, Verhoeven L. Scientific reasoning in kindergarten: cognitive factors in experimentation and evidence evaluation [J]. Learning & Individual Differences, 2016(6):190–200.

[54] Hall R L, Schaverien L. Families' engagement with young children's science and technology learning at home [J]. Science Education, 2010(4):454–481.

[55] Heijnes D, Joolingen W V, Leenaars F. Stimulating scientific reasoning with drawing-based modeling [J]. Journal of Science Education & Technology, 2018(1):1–12.

[56] Kant J M, Scheiter K, Oschatz K. How to sequence video modeling examples and inquiry tasks to foster scientific reasoning [J]. Learning & Instruction, 2017(4):46–58.

[57] Kempert S, Hardy I. Children's scientific reasoning in the context of bilingualism [J]. International Journal of Bilingualism, 2015(6):646–664.

[58] Kind P M. Establishing assessment scales using a novel disciplinary rationale for scientific reasoning [J]. Journal of Research in Science Teaching, 2013(5):530–560.

[59] Kuhn D. Do students need to be taught how to reason? [J]. Educational Research Review, 2009(1):1–6.

[60] Lawson A E. Basic inferences of scientific reasoning, argumentation, and discovery [J]. Science Education, 2010(2):336–364.

[61] Lawson A E. The development and validation of a classroom test of formal reasoning [J]. Journal of Research in Science Teaching, 1978(1):11–24.

[62] Lazonder A W, Wiskerke-Drost S. Advancing scientific reasoning in upper elementary classrooms: direct instruction versus task structuring [J]. Journal of Science Education & Technology, 2014(1):69–77.

[63] Mayer D, Sodian B, Koerber S, et al. Scientific reasoning in elementary school children: assessment and relations with cognitive abilities [J]. Learning & Instruction, 2014(3):43–55.

[64] Murphy P K, Firetto C M, Greene J A. Enriching students' scientific thinking through relational reasoning: seeking evidence in texts, tasks, and talk [J]. Educational Psychology Review, 2016(5):1–13.

[65] Nathaniel J. S. Brown, Sam O. Nagashima, Alice Fu, et al. A framework for analyzing scientific reasoning in assessments [J]. Educational Assessment, 2010(3):142–174.

[66] Osborne J. The 21st century challenge for science education: assessing scientific reasoning [J]. Thinking Skills & Creativity, 2013,10(3):265–279.

[67] She H C, Liao Y W. Bridging scientific reasoning and conceptual change through adaptive web-based learning [J]. Journal of Research in Science Teaching, 2010(1):91–119.

[68] To C, Tenenbaum H R, Hogh H. Secondary school students' reasoning about evolution [J]. Journal of Research in Science Teaching, 2017(2):247–273.

[69] Tscholl M, Lindgren R. Designing for learning conversations: how parents support children's science learning within an immersive simulation [J]. Science Education, 2016(5):877 - 902.

[70] Zhou S, Han J, Koenig K, et al. Assessment of scientific reasoning: the effects of task context, data, and design on student reasoning in control of variables [J]. Thinking Skills & Creativity, 2016(19):175 - 187.

[71] Zimmerman C. The development of scientific reasoning skills [J]. Developmental Review, 2000, 20(1):99 - 149.

[72] Zimmerman C. The development of scientific thinking skills in elementary and middle school [J]. Developmental Review, 2007(2):172 - 223.

# 索　引

# 后　记

2008年，怀着对科学教育懵懂的认识，我报考了红河学院科学教育本科专业。被录取之后，通过互联网查询了一些介绍科学教育专业的资料，发现这是一个主要在中小学从事关于"自然科学"教学工作的专业，与自己从字面上理解的科学教育是不一致的，报考时我以为科学教育是一个研究如何科学地进行教育的专业，可见，我是"误入"科学教育这个领域的。

进入科学教育专业学习后，在学院任课教师的引导下，特别是时任红河学院教师教育学院院长王全教授的不断点拨下，我发现科学教育是一个非常广阔的领域，它以致力于提升公民科学素养为宗旨，而公民科学素养的提高不仅需要做好学校的科学教育，还需要对公民进行非正式的科学教育（即科技传播与普及）。培养公民的科学素养，不仅要求工作者具有广博的自然科学和工程技术知识，还需要对科技史、科技哲学、科技社会学等科学文化相关的学科有深入认识。正如西南大学张诗亚先生对我的求学经历的描述，"误入青山不知深"！

2012年，怀着继续深入学习科学教育的渴望，我考上西南大学科学教育学专业硕士研究生，师从我国著名科学教育专家廖伯琴教授。在学习的过程中，廖老师从不嫌弃我的愚笨，而是经常勉励我要踏踏实实做人，认认真真做学问。2015年，怀着进一步研究科学教育的渴望，我顺利地考上西南大学课程与教学论专业博士研究生，依然跟随廖老师学习。在博士研究生求学期间，恰逢我国全面深化课程改革，并将"研究制订学生发展核心素养体系"以及"修订课程方案和课程标准"作为深化课程改革的关键领域。在这一背景下，各学科纷纷开始研制学科核心素养并据此修订课程标准。在我国科学课程标准中，首次明确将"科学思维"作为科学学科核心素养的要求。对于一线教师来说，科学思维是一个较新的教学目标，如何培养科学思维？怎么评价科学思维的教学效果？这些问题的核心指向了科学思维的测评。然而，小学科学思维的内容涉及面甚广，与廖老师多次讨论之后，最终确定了我博士论文研究的领域为小学生科学推理能力的测评，于是我开始在科学教育的广阔天空里具体研究这朵"云"。

通过对已有文献的研读，我将本研究中的"科学推理能力"创新性地理解为"人们在进行科学知识探索和使科学理论与证据协调的活动中所必需的个性心理特征"。为了较为准确地描述小学生科学推理能力的表现，本研究遵循从教育目标到课程内容再到课程评价这一逻辑，对小学生科学推理能力的表现从核心素养框架、小学科学课程标准、科学教育质量监测项目三个方面进行梳理，并提出小学生科学推理能力表现的假设；与此同时，通过专家调查咨询，进一步修订了小学生科学推理能力的表现假设，最终构建了小学生科学推理能力的测评量表和影响因素，旨在为小学生科学推理能力的培养策略提供参考。

本书是我博士研究生阶段研究成果的延续，结合我在贵阳学院的教学研究成果而成，是贵州省教育科学规划课题（2020C043）、贵州省高校教改项目（2022242）、贵州省高校人文社科项目（2019qn15）的阶段性研究成果。本书得以出版，感谢我的导师廖伯琴教授给予我学术和人生的悉心教导；感谢在科学教育领域求学和工作道路上给予我关心与帮助的所有人。上海交通大学出版社编辑唐宗先女士为本书出版付出了大量心血，在此深表谢忱。由于本人能力和精力有限，书中难免有不足之处，欢迎广大读者批评指正。